首届全国机械行业职业教育优秀教材

高职高专机电类专业系列教材

“十二五”江苏省高等学校重点教材
（编号：2014－1－074）

C51单片机技术应用与实践

——基于Proteus仿真+实例、任务驱动式

主　编　陆旭明　缪建华
副主编　杨　华　任志敏
参　编　夏建春　胡宇刚　韩　颖
主　审　张文明　王维才

机械工业出版社

本书以“项目为载体，采用任务驱动方式”进行编写，以目前应用最为广泛的 MCS-51 系列单片机为背景，结合 Keil C、Proteus 虚拟仿真软件，从仿真到实践的角度出发，通过丰富的案例详细讲述 51 系列单片机 C 语言程序设计和单片机控制系统的应用技术。

本书的主要内容包括单片机入门、单片机基础应用、单片机接口应用、单片机综合应用四个项目，由浅入深设计安排，每个项目循序渐进安排了若干个任务，将单片机学习的难点分散至各个任务中，方便读者对单片机技术的学习和应用。

本书内容全面，取材新颖，理论联系实践，突出实用特色。本书适合作为单片机爱好者的自学用书，也可作为高职高专 51 单片机课程“教、学、做”一体化教学用书。鉴于教材中实物的制作，本书还可以作为单片机实训教材使用，以及作为 51 系列单片机应用开发人员的实用参考书。

为方便教学，本书有电子课件、课后习题答案、模拟试卷及答案等教学资源，凡选用本书作为授课教材的学校，均可通过电话（010-88379564）或 QQ（2314073523）咨询，有任何技术问题也可通过以上方式联系。

图书在版编目（CIP）数据

C51 单片机技术应用与实践：基于 Proteus 仿真+实例、任务驱动式/陆旭明，缪建华主编. —北京：机械工业出版社，2016. 2（2024. 7 重印）
高职高专机电类专业系列教材
ISBN 978-7-111-52710-7

Ⅰ. ①C… Ⅱ. ①陆… ②缪… Ⅲ. ①单片微型计算机-高等职业教育-教材 Ⅳ. ①TP368. 1

中国版本图书馆 CIP 数据核字（2016）第 003788 号

机械工业出版社（北京市百万庄大街 22 号 邮政编码 100037）
策划编辑：曲世海 责任编辑：曲世海 韩 静
版式设计：霍永明 责任校对：樊钟英
封面设计：陈 沛 责任印制：郜 敏
北京富资园科技发展有限公司印刷
2024 年 7 月第 1 版第 12 次印刷
184mm×260mm · 16. 5 印张 · 407 千字
标准书号：ISBN 978-7-111-52710-7
定价：49. 80 元

电话服务 网络服务
客服电话：010-88361066 机 工 官 网：www. cmpbook. com
010-88379833 机 工 官 博：weibo. com/cmp1952
010-68326294 金 书 网：www. golden-book. com
 机工教育服务网：www. cmpedu. com

前 言

单片机是最普及、最实用的嵌入式微控制器，单片机应用技术是现代智能化电子产品设计的核心技术。因此，单片机在工业控制、仪器仪表、日常家电、电子通信、办公自动化设备等方面，都有着比较广泛的应用。

本书以国内最流行的51系列单片机的硬件和软件设计为背景，以项目为载体，采用任务驱动方式的教学方法进行设计安排。本书包括认识51单片机、学习单片机开发工具之一——Keil C软件、学习单片机开发工具之二——Proteus仿真软件、学习单片机C语言、设计十字路口交通灯、设计叮咚门铃、设计直流电动机转速测量仪、简易数字电压表设计、信号源发生器设计、测量温度、设计单片机双机通信、电子密码锁设计、显示万年历、步进电动机控制电路设计、机器人红外导航系统设计共计15个任务，每个任务不仅进行仿真展示，而且用实物展示设计结果。在本书的编写过程中，编者注重题材选取的合理性和层次性，使本书具体以下特点。

1. 项目为载体，任务驱动教学

本书以“项目为载体，采用任务驱动方式”编写，强调“教、学、做”一体化，以理论知识够用为前提，将各知识点分散到多个任务中进行教学，教材体现了难点分散、重点突出的特点，使读者能够比较轻松地完成单片机的学习。

2. 软硬结合，仿真体验

Proteus软件是英国Labcenter Electronics公司出版的EDA工具软件。它不仅具有其他EDA工具软件的仿真功能，还能仿真单片机及外围元器件。它是目前最好的仿真单片机及外围元器件的工具。

3. 兼顾原理，注重实践

在每个项目中，均有实物调试结果，不仅从理论上进行分析，更从实践上证实。

本书由陆旭明全面负责全书的规划与统稿工作。具体编写分工为：陆旭明编写项目1任务1、任务2、任务3，项目2任务1，项目3任务4，项目4任务3；

韩颖编写项目 2 任务 3，项目 3 任务 3；缪建华编写项目 3 任务 5，项目 4 任务 2；杨华编写项目 3 任务 1、任务 2；任志敏编写项目 4 任务 1；夏建春与杨华共同编写项目 2 任务 2，与陆旭明共同编写项目 1 任务 4；胡宇刚参与制作了插图和录入了文字。本书由张文明教授主审。本书的编写得到了深圳欧鹏科技有限公司秦志强高工、广州风标公司梁书先先生的大力支持，同时得到了同事们的支持，在此向他们表示衷心的感谢！

由于编者的知识水平和经验的局限性，书中难免存在缺点和错误，不足之处敬请广大读者给予批评和指正！

编　者

目　录

项目 1 单片机入门

单片机也被称作“单片微型计算机”“微控制器”“嵌入式微控制器”，单片机一词最初是源于“Single Chip Microcomputer”，简称 SCM。

目前，单片机已成为工控领域、尖端武器、日常生活中使用最广泛的计算机，因而对广大理工科高等院校的学生和科技人员来说，学习和掌握单片机原理及应用已是刻不容缓的事情了。

单片机的开发由软件开发和硬件开发两部分组成，传统单片机开发周期较长，开发设计人员需要为此付出大量的精力。

Proteus 嵌入式系统仿真软件与开发平台是由英国 Labcenter 公司开发的，是目前世界上最先进、最完整的嵌入式系统设计与仿真平台。Proteus 可以实现数字电路、模拟电路及微控制器系统与外设混合电路系统的电路仿真、软件仿真、系统协同仿真和 PCB 设计等全部功能。

Keil 软件是目前最流行的开发 MCS-51 系列单片机的软件。Keil 提供了包括 C 编译器、宏汇编、连接器、库管理和一个强大的仿真调试器等在内的完整开发方案，通过一个集成开发环境（μVision4）将这些部分组合在一起。

Keil Software 8051 开发工具提供编译源程序、汇编源程序，连接和重定位目标文件和库文件，创建 HEX 文件调试目标程序。

采用上述两款软件进行单片机开发，可以在不需要硬件的条件下初步进行单片机开发，节约成本和时间，并可以通过仿真看到单片机运行的效果，对于初学者或者早期单片机开发阶段提供了良好的帮助。

任务 1　认识 51 单片机

学习目标

【知识目标】

（1）掌握单片机中 CPU、存储器、三总线的关系；

（2）掌握单片机常用封装；

（3）认识单片机芯片各引脚位名称和功能；

（4）掌握复位电路和振荡电路的参数选择；

(5) 构建单片机最小系统。

【能力目标】

(1) 掌握单片机的结构;

(2) 了解单片机中 CPU、存储器、三总线各自的作用和相互关系;

(3) 分析单片机复位电路的工作原理;

(4) 了解单片机的并行 I/O 接口。

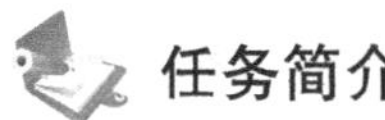

任务简介

本次任务旨在了解单片机最小系统的构造，了解单片机最小系统外围电路工作原理，熟悉单片机内部存储器配置及 I/O 口情况。

相关知识

1.1 微型计算机的概念

1.1.1 微处理器

微处理器（CPU）又称中央处理单元，由运算器（ALU）、控制器（CU）两部分组成。

1) 运算器（ALU）：数据的算术和逻辑运算。

2) 控制器（CU）：使微型计算机各组成部分按命令以一定的节拍进行工作。

1.1.2 微型计算机的组成

微型计算机由微处理器（运算器、控制器）、存储器、输入设备、输出设备组成。微型计算机具有数据处理、程序存储、和外设设备进行信息交换的功能。微型计算机的组成如图 1-1 所示。

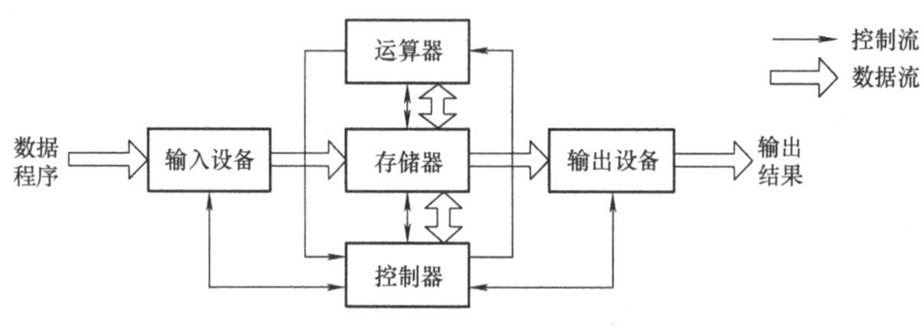

图 1-1　微型计算机的组成

1.1.3 微型计算机系统

微型计算机加上系统软件和必要的外设就构成了微型计算机系统。CPU、微型计算机、微型计算机系统三者之间的关系可以用下列等式来表示：

CPU + 输入/输出接口 + 内部存储器 = 微型计算机

微型计算机 + 系统软件 = 微型计算机系统

1.1.4 单片微型计算机

单片微型计算机（SCM）的英文全称是 Single Chip Microcomputer，它将微处理器（运算器、控制器）、存储器、I/O（Input/Output）接口和中断系统集成在同一块芯片上，是具有完整功能的微型计算机，这块芯片就是其硬件。

1.2 了解单片机的硬件组成

1.2.1 单片机

单片机是利用大规模集成电路技术把运算器和控制器、存储器、输入/输出口集成在一块电路中的芯片。

1.2.2 存储器

存储器的分类见表 1-1。

表 1-1 存储器的分类

分类方式	分类	特点及区别
根据存储器与微处理器的关系	内部存储器	存储当前要运行的程序和运算数据，运行速度较快，容量较小
	外部存储器	存放大量的当前暂时不直接参与运行的程序和运算的数据，运行速度较慢，容量较大
根据存储器的读写功能	随机存储器（RAM）	能写入或读出
	只读存储器（ROM）	只能读出，不能写入

1.2.3 输入/输出接口

输入/输出接口的主要功能是实现外设与微机的数据传输、电平转换。

1.2.4 三总线

三总线与 CPU、存储器、I/O 接口之间的连接关系如图 1-2 所示。

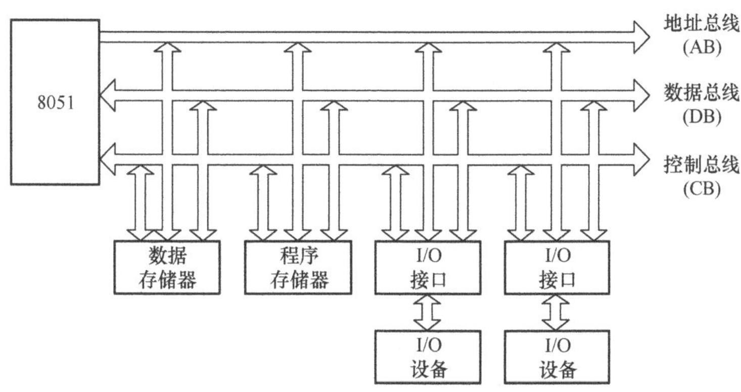

图 1-2 三总线与 CPU、存储器、I/O 接口之间的连接关系

数据总线（DB）：用来实现 CPU、存储器、I/O 接口之间的数据双向传输，数据为 8 位。

地址总线（AB）：由 CPU 发出的存储器或 I/O 接口的地址，以选择相应的存储单元和 I/O 接口。

控制总线（CB）：它给出微机中各个部分协调工作的定时信号和控制信号，保证正确执行程序指令时所需要的各种操作不至于发生冲突。控制总线的宽度（根数）因机型而异。

1.3 认识单片机最小系统

1.3.1 单片机应用系统及组成

单片机应用系统是以单片机为核心，配以输入、输出、显示、控制等外围电路和软件，能实现一种或多种功能的实用系统。单片机应用系统是由硬件和软件组成的，硬件是应用系统的基础，软件则在硬件的基础上对其资源进行合理调配和使用，从而完成应用系统所要求的任务，二者相互依赖，缺一不可。单片机应用系统的组成如图 1-3 所示。

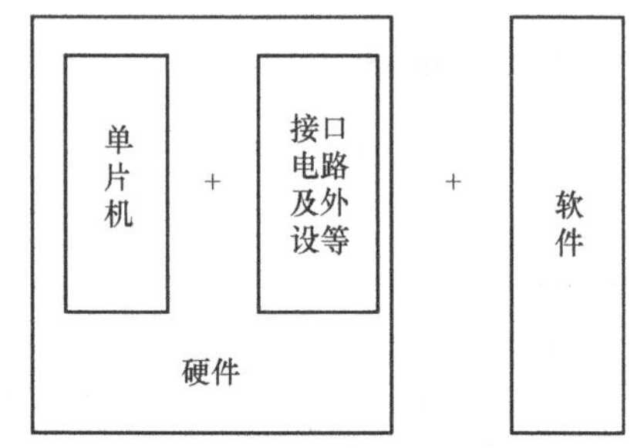

图 1-3 单片机应用系统的组成

由此可见，单片机应用系统的设计人员必须从硬件和软件两个角度来深入了解单片机，并能够将二者有机结合起来，才能形成具有特定功能的应用系统或整机产品。

1.3.2 单片机的引脚及封装介绍

单片机控制系统是由单片机和外围电路组成的，用最少的元器件组成的单片机系统被称为单片机最小系统。

1. 单片机引脚介绍

（1）电源连接 单片机使用的是 +5V 电源，其中电源正极接单片机 40 引脚（VCC），电源负极接 20 引脚（GND）。

（2）振荡电路（XTAL1 ~ XTAL2） 它位于单片机第 18 和 19 脚，晶体的振荡频率取 6MHz 或 12MHz。当采用石英晶体振荡时，该两脚通过微调电容 C1 和 C2 接地，当 CPU 采用外部时钟时，C1 和 C2 取 20pF 左右，外部时钟从 18 脚引入，19 脚接地。

（3）控制总线 RST：第 9 引脚，单片机复位引脚。上电和手动复位电路如图 1-4 所示，其中 C、R1 构成上电复位，S、R2、R1 构成手动复位。复位电路是否有效，关键看 9 脚产生的高电平维持的时间是否大于单片机的两个机器周期以上，这由 RC 充放电时间常数决定；另外，上升沿延时时间要足够短（远小于复位时间），否则将不利于复位。

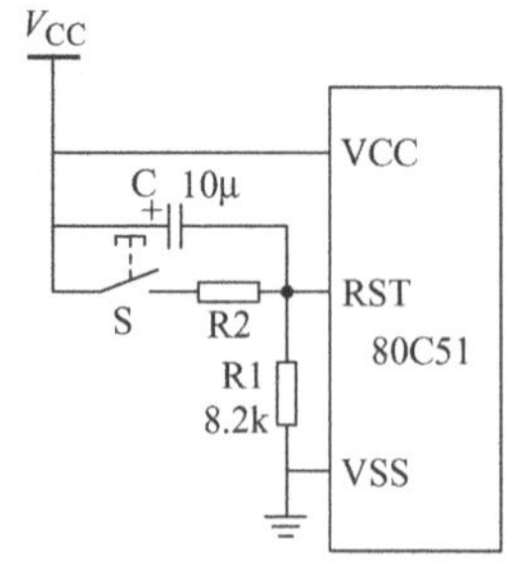

图 1-4 上电和手动复位电路

$\overline{EA}$/VPP：第 31 脚，外部寻址使能/编程电压。$\overline{EA}$为高电平时，从内部程序存储器开始访问；$\overline{EA}$为低电平时，则跳过内部程序存储器，从外部程序存储器开始访问。在编程期间，此端子为编程电压输入端，根据不同的单片机芯片选择不同的编程电压（可根据编程软件选择芯片）。

ALE/$\overline{\text{PROG}}$：第 30 引脚，输出地址锁存允许信号。

第一功能：访问外部存储器时，ALE 用来锁存扩展地址的低 8 位（P0 口）的地址信号。当不访问外部存储器时，ALE 将输出 1/6 的振荡频率，可用来对外部提供定时和时钟信号。

第二功能：单片机编程时，此脚接编程脉冲。

$\overline{\text{PSEN}}$：第 29 引脚，输出外部程序存储器读选通信号。

当访问外部存储器时，此脚将定时输出负脉冲作为读取外部存储器的选通信号。

（4）并行 I/O 口　P0 口：第 32 ~ 39 引脚。P0 作为地址线用时，作为单片机的低 8 位地址总线，此时由选通信号 ALE 控制其是否允许输出。P0 作为数据线用时，可作为单片机 8 位准双向数据总线。

P0 口属于漏极 OC 门，使用时需接上拉电阻，驱动 8 个 LSTTL 门。

P1 口：第 1 ~ 8 引脚，作为普通的 I/O 口使用，其功能与 P0 口的第一功能相同，带上拉电阻，P1 口的每位能驱动 4 个 LSTTL 负载。

P2 口：第 21 ~ 28 引脚，P2 口作为一般 I/O 口。当系统外扩存储器时，P2 口输出高 8 位的地址 A7 ~ A15，与 P0 口第二功能输出的低 8 位地址相配合。

P3 口：第 10 ~ 17 引脚，P3 口作为一般 I/O 口。另外，P3 口还可作为特殊功能口使用。P3 口各位的第二功能见表 1-2。

表 1-2　P3 口各位的第二功能

P3 口各位	第 二 功 能	功　能
P3.0	RXD	串行数据接收口
P3.1	TXD	串行数据发送口
P3.2	$\overline{\text{INT0}}$	外中断 0 输入
P3.3	$\overline{\text{INT1}}$	外中断 1 输入
P3.4	T0	计数器 0 计数输入
P3.5	T1	计数器 1 计数输入
P3.6	$\overline{\text{WR}}$	外部 RAM 写选通信号
P3.7	$\overline{\text{RD}}$	外部 RAM 读选通信号

2. 单片机型号及封装介绍

1.4　MCS-51 单片机的内存结构

MCS-51 单片机的内存结构如图 1-5 所示。

从图 1-5 中可以看到，单片机的物理空间可分为片内 ROM、片外 ROM、片内 RAM、片外 RAM。

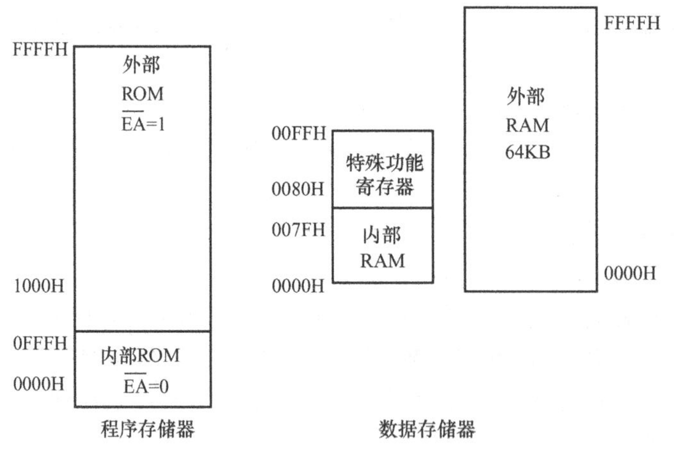

图 1-5　MCS-51 单片机的内存结构

如果将片内 ROM、片外 ROM 合并为一个程序存储空间，则单片机在逻辑上可分为 3 个空间，分别是程序空间、内部数据空间、外部数据空间。

1.4.1　内部数据存储器低 128 单元

内部数据存储器低 128 单元按其用途划分为三个区域。MCS-51 内部数据存储器低 128 单元分布如图 1-6 所示。

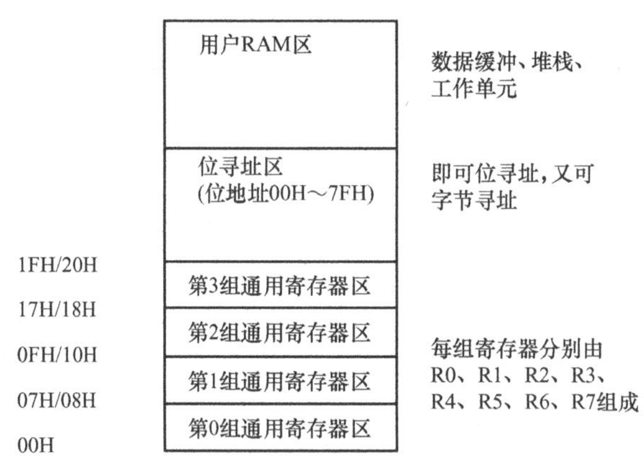

图 1-6　MCS-51 内部数据存储器低 128 单元分布

1. 通用寄存器区

四组通用寄存器，每组 8 个寄存器单元，每组都以 R0 ~ R7 为寄存器单元编号，由状态寄存器 PSW 中的 RS1、RS0 位的状态组合来决定。通用寄存器和 RS1、RS0 的关系见表 1-3。

表 1-3　通用寄存器和 RS1、RS0 的关系

RS1	RS0	通用寄存器组
0	0	第一组的 R0 ~ R7（00H ~ 07H）
0	1	第二组的 R0 ~ R7（08H ~ 0FH）
1	0	第三组的 R0 ~ R7（10H ~ 17H）
1	1	第四组的 R0 ~ R7（18H ~ 1FH）

2. 位寻址区

位寻址区既可进行位寻址，又可进行字节寻址。

位操作、位地址的概念：对一个8位二进制数的每一位进行单独操作，该操作叫作位操作，每一位有自己独立的地址，叫作位地址。

下面以2FH单元为例说明位地址和单元地址的关系。内部RAM 2FH单元地址与其位地址的关系见表1-4。

表1-4 内部RAM 2FH单元地址与其位地址的关系

单元地址	位地址							
H→L	7	6	5	4	3	2	1	0
2FH	7F	7E	7D	7C	7B	7A	79	78

3. 用户RAM

用户RAM主要用作数据缓冲、堆栈、工作单元。扣除4×8=32个通用寄存器，位寻址16个单元，余下128-32-16=80个单元，这80个单元是供用户使用的一般RAM区，其单元地址为30H~7FH，一般常将堆栈数据放在用户RAM区。

1.4.2 内部数据存储器高128单元

内部数据存储器的高128单元是供给专用寄存器使用的，因此称之为特殊功能寄存器（SFR），也可以称之为专用寄存器，其单元地址为80H~FFH。

8051共有22个特殊功能寄存器：

B、ACC、PSW、IP、P0、P1、P2、P3、IE、SUBF、SCON、TH1、TL1、TH0、TL0、TMOD、TCON、PCON、DPH、DPL、SP、(PC)。

1. 程序计数器PC

PC是一个16位的计数器，其内容为将要执行的指令地址，寻址范围为64KB。PC有自动加1功能来实现程序的顺序执行，PC没有地址，所以是不可寻址的。

2. 累加器ACC

累加器ACC是一个8位寄存器，是用得最多的专用寄存器，它既可以存放操作数，也可以用来存放运算的中间结果。

3. B寄存器

B寄存器是一个8位寄存器，主要用于乘除运算。乘法运算时，B是乘数；除法运算时，B是除数，余数放于B中。

4. 程序状态字PSW

程序状态字是一个8位寄存器，用于寄存程序运行的状态信息。状态寄存器PSW各位的意义见表1-5。

表1-5 状态寄存器PSW各位的意义

位序	PSW.7	PSW.6	PSW.5	PSW.4	PSW.3	PSW.2	PSW.1	PSW.0
位标志	CY	AC	F0	RS1	RS0	OV	—	P

CY（PSW.7）：进位标志位。该标志位主要用于存放算术运算的进位标志，通常用作累加位、位传送标志或者与其他位的位与、位或等操作。

AC（PSW.6）：辅助进位标志位，加减运算中当有低4位向高4位进位或借位时作为辅助进位的标志位。

F0（PSW.5）：用户标志位。这是一个供用户定义的标志位，可根据需要由软件方法置位或复位，用以控制程序的执行转向。

用户标志位的具体运用：温度控制中，将PSW.5起始设为0，当检测到温度超过设定值时，将PSW.5置1，当程序检测到PSW.5=1时，转向使电热丝停止工作的程序，由输出端停止控制。

RS1和RS0（PSW.4和PSW.3）：寄存器组选择位（通过搭配原则选择四组工作寄存器）。

OV（PSW.2）：溢出标志位。在带符号数加减运算中，OV=1表示运算结果超出符号数有效范围（-128～+127）产生溢出，结果错误；OV=0，表示运算结果无溢出。

P（PSW.0）：奇偶标志位，表明累加器A中“1”的个数的奇偶性。奇数个“1”时，P=1；偶数个“1”时，P=0。

5. 数据指针（DPTR）

DPTR可以按16位寄存器使用，也可以按两个8位寄存器分开使用：DPH和DPL。

在22个特殊功能寄存器中，有以下特点：

1）21个可进行字节寻址的专用寄存器是不连续地分散在内部RAM高128单元之中，尽管还余许多空闲地址，但用户并不能使用。

2）在22个专用寄存器中，唯一不可寻址的专用寄存器就是程序计数器PC。

3）对专用寄存器只能使用直接寻址方式，书写时既可使用寄存器符号，也可使用寄存器单元地址。

专用寄存器的位地址和字节地址具体见表1-6。

表1-6　专用寄存器的位地址和字节地址

寄存器	位地址/位定义								字节地址
B	F7H	F6H	F5H	F4H	F3H	F2H	F1H	F0H	F0H
ACC	E7H	E6H	E5H	E4H	E3H	E2H	E1H	E0H	E0H
PSW	D7H	D6H	D5H	D4H	D3H	D2H	D1H	D0H	D0H
	CY	AC	F0	RS1	RS0	OV	—	P	
IP	BFH	BEH	BDH	BCH	BBH	BAH	B9H	B8H	B8H
	—	—	—	PS	PT1	PX1	PT0	PX0	

（续）

寄存器	位地址/位定义								字节地址
P3	B7H	B6H	B5H	B4H	B3H	B2H	B1H	B0H	B0H
	P3.7	P3.6	P3.5	P3.4	P3.3	P3.2	P3.1	P3.0	
IE	AF	AE	AD	AC	AB	AA	A9	A8	A8H
	EA	—	—	ES	ET1	EX1	ET0	EX0	
P2	A7H	A6H	A5H	A4H	A3H	A2H	A1H	A0H	A0H
	P2.7	P2.6	P2.5	P2.4	P2.3	P2.2	P2.1	P2.0	
SUBF									99H
SCON									98H
P1	97H	96H	95H	94H	93H	92H	91H	90H	90H
	P1.7	P1.6	P1.5	P1.4	P1.3	P1.2	P1.1	P1.0	
TH1									8DH
TH0									8CH
TL1									8BH
TL0									8AH
TMOD	GATE	C/T	M1	M0	GATE	C/T	M1	M0	89H
TCON	8FH	8EH	8DH	8CH	8BH	8AH	89H	88H	88H
	TF1	TR1	TF0	TR0	IE1	IT1	IE0	IT0	
PCON	SMOD	—	—	—	GF1	GF0	PD	IDL	87H
DPH									83H
DPL									82H
SP									81H
P0	87H	86H	85H	84H	83H	82H	81H	80H	80H
	P0.7	P0.6	P0.5	P0.4	P0.3	P0.2	P0.1	P0.0	

任务小结

通过本次任务学习，掌握单片机最小系统的硬件结构，熟悉单片机内部存储器的作用，了解单片机的基本输入/输出端口，掌握单片机系统的三总线结构，了解单片机对存储器、输入/输出端口的读写过程中三总线各自起的作用。

课后习题

1. 80C51 单片机控制线有几根？每一根控制线的作用是什么？
2. 试述 P3 口的第二功能。
3. 80C51 内 RAM 的组成是如何划分的？各有什么功能？
4. 简述程序状态字寄存器 PSW 各位的定义名、位编号和功能。

任务 2　学习单片机开发工具之一——Keil C 软件

任务 3　学习单片机开发工具之二——Proteus 仿真软件

任务 4　学习单片机 C 语言

问题提出

在人类世界中，语言是一种非常重要的交流工具。世界上人类的语言非常多，比如中国人使用的是汉语，美国人使用的是英语，如果中国人要与美国人交流，语言不通的话，是无法进行交流的。同样，为了让单片机为人类的各种任务进行工作，那么人类必须要告诉单片机应该怎样工作，此时人类与单片机交流时也需要一种交流工具——计算机语言。世界上的计算机语言非常多，C 语言是其中非常重要的计算机语言。

C 语言在工业、计算机等方面得到了广泛的应用，很多硬件开发现在都用 C 语言进行编程，如 DSP、freescale 单片机、ARM 等。由于 C 语言程序本身不依赖机器的硬件系统，减轻了开发者对硬件系统的依赖，C 语言程序可以不做修改或做简单的修改就可以从不同的系统移植过来直接使用，增加了程序的可读性和可维护性。单片机 C51 编程比汇编语言在编程方面有更强的优势：不需要掌握单片机汇编指令就可以直接用 C 语言编程；寄存器的分配等将由编译器自动管理；程序结构化；C 语言库中自带很多标准函数，数据处理能力比汇编语言强；具有方便的模块化编程技术，使得编好的程序很容易移植。

总体目标

【知识目标】

（1）掌握 C51 的数据类型、常用的标准函数库；

（2）掌握 C51 的各种运算符号；

（3）掌握头文件的作用和放置形式；

（4）掌握 C51 的程序结构。

【能力目标】

（1）正确设置 C51 的变量，选择正确的数据类型和数组；

（2）正确书写函数的表达式，正确应用各种运算符号；

（3）选用正确的流程控制语句进行流程控制；

（4）注意主函数和子函数的关系。

同人类语言一样，C语言也要遵循一定的语法规则并采用一定的词汇，下面先看一段C语言是如何描述的。

4.1 Keil C语言的基本结构

C语言的表达结构图如图1-7所示，该程序中描述了一段LED灯的控制，在这段描述中我们可以看到，C语言的表达是遵循一定规则的，自上而下分别有头文件、声明区、主函数，以及函数。每一段都有一定的功能。在这些表述中，有的词语（我们称之为函数或者变量）是我们根据使用的需要自己定义的，比如LED（变量）、delay（函数）；有些词语是其他使用者为了方便使用，定义好之后再供我们使用的，比如reg51.h文件中的词语；有些词语是C语言本身就具备的保留字，如int、for等，常用的保留字是需要人们记住的，在本任务中列出了所有保留字。

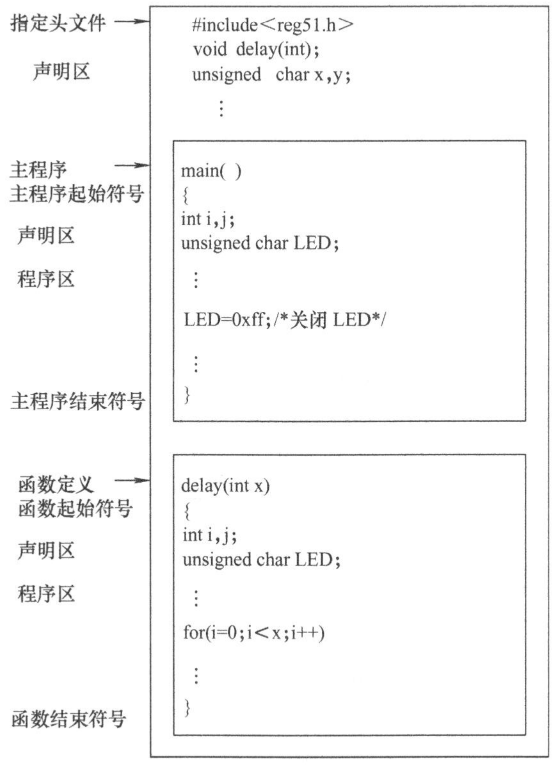

图1-7 C语言的表达结构图

值得注意的是，C语言中除了保留字和常数等以外，其他使用到的词语都是被定义出来的。在许多编译环境下，程序编译通过后，选中字符然后用鼠标右键单击，可以将程序中各个函数以及变量的原始定义找到。

下面详细说明C语言各个组成部分的定义和作用。

4.1.1 指定头文件

1. 头文件的作用

一般地，人们在描述一个事情的时候是需要一定的语境的，不同的语境下，语言表达的含义是不一样的。同样的道理，头文件也可以指定语言使用的语句特定意义。头文件是一种预先定义好的基本数据或函数等。在 51 单片机中头文件 reg51. h 或者 reg52. h 是定义内部寄存器地址的数据。用户自己也可以定义函数，然后加入头文件。

以下是 reg51. h 文件的原始文件（/＊ ＊/之间的内容表示注释）。

```
/*
Header file for generic 80C51 and 80C31 microcontroller.
Copyright (c) 1988-2002 Keil Elektronik GmbH and Keil Software, Inc.
All rights reserved.
-----------------------------------------------------------------------*/
#ifndef __REG51_H__
#define __REG51_H__
/*  BYTE Register  */
sfr P0     =0x80;          /*P0*/
sfr P1     =0x90;          /*P1*/
sfr P2     =0xA0;          /*P2*/
sfr P3     =0xB0;          /*P3*/
sfr PSW    =0xD0;          /*程序状态字寄存器*/
sfr ACC    =0xE0;          /*A 累加器*/
sfr B      =0xF0;          /*B 寄存器*/
sfr SP     =0x81;          /*堆栈指针寄存器*/
sfr DPL    =0x82;          /*数据指针寄存器的低 8 位*/
sfr DPH    =0x83;          /*数据指针寄存器的高 8 位*/
sfr PCON   =0x87;          /*PCON 寄存器*/
sfr TCON   =0x88;          /*TCON 寄存器*/
sfr TMOD   =0x89;          /*TMOD 寄存器*/
sfr TL0    =0x8A;          /*Timer0 计数器的低 8 位*/
sfr TL1    =0x8B;          /*Timer1 计数器的低 8 位*/
sfr TH0    =0x8C;          /*Timer0 计数器的高 8 位*/
sfr TH1    =0x8D;          /*Timer1 计数器的高 8 位*/
sfr IE     =0xA8;          /*IE 寄存器*/
sfr IP     =0xB8;          /*IP 寄存器*/
sfr SCON   =0x98;          /*SCON 寄存器*/
sfr SBUF   =0x99;          /*SBUF 寄存器*/
/*  BIT Register  */
/*  PSW  */
```

```
sbit CY     =0xD7;          /* 进位位 */
sbit AC     =0xD6;          /* 辅助进位位 */
sbit F0     =0xD5;          /* 用户标志位 */
sbit RS1    =0xD4;          /* 寄存器组选择位 1 */
sbit RS0    =0xD3;          /* 寄存器组选择位 0 */
sbit OV     =0xD2;          /* 溢出位 */
sbit P      =0xD0;          /* 校验位 */
/*  TCON  */
sbit TF1    =0x8F;          /* Timer1 计数器的溢出位 */
sbit TR1    =0x8E;          /* Timer1 计数器的运行位 */
sbit TF0    =0x8D;          /* Timer0 计数器的溢出位 */
sbit TR0    =0x8C;          /* Timer0 计数器的运行位 */
sbit IE1    =0x8B;          /* INT1 的中断标志 */
sbit IT1    =0x8A;          /* INT1 的中断触发信号种类 */
sbit IE0    =0x89;          /* INT0 的中断标志 */
sbit IT0    =0x88;          /* INT0 的中断触发信号种类 */
/*  IE  */
sbit EA     =0xAF;          /* 中断的总开关 */
sbit ES     =0xAC;          /* 串行端口中断的启用位 */
sbit ET1    =0xAB;          /* Timer1 中断的启用位 */
sbit EX1    =0xAA;          /* INT1 中断的启用位 */
sbit ET0    =0xA9;          /* Timer0 中断的启用位 */
sbit EX0    =0xA8;          /* INT0 中断的启用位 */
/*  IP  */
sbit PS     =0xBC;          /* 串行端口中断优先等级设置位 */
sbit PT1    =0xBB;          /* Timer1 中断优先等级设置位 */
sbit PX1    =0xBA;          /* INT1 中断优先等级设置位 */
sbit PT0    =0xB9;          /* Timer0 中断优先等级设置位 */
sbit PX0    =0xB8;          /* INT0 中断优先等级设置位 */
/*  P3  */
sbit RD     =0xB7;          /*  RD 引脚 */
sbit WR     =0xB6;          /*  WR 引脚 */
sbit T1     =0xB5;          /*  T1 引脚 */
sbit T0     =0xB4;          /*  T0 引脚 */
sbit INT1   =0xB3;          /*  INT1 引脚 */
sbit INT0   =0xB2;          /*  INT0 引脚 */
sbit TXD    =0xB1;          /*  TXD 引脚 */
sbit RXD    =0xB0;          /*  RXD 引脚 */
/*  SCON  */
```

```
sbit SM0    =0x9F;          /* 串行端口方式设置位 0 */
sbit SM1    =0x9E;          /* 串行端口方式设置位 1 */
sbit SM2    =0x9D;          /* 串行端口方式设置位 2 */
sbit REN    =0x9C;          /* 接收使能控制位 */
sbit TB8    =0x9B;          /* 发送的 8bit */
sbit RB8    =0x9A;          /* 接收的 8bit */
sbit TI     =0x99;          /* 发送的中断标志 */
sbit RI     =0x98;          /* 接收的中断标志 */
#endif
```

从 reg51. h 文件中可以看到，这里将单片机常用的资源全部用大家熟悉的字符进行了表示，这样用户可以不用像汇编语言那样关注硬件底层，而只需要关心控制任务。如在主函数中，用户写出“P0 =0x0f”等语句，只要程序中添加了#include <reg51. h>，那么编译器就会自动认出 P0 这一字符是表示硬件中 0x80 这一地址单元的缓存，就会将数据 0x0f 送入 0x80 这一地址中。

2. C51 常用的头文件

C51 常用的头文件有 reg51. h、reg52. h、intrinsic. h、math. h 等，只要用到相应的函数和资源时，就必须在程序开头添加相应的头文件，具体什么情况下添加什么头文件将根据具体的情况在相应的程序中进行解释。

reg51. h、reg52. h 头文件的不同在于，52 单片机比 51 单片机多一个定时器 T2。

在程序中添加头文件时有两种书写方法，分别为#include <reg51. h> 和#include “reg51. h”。使用< >包含头文件时，编译码进入 C:\Keil\C51\INC 这个文件夹（默认路径，如果 Keil 不是安装在 C 盘，路径略有不同）查找，找不到就报错；使用“”包含头文件时，编译器先进入当前工程所在文件夹搜索，若找不到，就报错。

4.1.2 声明区

在指定头文件之后，可声明程序中所用的常数、变量、函数等，其作用域将扩展整个程序，包括主程序与所有函数。

函数可以放置在程序之前或之后，但是函数使用之前必须预先声明，一般函数放置在程序之前时，函数的声明和定义一并完成；函数放置在程序之后时，则在程序之前必须对函数进行声明，在程序之后进行定义。从程序的简练方面来看，将函数放置在程序前比较好，这时对函数的声明和定义同时完成，在程序中调用到这些函数感觉也就很自然，程序的可读性也比较好。

4.1.3 主程序

主程序或者称为主函数，是以 main( ) 为开头的，整个内容放置在一堆大括号内，如图 1-7 所示，主程序中分为声明区和程序区，在声明区内所声明的常数、变量等仅适用于主程序之中，而不影响其他函数，当然主程序也可以在声明区中定义变量，两者所不同的是前者是局部变量，只在某个区域有效，后者是全局变量，全程序范围内都可以用。

把变量定义成局部变量比全局变量更有效率，编译器为局部变量在内部存储区中分配存储空间，而为全局变量在外部存储区中分配存储空间，这会降低访问速度；另一个避免使用全局变量的原因是用户必须在系统的处理过程中调节使用全局变量，因为在中断系统和多任务系统中不止一个过程会使用全局变量。

4.1.4 函数定义

函数是一种独立功能的程序，其结构与主程序类似，不过，函数可将所要处理的数据传入该函数，称为形式参数；也可将函数处理完成后的结果返回调用它的程序，不管是形式参数还是返回值，在定义函数的第一行里应该交代清楚，其通用格式如下：

返回值　数据类型　函数名称（数据类型形式参数）

例如，要将一个无符号字符实参（unsigned char）传递给函数，函数执行完毕要返回一个整型（int），此时函数名称定义为 My_ func，则其函数对照上述通用格式写法如下：

int My_ func（unsigned char x）

若不需要传入函数，则可在小括号内指定为 void。同样若不需要返回值，则可在函数名称左边指定为 void 或根本不指定。另外，函数的内部结构形式同主程序一样。

在一个 C 语言的程序里可以使用多个函数，并且函数中也可以调用函数。

4.1.5 注释

“注释”其实就是对程序进行相应的说明，养成对程序进行注释的好习惯将便于程序的可读性。

C 语言的注释一般有两种，一种是以“/ * ”开始，以“ * /”结束，作为独立的部分对某个函数功能进行描述，另一种则是放置在语句完成之后，以“//”开始，对当前语句功能的一种说明。

4.2 变量、常数与数据类型

C 语言中，常数与变量都是为某个数据指定存储器空间，其中常数是固定不变的，而变量是可变的。声明常数或变量的格式如下：

数据类型　常数/变量名称［=默认值］；

在上述格式中，“［=默认值］”为非必要项目，而最后的分号是结束符号，不能省去。

例如“int x=40;”，声明了一个整型类的 x 变量，其默认值为 40。

例如“int　x;”，声明了一个整型类的 x 变量。

也可以对几个相同数据类型的变量一起进行声明，各变量之间用逗号分开。

例如“int x，y，z;”，声明了三个整型类变量 x、y、z。

控制要求数据的位数是不尽相同的，比如控制电动机或者电磁阀只需要几位数据，进行数据通信时的数据往往又需要 8 位数据，进行模拟量控制时，数据可以是 10 位、12 位或者 16 位的。这时，需要根据控制要求定义数据变量。当然，在定义数据变量时，是受到单片机 RAM 以及 ROM 的容量大小限制的。目前，单片机的 RAM 和 ROM 容量越来越大，因此在定义变量时，可以考虑自己的使用习惯，同时要方便其他人阅读，在不影响运行效率的前提下一般不考虑位数资源的浪费。

4.2.1 数据类型

1. 通用数据类型

通用数据类型见表 1-7。

表 1-7 通用数据类型

型态	名称	位数	范围
char	字符	8	-128 ~ +127
unsigned char	无符号字符	8	0 ~ 255
enum	枚举	8/16	-128 ~ +127/-32768 ~ +32767
short	短整型	16	-32768 ~ +32767
unsigned short	无符号整型	16	0 ~ 65535
int	整型	16	-32768 ~ +32767
unsigned int	无符号整型	16	0 ~ 65535
long	长整型	32	$-2^{31} \sim 2^{31}-1$
unsigned long	无符号长整型	32	$0 \sim 2^{32}-1$
float	浮点数	32	$\pm(1.175494\times10^{-38} \sim 3.402823\times10^{38})$
double	双倍精度浮点数	64	$\pm1.7\times10^{308}$
void	空	0	无

2. 8051 特有数据类型

8051 特有数据类型见表 1-8。

表 1-8 8051 特有数据类型

名称	位元数	范围
bit	1	0、1
sbit	1	0、1
sfr	8	0 ~ 255
sfr16	16	0 ~ 65535

3. 8051 特有数据类型范例

8051 特有数据类型范例见表 1-9。

表 1-9 8051 特有数据类型范例

char bdata scan;	/*声明 scan 为 bdata 存储器类型的变量*/
sbit input_0 = scan^0;	/*声明 input_0 为 scan 变量的 bit0*/
sfr P0 = 0x80;	/*声明 P0 为 0x80 存储器位置，即 Port0*/
sbit P0_0 = P0^0;	/*声明 P0_0 为 P0 变量的 bit0*/
sbit P0_0 = 0x80^0;	/*声明 P0_0 为 0x80 地址的 bit0*/
char idata BCD;	/*声明 BCD 变量为间接寻址的存储器位置*/
sfr16 DPTR = 0x82;	/*声明 DPTR 变量为数据指针寄存器*/

4.2.2　变量名称

变量名称的选用可参考下列几点：

1）可使用大/小写字母、数字或下画线（即_）。

2）第一个字符不可为数字。

3）不可使用保留字。

其中 ANSI C 传统 C 的保留字见表 1-10。

表 1-10　ANSI C 传统 C 的保留字

asm	auto	break	case	char	const
countinue	default	do	double	else	entry
enum	extern	float	for	fortran	goto
int	long	register	return	short	signed
sizeof	static	struct	switch	typedef	union
unsigned	void	volatile	while		

其中 Keil C 保留字见表 1-11。

表 1-11　Keil C 保留字

_at_	_priority	_task_	alien	bdata	bit
code	compact	data	far	idata	interrupt
large	pdata	reentrant	sbit	sfr	sfr16
small	using	xdata			

4.3　存储器的形式与模式

定义好的数据可以根据需要，放在特定的存储器中，这时就需要一些字符来表示特定的存储器段。

4.3.1　存储器形式

存储器形式见表 1-12。

表 1-12　存储器形式

存储器形式	说　明	适用范围
code	程序存储器	0x0000 ~ 0xffff
data	直接寻址的内部数据存储器	0x00 ~ 0x7f（128）
idata	间接寻址的内部数据存储器	0x80 ~ 0xff（128）
bdata	位寻址的内部数据存储器	0x20 ~ 0x2f（16）
xdata	以 DPTR 寻址的外部数据存储器	64KB 之内

（续）

存储器形式	说　明	适用范围
pdata	以 R0、R1 寻址的外部数据存储器	256B 之内
far	扩展的 ROM 或 RAM 外部存储器，仅适用于少数的芯片，如 Philips80C51MX、Dallas390 等	最大可达 16MB

注：1. 程序存储器

```
char  code SEG[3] = {0x0a,0x13,0xbf};
```

2. 内部数据存储器

```
char  data  x;        //直接寻址
char  idata  x;       //间接寻址
bit  bdata  x;        //可位寻址
```

3. 外部数据存储器

```
char  xdata  x;       //外部存储器 64KB
char  pdata  x;       //外部存储器 256B
```

4.3.2 存储器模式

存储器模式有如下三种，具体选择存储器模式的方法如图 1-8 所示，即在 Memory Model 的下拉列表中进行选择。

1）小型模式（Small）：存储类型为 data，存储空间为片内可寻址 RAM。

2）精简模式（Compact）：存储类型为 pdata，存储空间为片外 256B 可寻址 RAM。

3）大型模式（Large）：存储类型为 xdata，存储空间为片外 64KB 可寻址 RAM。

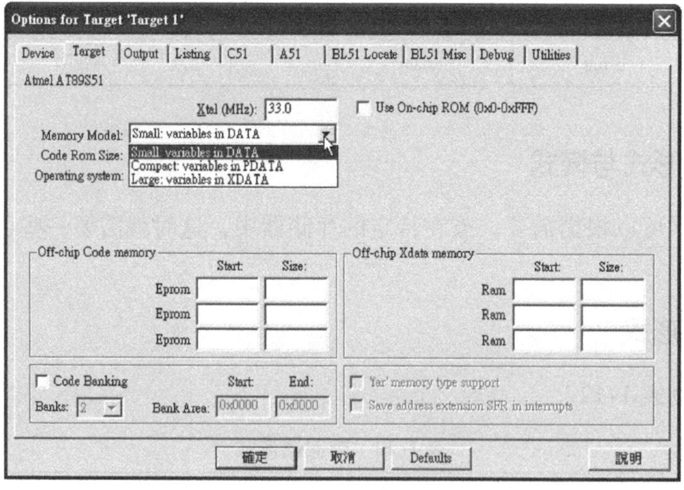

图 1-8　存储器模式

4.4 Keil C 的运算符

单片机在做控制时，是需要进行运算的。C 语言可以提供非常强大的算术运算和逻辑运算，利用 C 语言可以得到比其他计算机语言更加高效和简洁的运算表达。

4.4.1 算术运算符

算术运算符见表1-13。

表1-13 算术运算符

符号	功能	范 例	说 明
+	加	A = x + y	将x与y变量的值相加，其和放入A变量
-	减	B = x - y	将x变量的值减去y变量的值，其差放入B变量
*	乘	C = x * y	将x与y变量的值相乘，其积放入C变量
/	除	D = x/y	将x变量的值除以y变量的值，其商数放入D变量
%	取余数	E = x% y	将x变量的值除以y变量的值，其余数放入E变量

4.4.2 关系运算符

关系运算符见表1-14。

表1-14 关系运算符

符号	功能	范 例	说 明
==	相等	x == y	比较x与y变量的值是否相等，相等则其结果为1，不相等则为0
!=	不相等	x! = y	比较x与y变量的值是否相等，不相等则其结果为1，相等则为0
>	大于	x > y	若x变量的值大于y变量的值，其结果为1，否则为0
<	小于	x < y	若x变量的值小于y变量的值，其结果为1，否则为0
>=	大于等于	x >= y	若x变量的值大于或等于y变量的值，其结果为1，否则为0
<=	小于等于	x <= y	若x变量的值小于或等于y变量的值，其结果为1，否则为0

4.4.3 逻辑运算符

逻辑运算符见表1-15。

表1-15 逻辑运算符

<table>
<tr><th>符号</th><th>功能</th><th>范 例</th><th>说 明</th></tr>
<tr><td>&&</td><td>与运算</td><td>(x > y) &&(y > z)</td><td>若x变量的值大于y变量的值，且y变量的值也大于z变量的值，其结果为1，否则为0</td></tr>
<tr><td>||</td><td>或运算</td><td>(x > y) || (y > z)</td><td>若x变量的值大于y变量的值，或y变量的值也大于z变量的值，其结果为1，否则为0</td></tr>
<tr><td>|</td><td>反相运算</td><td>|(x > y)</td><td>若x变量的值大于y变量的值，则其结果为0，否则为1</td></tr>
</table>

4.4.4 布尔运算符

布尔运算符见表1-16。

表 1-16　布尔运算符

<table>
<tr><th>符号</th><th>功能</th><th>范例</th><th>说　明</th></tr>
<tr><td>&</td><td>与运算</td><td>A = x * y</td><td>将 x 与 y 变量的每一位进行 AND 运算，其结果放入 A 变量</td></tr>
<tr><td>|</td><td>或运算</td><td>B = x/y</td><td>将 x 与 y 变量的每一位进行 OR 运算，其结果放入 B 变量</td></tr>
<tr><td>^</td><td>互斥或</td><td>C = x^y</td><td>将 x 与 y 变量的每一位进行 XOR 运算，其结果放入 C 变量</td></tr>
<tr><td>~</td><td>求补</td><td>D = ~x</td><td>将 x 变量的值进行 NOT 运算，其结果放入 D 变量</td></tr>
<tr><td><<</td><td>左移</td><td>E = x << n</td><td>将 x 变量的值左移 n 位，其结果放入 E 变量</td></tr>
<tr><td>>></td><td>右移</td><td>F = x >> n</td><td>将 x 变量的值右移 n 位，其结果放入 F 变量</td></tr>
</table>

4.4.5　赋值运算符

赋值运算符见表 1-17。

表 1-17　赋值运算符

<table>
<tr><th>符号</th><th>功能</th><th>范例</th><th>说　明</th></tr>
<tr><td>=</td><td>赋值</td><td>A = x</td><td>将 x 变量的值，放入 A 变量</td></tr>
<tr><td>+=</td><td>相加</td><td>B += x</td><td>将 B 变量的值与 x 变量的值相加，其和放入 B 变量，与 B = B + x 相同</td></tr>
<tr><td>-=</td><td>相减</td><td>C -= x</td><td>将 C 变量的值减去 x 变量的值，其差放入 C 变量，与 C = C - x 相同</td></tr>
<tr><td>*=</td><td>相乘</td><td>D *= x</td><td>将 D 变量的值与 x 变量的值相乘，其积放入 D 变量，与 D = D * x 相同</td></tr>
<tr><td>/=</td><td>相除</td><td>E/ = x</td><td>将 E 变量的值除以 x 变量的值，其商放入 E 变量，与 E = E/x 相同</td></tr>
<tr><td>% =</td><td>取余数</td><td>F% = x</td><td>将 F 变量的值除以 x 变量的值，其余数放入 F 变量，与 F = F% x 相同</td></tr>
<tr><td>& =</td><td>与运算</td><td>G& = x</td><td>将 G 变量的值与 x 变量的值进行 AND 运算，其结果放入 G 变量，与 G = G&x 相同</td></tr>
<tr><td>| =</td><td>或运算</td><td>H | = x</td><td>将 H 变量的值与 x 变量的值进行 OR 运算，其结果放入 H 变量，与 H = H | x 相同</td></tr>
<tr><td>^=</td><td>异或</td><td>I^ = x</td><td>将 I 变量的值与 x 变量的值进行 XOR 运算，其结果放入 I 变量，与 I = I^x 相同</td></tr>
<tr><td><<=</td><td>左移</td><td>J <<= n</td><td>将 J 变量的值左移 n 位，与 J = J << n 相同</td></tr>
<tr><td>>>=</td><td>右移</td><td>K >>= n</td><td>将 K 变量的值右移 n 位，与 K = K >> n 相同</td></tr>
</table>

4.4.6　自增/自减运算符

自增/自减运算符见表 1-18。

表 1-18　自增/自减运算符

符号	功能	范例	说　明
++	加 1	x ++	执行运算后，再将 x 变量的值加 1
--	减 1	x --	执行运算后，再将 x 变量的值减 1

4.4.7　运算符的优先级

运算符的优先级见表 1-19。

表1-19 运算符的优先级

优先级	运算符或操作符号	说明
1	(、)	小括号
2	~、!	补数、反相运算
3	++、--	自增、自减
4	*、/、%	乘、除、取余数
5	+、-	加、减
6	<<、>>	左移、右移
7	<、>、<=、>=、==、!=	关系运算符
8	&	布尔运算——AND
9	^	布尔运算——XOR
10	|	布尔运算——OR
11	&&	布尔运算——AND
12	||	布尔运算——OR
13	=、*=、/=、%=、+=、-=、<<=、>>=、&=、^=、|=	赋值运算符

4.5 Keil C 的流程控制

任何语言在进行表达时，都要按照一定的顺序表达，如果表达颠三倒四，读者是无法理解表达的含义的。C 语言控制流程的表达比较简洁，主要可以分为顺序流程、循环流程以及条件判断流程。其中顺序流程最简单，只需要按照控制要求的先后顺序，依次将程序语言组织起来就可以了。

4.5.1 循环流程控制

如果现在需要实现从 1 一直加到 1000，那么正常的思维，可能会编写出下面的程序。

```
void ADD1_1000(void)
{
    unsigned int sum;
    sum = 1 + 2 + 3 + 4 + 5 + … + 1000;
}
```

这样写程序会很麻烦，也不可取。这时可以采用循环控制，循环控制可以按照控制要求将运算重复表达，C 语言提供了 for 循环、while 循环以及 do while 循环。

1. for 循环

（1）指令格式

```
for (表达式 1;表达式 2;表达式 3)
    {   指令 1;
     指令 2;
     [break;]
      ⋮
    }
```

执行过程：

1）求解一次表达式 1。

2）求解表达式 2，若其值为真（非 0，即为真），则执行 for 中语句，然后执行下述第 3)步，否则结束 for 循环，直接跳出，不再执行第 3）步。

3）求解表达式 3。

4）跳到第 2）步重复执行。

在循环中，如果 break 语句被执行，那么结束循环。

（2）范例

```
for (i=0;i<10;i++)   //重复执行下列指令 10 次
    { LED = ~LED;     //切换 LED 状态
      delay(100);     //调用延迟函数
    }
```

（3）for 循环体内只有一个指令时的写法　若循环体内只有一个指令，则可省略大括号，具体如下：

```
for (i=0;i<10;i++)
  { SEG=TAB[i];
  }
```

可简化为如下形式：

```
for (i=0;i<10;i++)
  SEG=TAB[i];
```

但“;”不可省略，初学者往往会忽略这一点。

（4）for 循环为无穷循环写法　若表达式省略，则为无穷循环写法，具体写法如下：

for (;;)，有许多开发者常将这种表达方式用于单片机控制的主循环，保证单片机永远循环运行。这种主循环也会经常表示成 while (1)。

for (i=0; i<10; i++) 是从 i=0 数到 i=9，总共 10 次循环。

for (i=1; i<=10; i++) 是从 i=1 数到 i=10，也是 10 次循环。

for (i=10; i>0; i--) 是从 i=10 倒数到 i=1，总共 10 次循环。

for (i=0; i<10; i+=2) 是从 i=0 数到 i=8，每次增加 2，总共 5 次循环。

for (i=10; i>0; i-=2) 是从 i=10 倒数到 i=2，每次减少 2，总共 5 次循环。

（5）嵌套循环

```
for (i=0;i<x;i++)
    for (j=0;j<10;j++)
      { 指令1;
        指令2;
          ⋮
      }
```

人们经常使用的延时函数 Delay 函数，就可以采用循环语句实现：

```
for (i=0;i<x;i++)
    for (j=0;j<120;j++);//从 0 计数到 119,耗时约 1ms(晶振频率为 12MHz)
```

```
        ;//此处循环体内只有一条指令,可不用括号,加分号即可
```

2. while 前条件循环

(1) 指令格式

```
while(表达式)
{  指令1;
   指令2;
       ⋮
       [break;]
       ⋮
}
```

特点：先判断表达式，后执行语句。

原则：若表达式条件成立，即为真，那么执行大括号内的语句，否则跳出 while 语句。

(2) 范例1

```
while(x > y)
{  指令1;
   指令2;
       ⋮
       [break;]
       ⋮
}
```

范例2:

```
while(1)
{  指令1;
   指令2;
       ⋮
       [break;]
       ⋮
}
```

这时表达式恒为1，一直在大括号内循环执行语句。

3. do while 后条件循环

指令格式:

```
do
{  指令1;
   指令2;
       ⋮
       [break;]
       ⋮
} while(表达式)
```

do while 与 while 循环不同的是：前者是先执行语句后进行是否还要循环的判断，后者

是先判断是否要继续循环后执行语句。

对于以上这三种循环表达，编程者可以根据自己的使用习惯和熟悉程度进行使用。比如前面的从 1 一直加到 1000 例子，采用 for 语句，可以写出下面的程序。

```
void ADD1_1000(void)
{
    unsigned int sum =0;
    for(int i =0;i <1001;i ++ )
       sum += i;
}
```

大家可以试着采用 while 以及 do while 循环实现。

4.5.2 条件判断选择控制流

1. if 条件判断

(1) 指令格式

```
if(表达式)
{
    循环体 1;
      ⋮
}
else
{
    循环体 2;
      ⋮
}
```

条件循环体流程图如图 1-9 所示。

(2) 单一循环体

```
if(表达式){循环体 1;}
              其他指令;
```

单一循环体流程图如图 1-10 所示。

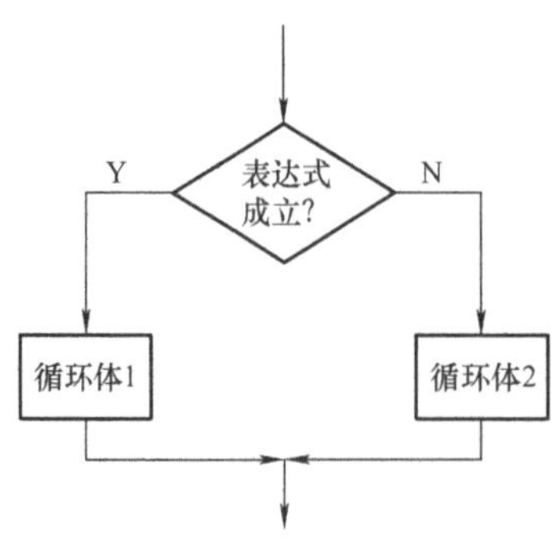

图 1-9 条件循环体流程图

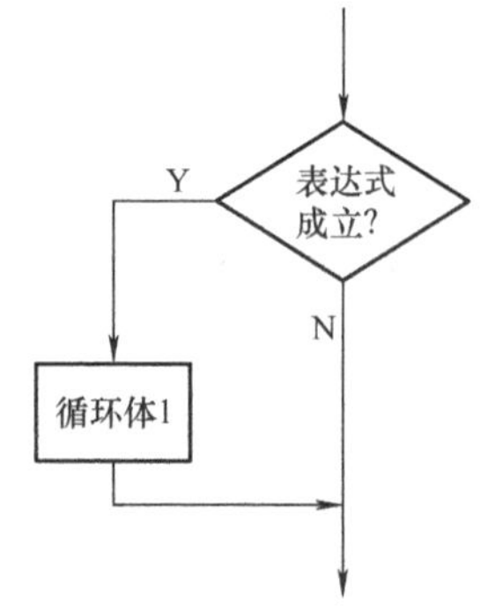

图 1-10 单一循环体流程图

(3) 多重条件判断

```
if(表达式1)
  {循环体1;}
else if(表达式2)
  {循环体2;}
else if(表达式3)
  {循环体3;}
else {循环体4;}
  ⋮
```

多重条件判断流程图如图1-11所示。

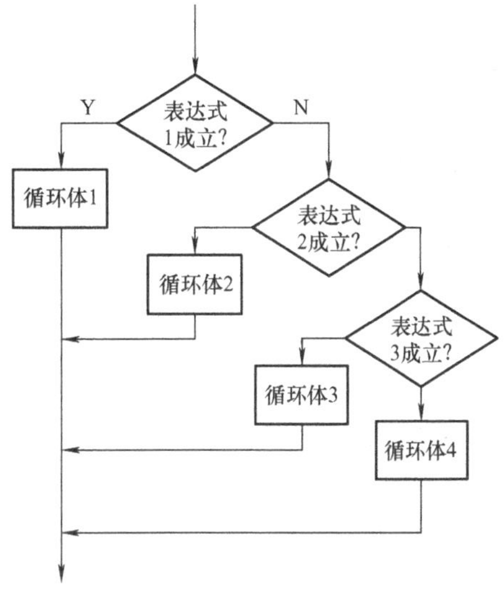

图1-11　多重条件判断流程图

2. switch多重选择指令

指令格式：

```
switch （表达式）
{case（常数1）:
     {循环体1;}
          break;
case（常数2）:
     {循环体2;}
          break;
          ⋮
default:
   {循环体n;}
          break;
}
```

switch多重选择流程图如图1-12所示。

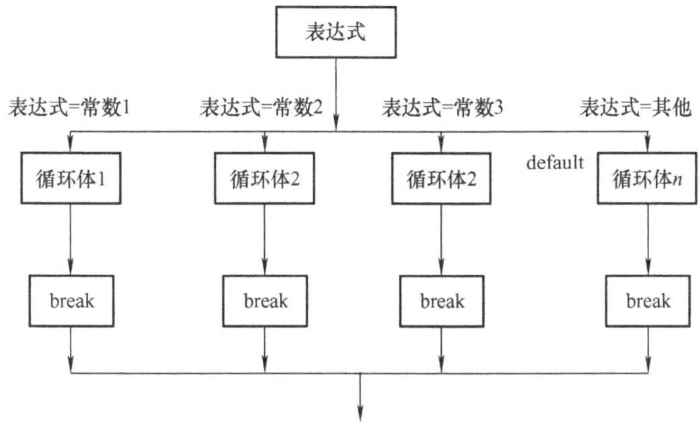

图1-12　switch多重选择流程图

4.5.3 goto 跳转指令

goto 是 Keil C 所提供的无条件跳转指令，这个指令的功能是无条件地改变程序的流程，其格式如下：

goto 标号；

这个指令与汇编语言的 jmp 指令一样，其右边是一个标号（label），当执行到这个指令后，将跳转到该标号对应的指令上，如下：

```
goto loop;
    ⋮
loop: 指令
```

为了避免破坏程序的结构，目前 C 语言的编程很少采用 goto 跳转语句。

4.6 数组与指针

4.6.1 数组

数组（Array）是一种将同类型数据集合管理的数据结构，而指针（Pointer）是存放存储器地址的变量，因此，数组与指针可说是数据管理的好搭档。

数组也是一种变量，将一堆相同数据形态的变量，以一个相同的变量名称来表示。既然是一种变量，使用之前就得声明，其格式如下：

数据类型 数组名［数组大小］；

字符串数组范例：

```
char    LCM[9];
```

这个数组包括 LCM［0］~LCM［8］共 9 个字符。

声明数组的时候，也可以给它赋初始值，例如：

```
char  LCM[9] = "Testing.";
```

此时数组中 LCM［0］的初始内容为“T”，LCM［1］的初始内容为“e”，……，LCM［7］的初始内容为“.”，而程序会自动在字符串的最后面加上“\0”作为结束标志，故需 9 个字符。

若不知道数组的大小，可交给程序处理，例如：

```
    char   string1[ ] = "Welcome to Beijing.";
```

整型/浮点数数组范例（预设初始值）：

```
int   Num[6] = {30, 21, 1, 45, 26, 37};
```

n 维数组的格式：

数据类型 数组名［数组大小 1］［数组大小 2］…［数组大小 n］；

3×2 整型数组范例：

```
int   Num[3][2] = {{10,11}, {12,13}, {14,15}};
```

代表 Num［0］［0］的初始内容为 10，Num［0］［1］的初始内容为 11，…，Num［2］［1］的初始内容为 15。

4.6.2 指针

指针是用来存放存储器地址的变量，既然是变量，使用前当然要声明，其格式如下：

数据类型 *变量名称；

整型指针范例：

int * ptr;

同类型的变量可与指针放在一起声明，例如：

int * ptr1, * ptr2, a, b, c;

将 a 变量的地址放入指针，可使用“&”，格式如下：

ptr1 = &a;

将数组 Num 的地址放入指针，格式如下：

ptr1 = &Num[0][0];

Num 数组的第一个地址被放入 ptr1 指针变量，若要将 Num [0] [0] 的内容输出到 Port 2，格式如下：

P2 = Num[0][0];

也可以采用指针变量的方式，格式如下：

P2 = * ptr1;

4.7 函数

函数是 C 语言的重要表达方式，利用函数，C 语言实现了模块化的设计。实际上，main() 也算是一个函数，只不过它比较特殊，编译时以它作为程序的开始段。一般功能较多的程序，会在编写程序时把每项单独的功能分成数个子程序模块，每个子程序用函数来实现。例如单片机在中断控制时，中断处理也是采用函数实现的。函数还能被反复调用，因此一些常用的函数能做成函数库，以供在编写程序时直接调用，从而更好地实现模块化的设计，大大提高编程工作的效率。本书前面提到过的头文件，实际上就包括了函数库。比如 C 语言的标准库中的 math. h，就是将常用的数学函数放入其中，程序中如果有#include “math. h”语句，那么 sin()、sqr() 等函数就可以直接使用。但是，标准的函数不足以满足使用者的特殊要求，因此 C 语言允许使用者根据需要编写特定功能的函数，要调用它必须要先对其进行定义。定义的格式如下：

```
函数类型    函数名称(形式参数表)
{
  函数体
}
```

函数类型是说明所定义函数返回值的类型。返回值其实就是一个变量，只要按变量类型来定义函数类型就行了。如函数不需要返回值，函数类型可写作“void”，表示该函数没有返回值。需要注意的是，函数体返回值的类型一定要和函数类型一致，不然会造成错误；函数名称的定义在遵循 C 语言变量命名规则的同时，不能在同一程序中定义同名的函数，否则将会造成编译错误。

形式参数是指调用函数时要传入到函数体内参与运算的变量，它可以有一个、几个参数或没有，当不需要形式参数时也就是无参函数，括号内可以为空，或写入“void”表示，但括号不能少。函数体中可以包含局部变量的定义和程序语句，如函数要返回运算值则要使用 return 语句进行返回。在函数的 {} 号中也可以什么都不写，这就成了空函数，在一个程序项目中可以写一些空函数，便于在以后的修改和升级中在这些空函数中进行功能扩充。

下面以一段主函数调用延时子函数为例说明函数体的具体表达方式。

在延时子函数中，函数名为 delay，延时函数不需要返回时则在 delay 函数名前加上“void”，延时函数 delay 形式变量为 unsigned char x，在函数体内的变量名为 m、n。

对于 C51 程序中可以有类似于延时子函数的不同名称的子函数，与各子函数所不同的是，在整个程序中有且只有唯一的一个主函数，而且名字只能是 main，主函数的其他描述方式同子函数，在本主函数中调用了延时子函数 delay，并对 delay 函数中的形参 x 赋值为 100。

```
#include <reg51.h>
/**************************************************
函数功能:延时一段时间
**************************************************/
void delay(unsigned char x)//函数类型为空
{
unsigned char m,n;
for(m=0;m<x;m++)
    for(n=0;n<200;n++);
}
/**************************************************
函数功能:主函数
**************************************************/
void main(void)
{
unsigned char i;
unsigned char code Tab[ ]={0xFE,0xFD,0xFB,0xF7,0xEF,0xDF,0xBF,0x7F};
//流水灯控制码
while(1)
{
for(i=0;i<8;i++)//共8个流水灯控制码
{
P0=Tab[i];//快速流水点亮LED
delay(100);//延时约20ms(100×200μs=20000μs=20ms)
}
for(i=0;i<8;i++)//共8个流水灯控制码
{
P0=Tab[i];//慢速流水点亮LED
```

```
delay(250);//延时约50ms(250×200μs=50000μs=50ms)
}
}
}
```

上面程序说明了带参数的函数 delay( ) 的使用，在主函数 main( ) 中调用了两次，第一次调用时参数是100，第二次调用时参数是250。

单片机有许多功能是必须通过函数实现的，比较典型的就是中断功能。中断是单片机最重要的工作机制，任何控制系统在工作中都不可避免地会遇到突发情况。比如一个人正常在路上行走，此时有汽车正冲向该人，那么这个人必须中断当前的正常行走，采取避让措施。同样，单片机在正常工作时，如果出现突发情况，比如目前手机正在执行游戏任务，突然有电话接入，那么单片机是需要中断游戏任务，转而响应电话任务的。对于单片机而言，响应中断，即对中断的处理是通过函数实现的。

中断处理函数可以定义为以下方式：

```
函数类型    函数名称(形式参数表)中断号
{
  函数体
}
```

例如：

```
void  InterruptTimer0( )  interrupt 1
{
   ⋮
}
```

4.8　Keil C的预处理命令

4.8.1　定义命令#define

#define命令用来指定常数、字符串或宏函数的代名词，与汇编语言的“equ”“reg”命令一样。#define命令格式如下：

#define　代名词 常数(字符串或宏函数)

例如要从Port2输出，则可将outputs定义为Port2，语句格式如下：

```
#define outputs P2
```

而在程序之中，如果要输出到P2的指令，就以outputs代替，语句格式如下：

```
outputs=0xff;  /*输出11111111*/
```

4.8.2　包含命令#include

#include是一个预处理命令，其功能是将头文件（*.h）包含到程序里。

#include　<xxx.h>：以<xxx.h>所包括的头文件，编译程序将从源程序所在文件夹C:\Keil\C51\INC里查找所指定的头文件。

#include　“xxx.h”：以“xxx.h”所包括的头文件，编译程序将从源程序所在文件夹里

查找所指定的头文件。

在编写程序时注意上述两种头文件的区别与不同用法。

4.8.3 注释

包括式注释：以“/＊”为注释开始，以“＊/”为注释结束，其间注释文字可以包括几个字或几行文字，例如：

#include “my.h” /＊ =包含 my.h 头文件= ＊/

单列式注释：以“//”为注释的开始符号，而其右边整行都是注释内容，例如：

//=====主程序=====

4.8.4 条件式编译命令

条件式编译命令包括#if、#elif、#else、#endif、#ifdef、ifndef。

任务小结

本单元简单说明了C语言的基本概念与基本知识，如果需要更加详细的说明，可以借鉴其他专门的C语言参考书或者通过网络查询。作为计算机语言，掌握好C语言必须掌握以下几个基本概念：变量、函数、数组、指针等，掌握C语言的基本语法。当然作为一种语言，仅仅是掌握概念还是远远不够的，语言作为工具是要在使用中才能不断得到提高和熟悉的。初学者可结合C51单片机的学习，利用C语言不断模仿再到自己编写，人们都是从呀呀学语中学会了说话，同样，相信大家通过认真学习也能够将C语言在单片机中应用自如。

课后习题

1. 搜集资料，简述C语言与汇编语言的比较。
2. 哪些变量类型是51单片机直接支持的?
3. 请查找资料，说明C51中的中断函数和一般的函数有什么不同?
4. 指出下面程序的语法错误：

```
#include <reg51.h>
main()
{
a = C;
int a =7,C
delay(10)
void delay();
{
char i;
for(i =0;i <=255;“ ++ ”);
}
```

5. 编写一个程序实现以下功能：输入华氏温度（F），按下列公式计算并输出对应的摄氏温度（C）：

$$C = 5(F - 32)/9$$

6. 用三种循环语句分别编写程序显示 1 ~ 100 的二次方值。

7. 阅读下列函数，写出函数的主要功能。

```
float av(int a[ ],int n)
{   int i;
    float s;
    for(i =0,s =0;i < n;i ++ )
       s = s + a[i];
    return s/n;
}
```

8. 编写一个名为 root 的函数，求方程 ax * x + bx + c =0 的 b * b - 4ac，并作为函数的返回值，其中的 a、b、c 作为函数的形式参数。

项目 2 单片机基础应用

任务 1　设计十字路口交通灯

问题提出

随着世界范围内城市化和信息化进程的加快，城市交通管理越来越成为一个全球化的问题。城市交通基础设施供给滞后于不断增长的需求，道路堵塞日趋加重，交通事故频发，环境污染加剧等问题普遍存在，城市十字路口交通拥堵情况如图 2-1 所示。

图 2-1　城市十字路口交通拥堵情况

随着我国经济的稳步发展，人民的生活水平日渐提高，越来越多的汽车进入寻常百姓的家庭，再加上政府大力发展的公交、出租车，车辆越来越多了。

近几年来，世界主要大城市为缓解城市交通拥堵，都在不断采取新技术，提高科学管理水平，如从点控、线控到区域控制，直到现在的智能交通系统（ITS），把电子、通信、声像、计算机及 GPS 等高新技术溶于其中，使交通走向越来越“智慧化”的系统管理之路。

十字路口交通灯设计是整个交通管理中的一个重要方面。对十字路口交通管理可以简化为在时间上对南北和东西方向通行时间进行切换，用红灯表示禁止通行，绿灯表示通行，黄灯表示警告或谨慎行驶，十字路口交通灯模型如图 2-2 所示。

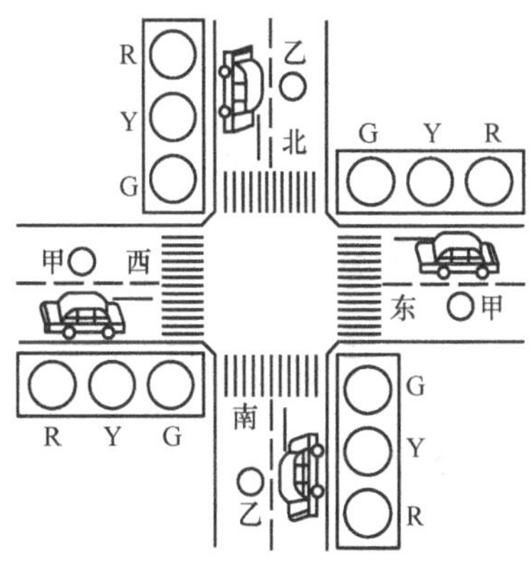

图 2-2　十字路口交通灯模型

对于一个单片机初学者，要一下子完成这样的一个任务并不容易，为了完成这个任务，必须依次学习亮灭单灯、单灯闪烁、跑马灯、数码管动态显示多个不同字符等任务，经历从简单到复杂、从单一到综合任务的学习和体验，方能体会单片机的编程思路，进而在对十字路口交通灯进行时序分析后完成整个项目的设计与程序编写，达到单片机的初步设计与编程的要求。所以本次任务分点亮单灯、单灯闪烁、设计跑马灯、数码管动态显示字符、设计十字路口交通灯 5 个小任务来完成。

总体目标

【知识目标】

（1）学习利用 I/O 控制灯点亮的工作原理；

（2）熟悉一般单片机 C 程序的编写结构；

（3）学习头文件、宏定义的作用；

（4）区分全局变量和局部变量的差异；

（5）学习子函数的使用方法。

【能力目标】

（1）会根据要求设计灯的控制点亮，并能根据要求设计参数；

（2）熟练掌握单片机 C 程序的结构；

（3）正确选用变量并正确设置数据类型；

（4）选择正确的头文件，并正确进行变量申明；

（5）正确书写主函数、子函数。

1.1　点亮单灯

学习目标

【知识目标】

（1）掌握单片机最小系统的硬件组成；

（2）初步了解程序设计的概念。

【能力目标】

（1）进行单片机最小系统的硬件搭建；

（2）学习并应用相关的单片机开发工具；

(3) 初步进行软件程序的设计。

 任务简介

用单片机来实现对一个发光二极管实现点亮的功能。

 任务要求

用单片机的 P1.0 口来点亮一个发光二极管。

 任务分析

二极管亮灭控制电路如图 2-3 所示，要保证图中发光二极管点亮，发光二极管需要正向导通，而且回路中电流不得小于 3mA，发光二极管导通时电压降以 1.7V 估算，则 R1 两端的压降为 3.3V，流过的电流为 3mA，根据欧姆定律可计算得 R1 约为 1kΩ。一般发光二极管的电流不宜超过 10mA，用同样的方法计算可得此时的 R1 为 330Ω，因此为了让发光二极管点亮，R1 在此电路中的选择范围为 330Ω ~ 1kΩ，我们在本次任务中取 510Ω。要让发光二极管熄灭的条件是回路电流为 0，使发光二极管处于反偏或零偏状态。

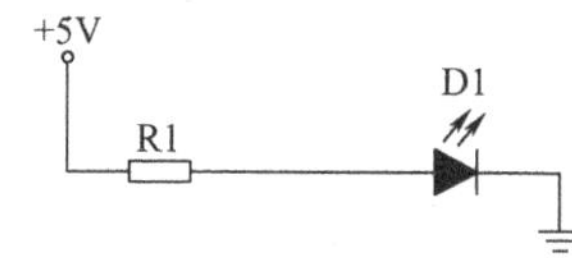

图 2-3　发光二极管亮灭控制电路

注：为了便于读者阅读和对照，本书电路原理图和仿真效果图中的图形符号及文字符号均采用与本书所介绍的 Keil C 软件和 Proteus 软件中一致的符号形式，不再按照国家标准予以修改。

不同的发光二极管导通的电压降有所不同，具体使用时可根据发光二极管的型号查阅导通时的管压降，根据点亮时需要的最小电流和点亮时最大通过电流计算限流电阻值的范围，选择发光二极管工作在额定电流时所对应的限流电阻值比较合适。

 相关知识

用单片机的 I/O 口控制二极管亮灭的最大的好处在于不需要修改端口的接线，如图 2-4 所示，只需由 P1 端口的 P1.0 送出低电平，二极管就被点亮，送高电平二极管就熄灭，控制二极管的亮灭过程不需要更改电路。

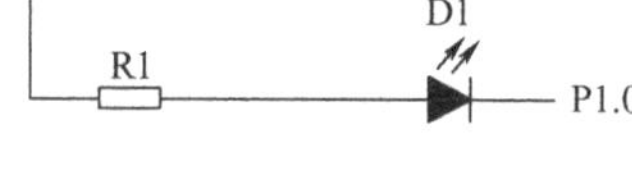

图 2-4　用单片机的 I/O 口控制发光二极管的亮灭

 任务实施

1. 硬件设计

用单片机的 I/O 口控制二极管的亮灭，只需用到单片机的基本 I/O 口，用单片机最小系统就可以达到要求。

(1) 仿真原理图　点亮单灯原理图如图 2-5 所示。

(2) 点亮单灯元器件清单　点亮单灯元器件清单见表 2-1。

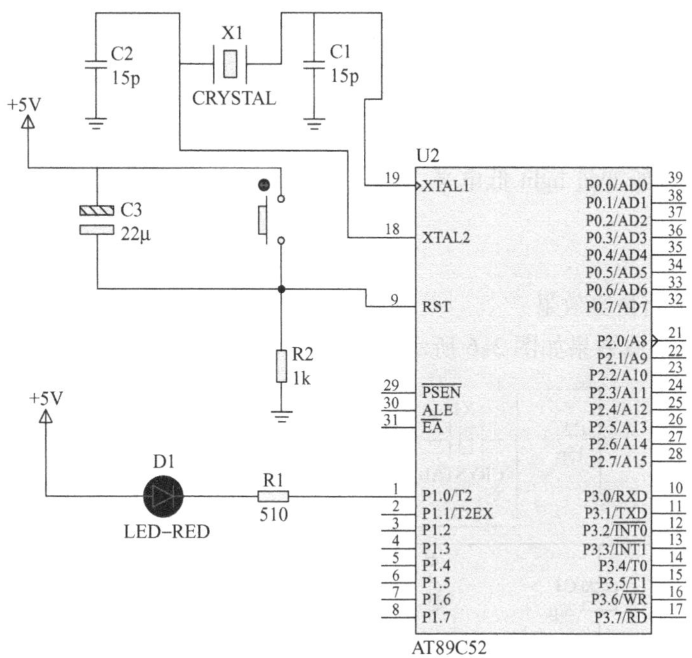

图2-5　点亮单灯原理图

表2-1　点亮单灯元器件清单

元器件名称	参数	数量	元器件名称	参数	数量
IC插座	DIP40	1	电阻	1kΩ	1
单片机	AT89C52	1	电阻	510Ω	1
晶振	6MHz或12MHz	1	瓷片电容	15～30pF	2
发光二极管	—	1	按键	—	1
电解电容	10μF/16V	1			

2. 软件编程

（1）端口分配　用单片机的P1.0口来控制发光二极管的亮灭，单片机上电时，P0～P3端口的每一位都处于高电平状态，P1.0＝1，发光二极管处于熄灭状态，通过软件编程改变P1.0，使之变为0而使发光二极管被点亮。

（2）程序流程图　点亮单灯的程序流程比较简单，此处略。

（3）具体程序　点亮单灯的具体程序如下：

```
//----------------------------------
//名称：点亮单灯
//----------------------------------
//说明：light按所给的电平点亮单灯
//----------------------------------
#include <reg52.h>
sbit light = P1^0;   //声明点亮单灯为port 1的第0位
```

```
void main()        //主函数
{
while(1)           //死循环
   {
   light =0;   //给变量 light 低电平,就是给 P1.0 低电平,此时灯处于常亮状态
   }
}
```

3. 点亮单灯电路仿真效果

点亮单灯电路仿真效果如图 2-6 所示。

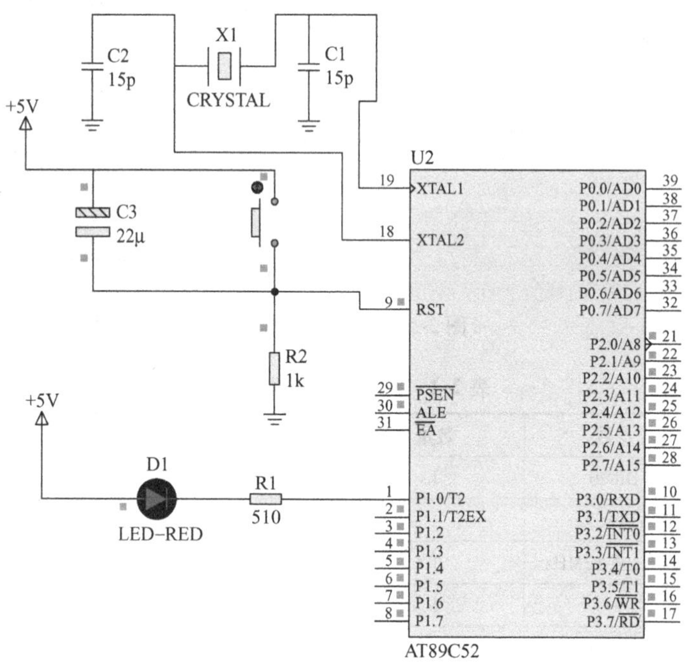

图 2-6　点亮单灯电路仿真效果

1.2　单灯闪烁

学习目标

【知识目标】

(1) 程序的设计从分析时序开始，学习时序的分析；

(2) 根据时序分析绘制程序流程图。

【能力目标】

(1) 正确画出闪烁单灯的时序图；

(2) 根据闪烁单灯时序图画出闪烁单灯的程序流程图；

(3) 根据闪烁单灯程序流程图写成正确的程序。

任务简介

对发光二极管的点亮和熄灭时间进行控制，显现出发光二极管闪烁的效果。

任务要求

要求发光二极管的点亮和熄灭的时间周期为 200ms，控制端口仍然采用 P1.0 口。

任务分析

本次任务中需要 P1.0 口产生的时序信号如图 2-7 所示。

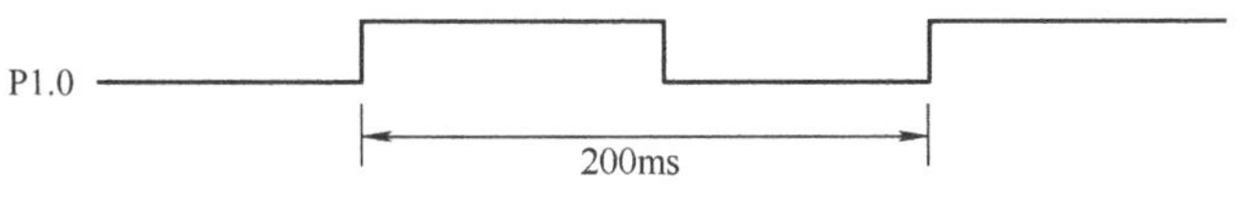

图 2-7　单灯闪烁控制时序

这就要求我们编写一个定时的程序，当定时到时间 100ms 时改变 P1.0 口的电平状态，如果原来为 1 则改为 0，如果原来为 0 则改为 1。

任务实施

1. 硬件设计

仍然用 P1.0 口来控制发光二极管的亮灭，所以原理图同图 2-5 所示，元器件清单也同点亮单灯的清单一致。

2. 软件编程

(1) 端口分配　同点亮单灯一样，选择 P1.0 作为二极管的控制端口。

(2) 程序流程图　单灯闪烁程序流程图如图 2-8 所示。

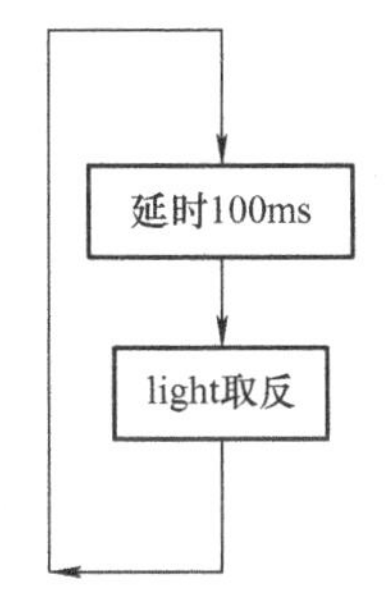

图 2-8　单灯闪烁程序流程图

(3) 具体程序　单灯闪烁的具体程序如下：

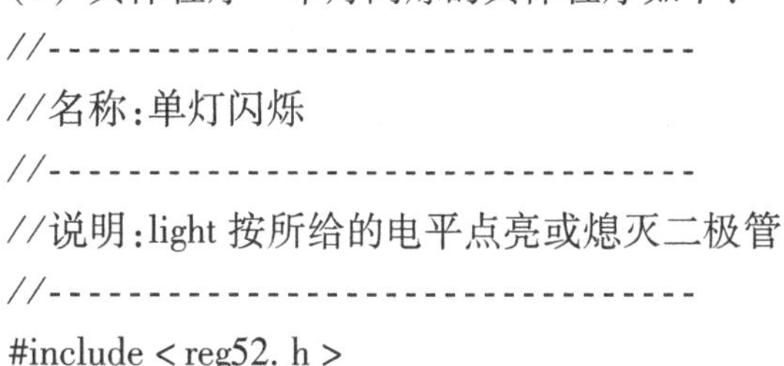

```
//--------------------------------
//名称:单灯闪烁
//--------------------------------
//说明:light 按所给的电平点亮或熄灭二极管
//--------------------------------
#include <reg52. h >
```

```
#define uchar unsigned char
#define uint   unsigned int
sbit light = P1^0;//声明控制二极管闪烁端口为 port 1 的第 0 位
//-------------------------------
//延时子函数,延时单位为 x(单位为 ms)
//-------------------------------
void delayms(uint x)//延时函数声明和定义,x 为形参
{
uint i,j;
for(i =0;i < x;i ++ )
    for(j =0;j <120;j ++ );//注意上个 for 语句与本句 for 语句的不同,本句属于 for 语句嵌套,
        //省略了括号,所以本节是带分号的
}
//-------------------------------
//主函数
//-------------------------------
void main()
{
while(1)//为死循环,在这里是反复实现发光二极管的交替亮灭状态
    {
    light = ~light;//发光二极管的状态改变,若原来为 1,即可变为 0,反之亦然
    delayms(100);//发光二极管状态保持 100ms 后,由于 while(1)语句,返回上一句执
                //行取反
    }
}
```

特别提示

通过上述程序可以清楚地看到，用 C 语言进行编程，程序主要由三大部分构成：第一部分为声明和定义；第二部分为子函数，这些子函数是为主函数服务和调用的；第三部分为主函数，主要实现主要的功能函数。在主函数和子函数中所涉及的变量，可以是局部变量，也可以是全局变量，如延时函数 delayms （uint x） 用到的变量 i、j 只是在延时函数 delayms （uint x） 内部使用，所以它们是局部变量；如主函数中的 light 变量，在第一部分声明和定义出现，它就是全局变量，在主函数、子函数中不需要再次声明就可以拿来用。不是所有的变量都要设为全局变量，当程序中涉及的变量比较多的时候，要根据其在函数中的作用和地位来具体区分其究竟作为局部变量还是全局变量，全局变量设置得过多会占用太多的内存，引起资源浪费。

3. 单灯闪烁仿真效果

单灯闪烁仿真效果图如图 2-9 所示。

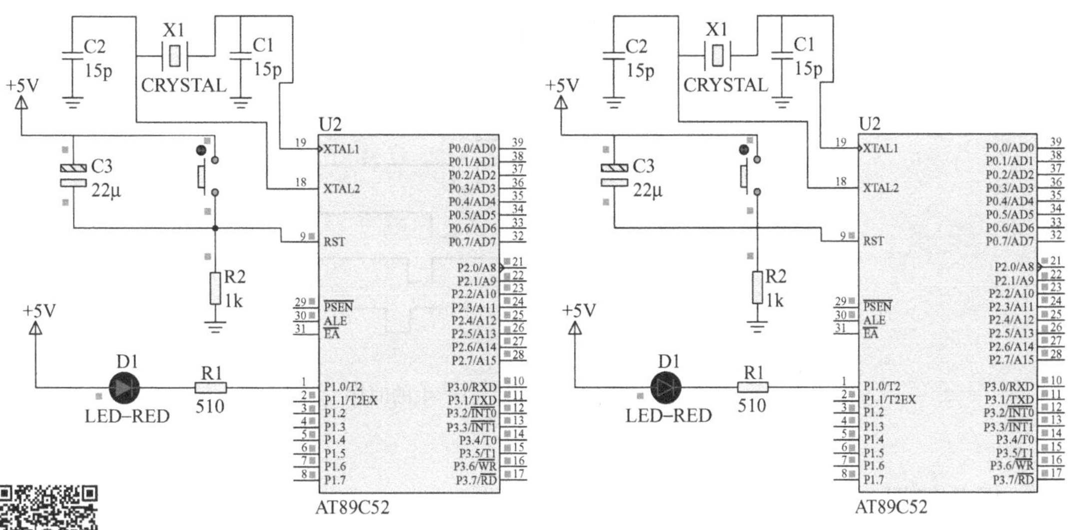

图2-9　单灯闪烁仿真效果图

1.3　设计跑马灯

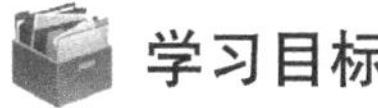

学习目标

【知识目标】

（1）根据功能要求进行正确的时序分析；

（2）根据跑马灯时序画出正确的流程图；

（3）根据跑马灯流程图选用可行的方法进行编程。

【能力目标】

（1）进行跑马灯硬件端口的设计；

（2）根据跑马灯的时序选出最优的程序设计方法。

任务简介

8个发光二极管一字排开，轮流点亮其中的一个发光二极管。

任务要求

P1口的8位分别接发光二极管，通过编程依次实现P1口8个发光二极管由低位到高位依次点亮和熄灭，依次点亮的时间为100ms。

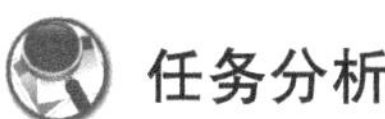

任务分析

通过目标要求分析，需要在P1口产生图2-10所示的时序。

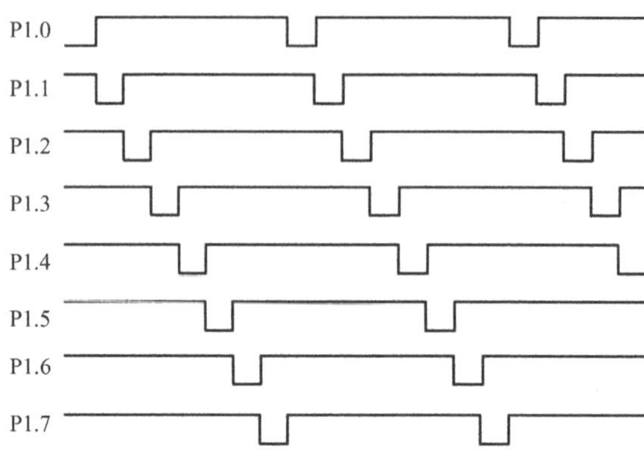

图 2-10 跑马灯要求 P1 口产生的时序

相关知识

（1）利用 C51 库函数实现跑马灯　打开 Keil 软件安装文件夹，定位到 Keil\C51\HLP 文件夹，打开此文件夹下的 C51lib 文件，这是 C51 自带的库函数帮助文件。在索引栏可以找到_crol_循环左移函数，这个函数包含在 intrins. h 头文件中，也就是说，如果程序中要用到这个函数，那么必须在程序的开头包含 intrins. h 这个头文件。再来看函数特性“unsigned char_crol_(unsigned char c，unsigned char b)；”，这个语句不像我们之前讲过的函数，它前面没有 void，取而代之的是 unsigned char，小括号里有两个形参：unsigned char c、unsigned char b，这种函数叫作有返回值、带参数的函数。有返回值的意思是：程序执行完这个函数后，通过函数内部的某些运算而得到一个新值，该函数最终将这个新值返回给调用它的语句。在本次任务中 unsigned char c 可以对应于 P1 口的某个设置变量，unsigned char b 可以定义为向左移 1 位。

（2）布尔左移运算　C51 左移操作符“<<”，每执行一次左移指令，被操作的数将最高位移入单片机的 PSW 寄存器的 CY 位，CY 位中原来的数被丢弃，最低位补 0，其他位依次向左移动一位。跑马灯中初始值给 P1 口赋的是 0XFE，如果多次采用布尔左移运算后，P1 的结果为 0，如图 2-11 所示。如何用布尔左移运算来完成跑马灯的时序控制呢？这就需要对布尔左移运算进行某些变换，在对 P1 口的数据每移位一次后，将 P1 | 0X01，解决了 P1 最低位自动补 1 的问题。

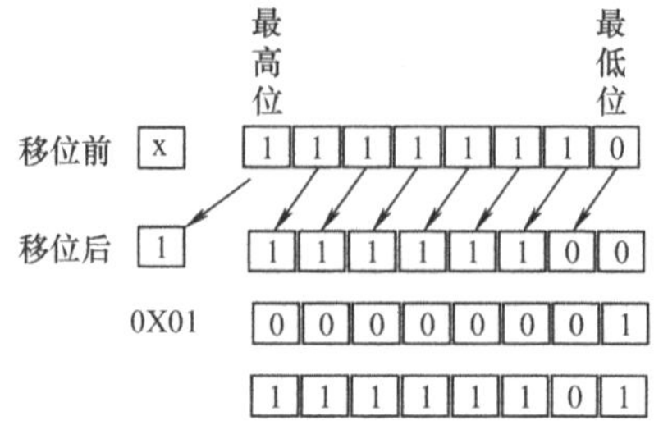

图 2-11 布尔左移示意图

（3）采用一维数组的编程　在跑马灯一个周期的 8 个状态变化过程中，如果将 P1 口每个状态的数据按照 8 个状态排列，并依此读取，同样可以实现跑马灯的时序。

下面分别以上面的三种方法来编程实现。

任务实施

1. 硬件设计

用单片机的 I/O 口去控制发光二极管的亮灭，只需用到单片机的基本 I/O 口，跑马灯和点亮单灯、单灯闪烁不同的是，跑马灯用的 I/O 口的位有 8 位。

（1）仿真原理图　跑马灯硬件仿真原理图如图 2-12 所示。

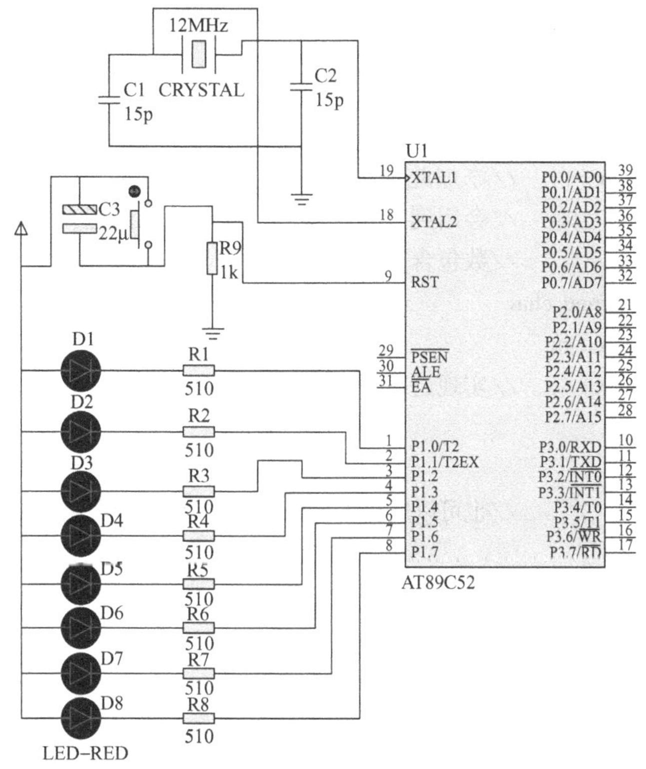

图 2-12　跑马灯硬件仿真原理图

（2）跑马灯元器件清单　跑马灯元器件清单见表 2-2。

表 2-2　跑马灯元器件清单

元器件名称	参数	数量	元器件名称	参数	数量
IC 插座	DIP40	1	电阻	1kΩ	1
单片机	AT89C52	1	电阻	510Ω	8
晶振	6MHz 或 12MHz	1	瓷片电容	15～30pF	2
发光二极管	—	8	按键	—	1
电解电容	10μF/16V	1			

2. 软件编程

（1）端口分配　用单片机的 P1 口来控制发光二极管的轮流点亮，单片机上电时，P1.0 处于低电平状态，其对应的发光二极管处于点亮状态，P1 口的其余位为 1，发光二极管处于熄灭状态，通过软件编程使 P1 口的发光二极管从低位到高位轮流被点亮。

（2）程序流程图　跑马灯程序流程图如图 2-13 所示。

（3）具体程序　在此处提供了 3 个程序，它们的编写方法不同，但实现的效果都一样。通过这 3 种编程方法可以看出，采用循环左移、布尔移位运算比较适合规则的、循环移动的灯的控制，采用一维数组的编程方法比较适合没有顺序的灯的周期变化控制，在课后习题的花样流水灯编程中可以采用一维数组的编程方法来编程。

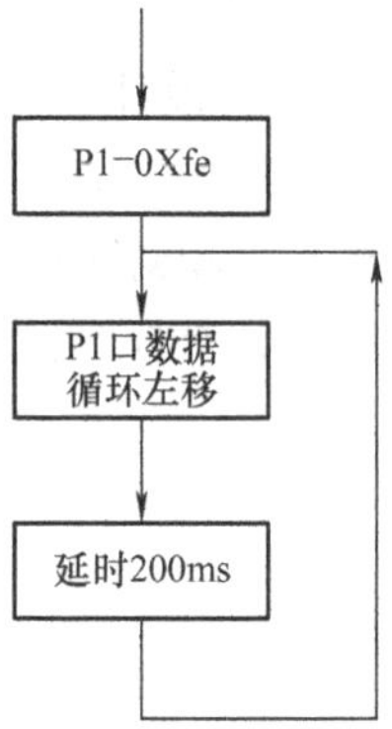

P1−0Xfe

P1口数据循环左移

延时200ms

图 2-13　跑马灯程序流程图

1）采用循环左移的编程：

```
#include <reg52. h >
#include < intrins. h >        //添加此项头文件,是考虑主程序中
                               //会用到_crol_循环左移函数,而此函
                               //数包含在此文件中
#define uchar unsigned char
#define uint unsigned int
void delayms(uint x)           //实现延时 x(单位为 ms)
{
  uchar t;
  while(x --)                  //也可以用 for(i =0;i <x;i ++),效果一样,体会不同语句的编法
  {
  for(t =0;t <120;t ++);
  }
}
void main()
{
  P1 =0x7f;                    //跑马灯初始点亮状态为 P1.0 点亮
  while(1)
  {
    P1 =_crol_(P1,1);          //循环左移,最高位送至最低位,形成封闭的左循环,每一次
                               //向左移动一位
  delayms(200);                //跑马灯过程中每个灯的状态保持 200ms
  }
}
```

2）采用布尔移位运算的编程：

```
#include <reg52. h >
#define uchar unsigned char
```

```
#define uint unsigned int
uchar aa;//定义全局变量 aa
void delayms(uint x)//延时 x(单位为 ms)子函数
{
  uchar t;
  while(x--)
   {
  for(t=0;t<120;t++);
   }
}
void main()
{
  while(1)
   {
     uchar i;
     aa=0xfe;//设置跑马灯初始点亮的灯
     for(i=0;i<8;i++)//8 盏跑马灯
        {
          P1=aa;
          delayms(200);
          aa=aa<<1|0x01;        //布尔运算符,每次向左移一位,但不形成封闭的循环,
                                //最高位的 1 会消失,为弥补这个缺陷,每次移位后在最
                                //低位加上 1
        }
     }
}
```

3）采用一维数组的编程:

```
/*跑马灯*/
//==声明区=========================================
#include  <reg52.h>
#define  uchar unsigned char
#define  turn  P1                //用 turn 变量定义 P1 口
/*声明 8 盏灯从低到高分别点亮时端口应对应的数据 */
char code TAB[8]={0xfe, 0xfd, 0xfb, 0xf7, 0xef, 0xdf, 0xbf, 0x7f};
/* 延迟函数,延迟约 x(单位为 ms)*/
void delay(int x)                //延迟函数开始
{
    int i,j;                     //声明整型变量 i、j
    for (i=0;i<x;i++)            //计数 x 次,延迟 x
```

```
    for (j =0;j <120;j ++);    //计数 120 次,延迟 1ms
}                              //延迟函数结束
// == 主程序 ========================================
void   main()                  //主程序开始
{
    uchar i;                   //声明无符号字符型变量 i
    while(1)                   //死循环,程序一直跑
    for(i =0;i <8;i ++)        //显示 0 ~7,共 8 次
    {
    turn = TAB[i];             //显示数字
    delay(200);                //延迟 200ms
    }                          //for 循环结束
}                              //主程序结束
```

3. 跑马灯仿真效果

跑马灯程序仿真效果图如图 2-14 所示。

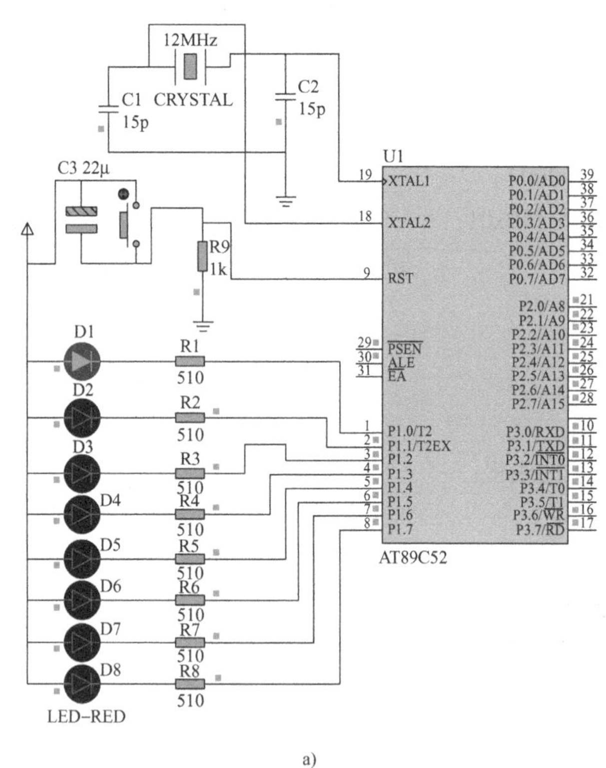

a)

图 2-14 跑马灯程序仿真效果图

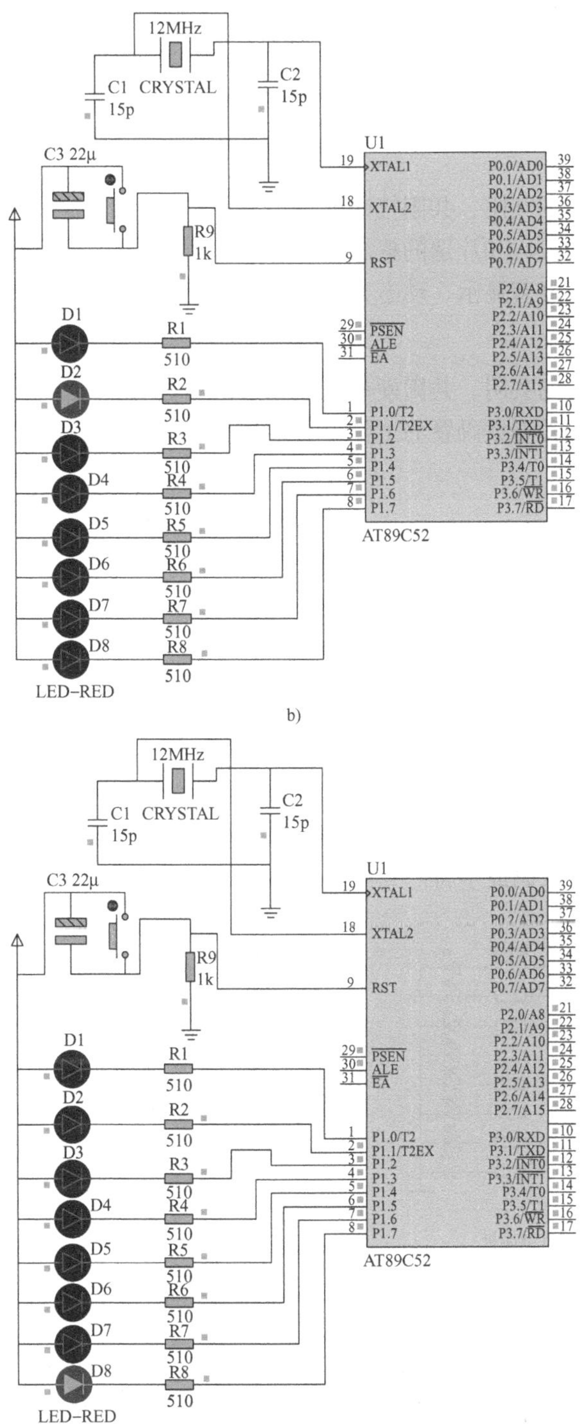

b)

c)

图2-14　跑马灯程序仿真效果图（续）

1.4 数码管动态显示字符

学习目标

【知识目标】

(1) 学习数码管的共阴、共阳接法的工作原理;

(2) 了解数码管段码和片选的概念;

(3) 学习数码管静态显示、动态显示的工作原理。

【能力目标】

(1) 掌握数码管的共阴、共阳硬件连接方法;

(2) 能用静态和动态数码管的工作方式来显示数字。

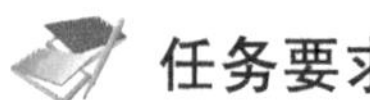

任务要求

在 8 位集成式数码管上同时显示多个不同的字符。

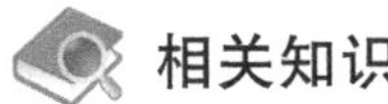

相关知识

1. 数码管的种类

LED 显示器是由发光二极管显示字段的显示器件，有共阴极与共阳极两种，如图 2-15 所示。其中 7 只发光二极管（a ~ g 七段）构成字符“8”，另外还有一只小数点发光二极管 dp。当某个发光二极管的阳极为高电平时，发光二极管点亮。人为控制某几段发光二极管点亮，就能显示某个数码或字符。

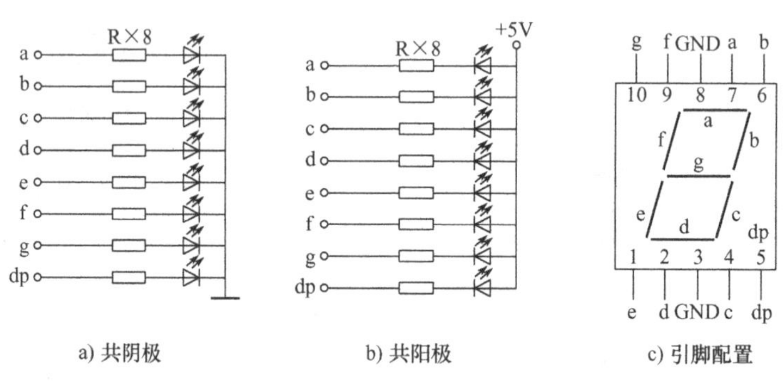

图 2-15　LED 显示器

2. 数码管的段码

在单片机应用系统中常使用多个 LED 显示器构成 *N* 位 LED 显示器。*N* 位 LED 显示器有 *N* 根位选线和 8 × *N* 根段选线。显示方式不同，位选线和段选线的连接方法也不同。段选线控制字符选择，位选线控制显示位的亮、暗。LED 显示器有静态显示与动态显示两种方式。LED 显示器的字段码（七段码）见表 2-3。

表 2-3　LED 显示器的字段码（七段码）

显示字符	共阴极字码段	共阳极字码段	显示字符	共阴极字码段	共阳极字码段
0	3FH	C0H	9	6FH	90H
1	06H	F9H	A	77H	88H
2	5BH	A4H	b	7CH	83H
3	4FH	B0H	C	39H	C6H
4	66H	99H	d	5EH	A1H
5	6DH	92H	E	79H	86H
6	7DH	82H	F	71H	8EH
7	07H	F8H	P	73H	8CH
8	7FH	80H	熄灭	00H	FFH

（1）静态显示　静态显示是指共阴极或共阳极连接在一起接地或接“+5V”，每一位显示器的字段控制线是独立的。当显示某一字符时，该位的各字字段线和字位线的电平不变，也就是各字段的状态不变。静态显示方式编程简单，但占用I/O口线多，适合于显示器位数较少的场合。

共阳LED静态显示电路如图2-16所示。如果要静态显示数据“0”，只要把数码管的a到f引脚接地，g引脚接高电平，即字码段为90H。在实际使用中还需要考虑增加限流电阻。

（2）动态显示　动态显示是指将所有位的段选线并联在一起，由一个8位I/O口控制，而共阴极点或共阳极点分别由相应的I/O口线控制，就构成了动态显示，适合于显示器位数较多的场合。段选信号控制输出相应字符，位选信号控制选通对应数码管显示。

在多位LED显示时，常采用动态显示。动态显示是利用人眼对光信号的视觉暂留原理，即光信号消失后，人眼的感觉还会保留一段时间，通常可保留0.1s。利用这一原理，使数码管断续通电。如多个数码管在同时使用时，可使它们轮流循环通电，只要循环周期满足一定要求即可。经实验证明，周期小于20ms就会感到每一个数码管都在连续发光，它的基本原理可用多路转换开关简单说明，如图2-17所示，S1和S2为两个同步的多路转换开关，它们使每个数码管用于显示各自对应的译码器的信息，S1控制数码管的电源。当S1转到某一数码时，S2也把所对应的显示信息接到该数码管，同时接通电源，通电显示；S1转过之后，电源断开，不再消耗功率，但显示的光信号还在人眼中暂留；到将要消失时，S1又把该数码管接通，就会造成连续点亮的视觉效果。这样，每次只有一个数码管通电，总的功率消耗就减小了N倍（N为数码管个数）。

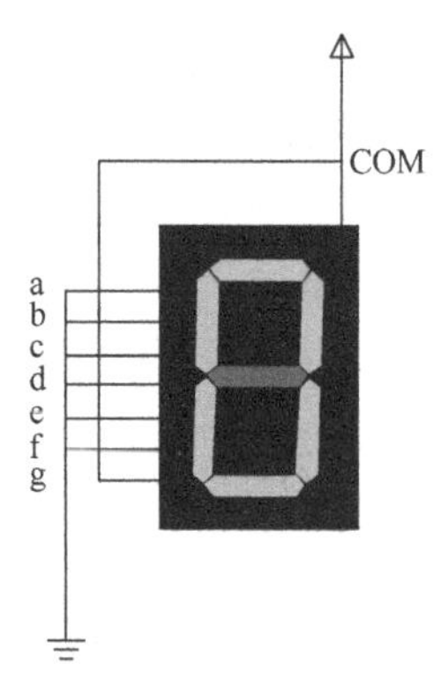

图 2-16　共阳 LED 静态显示电路

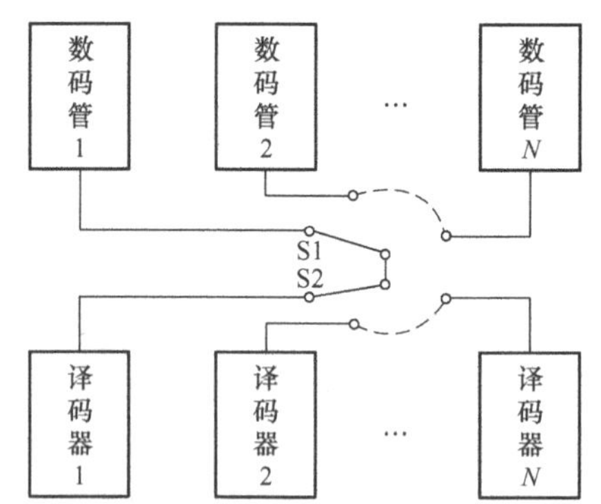

图 2-17　LED 数码管动态显示工作原理示意图

任务实施

1. 硬件设计

仍然采用单片机最小系统结构，考虑到有 8 个数码管共阳动态显示，选用 P0 口作为段码信号输出，用 8 个限流电阻控制数码管的亮度，P2 口作为 8 个数码管的片选，显示最低位至最高位时由 P2 口依次送出 0x80、0x40、0x20、0x10、0x08、0x04、0x02、0x01。考虑用晶体管驱动来增大片选的驱动能力，当 P2 口的某一位为高电平时，送至相应的晶体管 9013 的基极，由该 9013 发射极给出和 P2 口某位同样的高电平，从而选通该位数码管。

（1）仿真原理图　数码管动态显示多个不同字符原理图如图 2-18 所示。

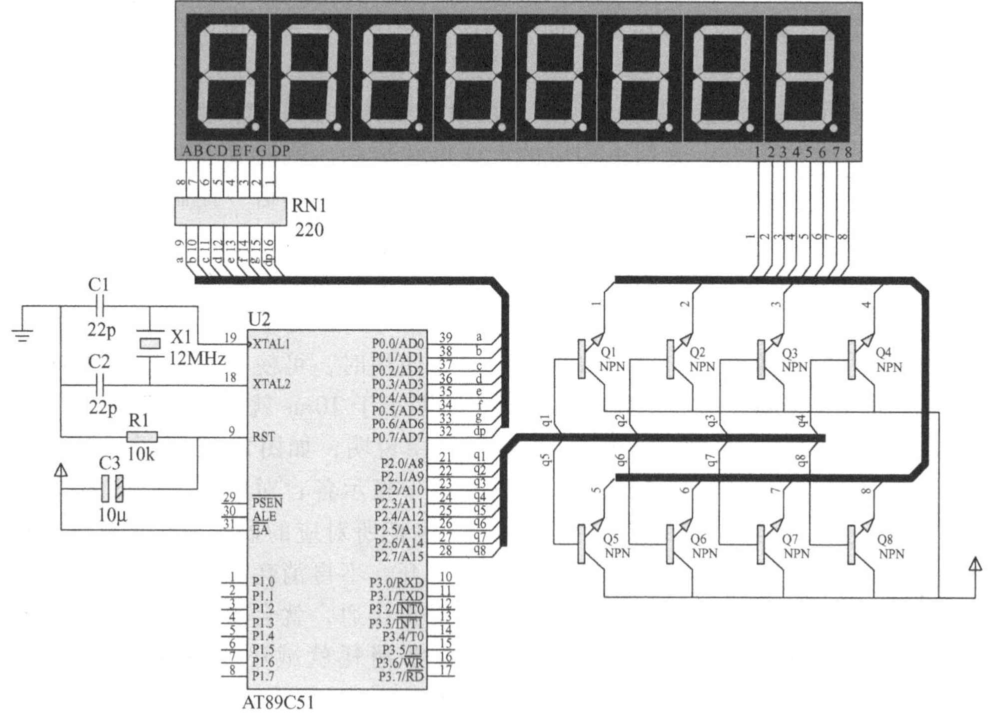

图 2-18　数码管动态显示多个不同字符原理图

(2) 数码管动态显示多个不同字符时的元器件清单　数码管动态显示多个不同字符的元器件清单见表2-4。

表2-4　数码管动态显示多个不同字符的元器件清单

元器件名称	参　数	数　量	元器件名称	参　数	数　量
IC 插座	DIP40	1	电阻	10kΩ	1
单片机	AT89C51	1	电阻	220Ω	8
晶振	6MHz 或 12MHz	1	瓷片电容	15～30pF	2
8 位数码管	7SEG-MPX8-CA	8	NPN 型晶体管	9013	8
电解电容	10μF/16V	1			

2. 软件编程

(1) 端口分配　P0 口作为段码输出口，P2 口作为位选口，P2.7 对应数码管的高位，P2.0 对应低位。

(2) 程序流程图　8 只数码管显示多个不同字符流程图如图2-19所示。

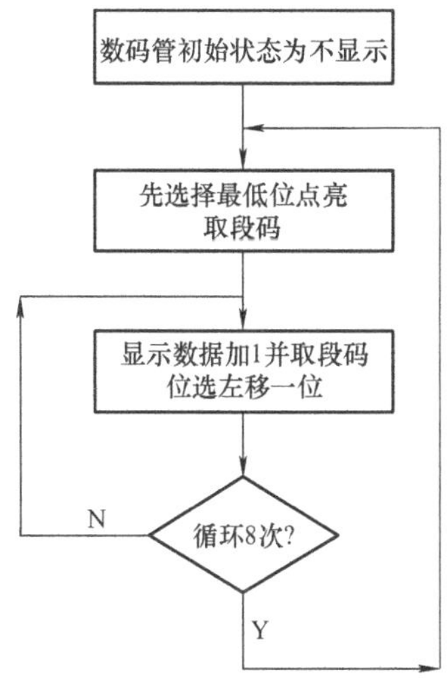

图2-19　8只数码管显示多个不同字符流程图

(3) 具体程序

```
/* 8只数码管显示多个不同字符 */
//==声明区==================================
//数码管动态扫描显示1~8
#include <reg51.h>
#include <intrins.h>
```

```
#define uchar unsigned char
#define uint unsigned int
//各数字的数码管共阳段码
uchar code DSY_CODE[] = {0xc0,0xf9,0xa4,0xb0,0x99,0x92,0x82,0xf8,0x80,0x90};
//-----------------------------------
//延时 x(单位为 ms)
//-----------------------------------
void delayms(uint x)
{
uchar i;
while(x--)
for(i=0;i<120;i++);
}
//------------------------------------
//主程序
//------------------------------------
void main()
{
uchar k,m=0x80;
P0=0xff;//数码管处于不显示状态
P2=0x00;//数码管未被选中
while(1)
    {
        for(k=0;k<8;k++)
            {
            m=_crol_(m,1);//从最低位开始选起
            P2=m;
            P0=DSY_CODE[k+1];//从数字 1 开始显示
            delayms(2);//延时 2ms
        }
    }
}
```

3. 数码管动态显示多个不同字符时的仿真效果

数码管动态显示多个不同字符仿真效果图如图 2-20 所示。

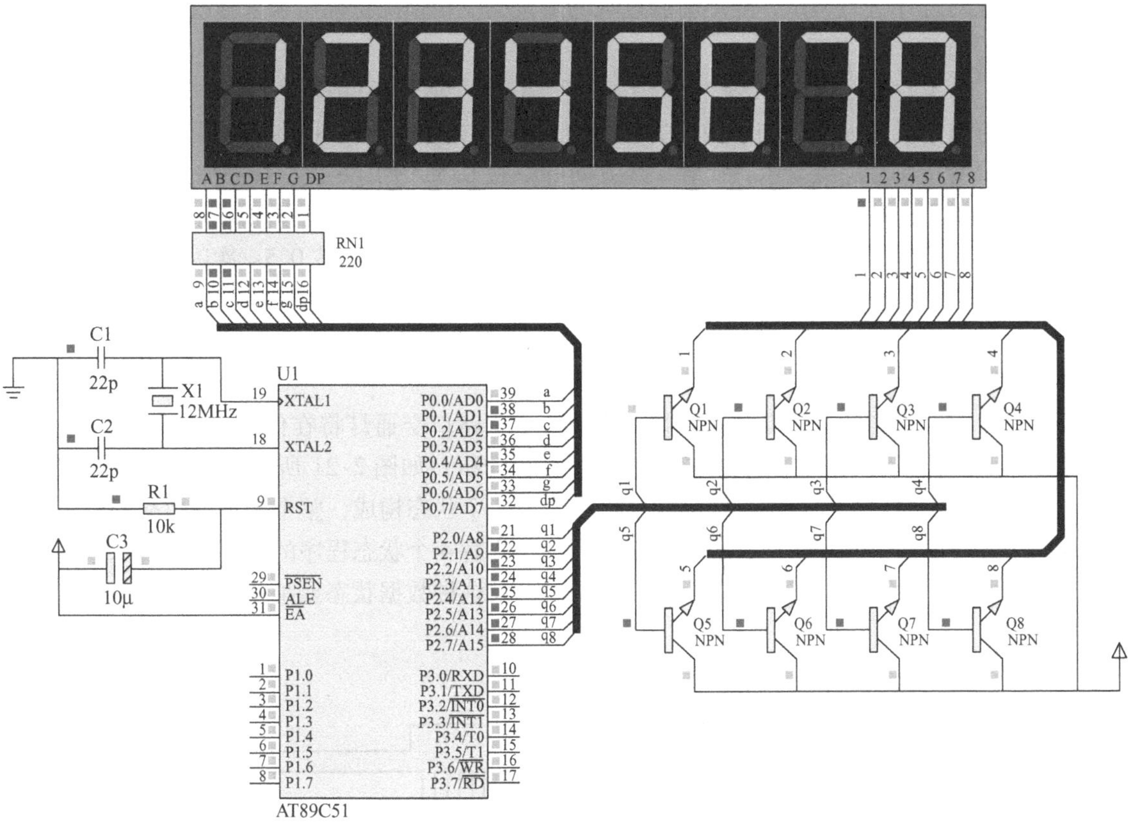

图 2-20　数码管动态显示多个不同字符仿真效果图

1.5　十字路口交通灯的具体设计

学习目标

【知识目标】

(1) 学习复杂程序的编程方法，其重点是对任务的时序做充分的分析；

(2) 学习并掌握单片机硬件端口的选择与程序中变量的对应关系；

(3) 理解带形式参数的子程序的作用；

(4) 理解全局变量、局部变量的意义和作用；

(5) 学习条件循环语句 for、if、while、switch 在程序中的具体应用。

【能力目标】

(1) 对十字路口交通灯的时序进行分析，能充分理解程序即时序的理念；

(2) 对硬件所用端口和软件的变量能对应并一致起来；

(3) 根据时序正确编程，能正确选用循环语句 for、if、while、switch；

（4）能对程序进行调试，能逐渐通过观测变量的变化情况正确与否来修改程序。

任务要求

东西方向定义为 a 线方向，南北方向定义为 b 线方向，要求 a 线方向绿灯亮 7s，a、b 线方向数码管按每秒递减显示，接着 a 线方向绿灯按 0.5s/次闪 6 次，接下来 a 线方向绿灯灭，同时 a 线方向黄灯和 b 线方向红灯按 0.5s/次闪 6 次；接着 b 线方向绿灯和 a 线方向红灯亮 7s，a、b 线方向数码管按每秒递减显示，接着 b 线方向绿灯按 0.5s/次闪 6 次，接着 b 线方向绿灯灭，同时 b 线方向黄灯和 a 线方向红灯按 0.5s/次闪 6 次。

任务分析

这里十字路口交通灯的点亮采用共阴接法，十字路口交通灯将在低电平状态下被点亮，同时根据十字路口交通灯的控制要求对其时序进行分析，如图 2-21 所示。从时序图中可以看出，一个十字路口交通灯的一个周期可以看作由 4 个状态构成，整个十字路口交通灯的控制围绕着 4 个状态的顺序实现，程序的编制也就围绕着 4 个状态程序的实现，分解每个状态各个灯的状态，给出各个状态下各个灯的状态数据及这种数据状态要维持的时间是整个设计的关键。

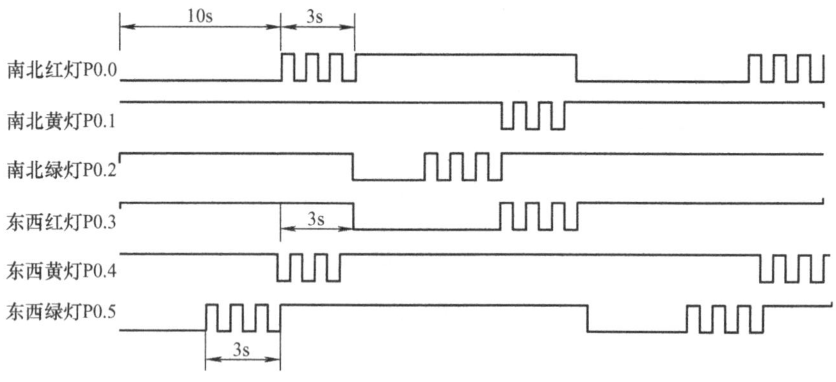

图 2-21　十字路口交通灯的时序

任务实施

1. 硬件设计

对南北和东西向的交通灯进行分配，具体如下：P0.0、P0.1、P0.2 分配给东西向的红、黄、绿灯，P0.3、P0.4、P0.5 分配给南北向的红、黄、绿灯。

由于采用的是数码管共阴动态显示，P2.0、P2.1 作为南北向 b 线数码管高位和低位片选，低电平为选中数码管，P2.2、P2.3 作为东西向 a 线数码管高位和低位片选，低电平为选中数码管。P3 口作为段码的输出口。

（1）十字路口交通灯原理图　十字路口交通灯原理图如图 2-22 所示。

（2）十字路口交通灯元器件清单　十字路口交通灯元器件清单见表 2-5。

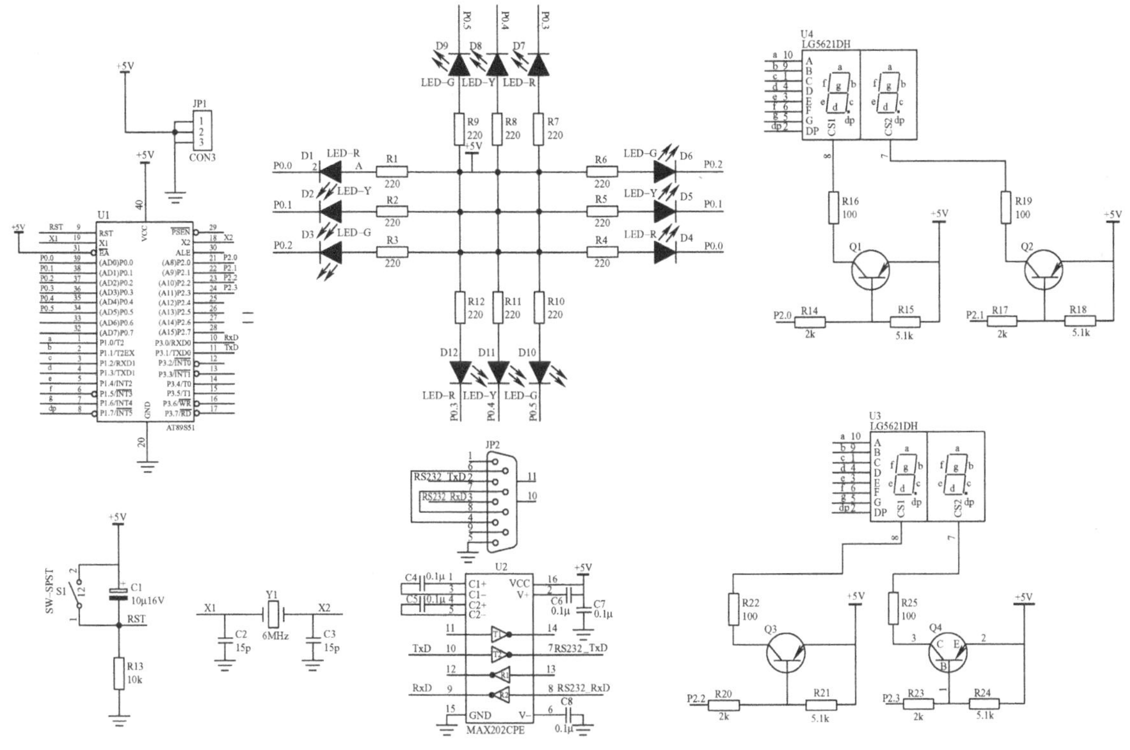

图 2-22　十字路口交通灯原理图

表 2-5　十字路口交通灯元器件清单

元器件名称	参数	数量	元器件名称	参数	数量
IC 插座	DIP40	1	电阻	2kΩ	4
单片机	AT89S51	1	电阻	5.1kΩ	4
晶振	6MHz	1	电阻	10kΩ	1
2 位共阳数码管	7SEG-MPX2-AC	4	电阻	100Ω	4
电解电容	10μF/16V	1	电阻	220Ω	12
按键	—	1	电容	0.1μF/63V	5
3 芯插座	CON3	3	瓷片电容	15～30pF	2
9 针打印机插座	DB9RA/F	1	发光二极管	红色	4
7 段数码管	LG5621DH	2	发光二极管	绿色	4
RS-23 转换芯片	MAX202CPE	1	发光二极管	黄色	4
			晶体管	8050	4

2. 软件编程

(1) 端口分配　P0.0、P0.1、P0.2 分别控制南北方向的红、黄、绿灯，P0.3、P0.4、P0.5 分别控制东西方向的红、黄、绿灯。P1 口控制数码管的段码，P2.0、P2.1 为南北方向数码管的位选信号，P2.2、P2.3 为东西方向数码管的位选信号。

(2) 程序流程图　程序中对南北和东西方向的红、绿、黄灯进行位定义，南北方向的红、绿、黄灯分别定义为 North_South_Red、North_South_Yellow、North_South_Green，东西方向的红、绿、黄灯分别定义为 East_West_Red、East_West_Yellow、East_West_Green。

程序中定义一组数码管段码的一维数组，由于数码管采用的是共阳数码管，所以一维数组采用共阳的段码表。

子函数有 void Delay_Half_Second( )、void Delay_One_Second( )、void display( )、void traffic_light( )，其中 void Delay_Half_Second( )、void Delay_One_Second( ) 分别实现 0.5s 和 1s 延时，主要控制数码管的动态显示效果，traffic_light( )实现十字路口交通灯一个周期的 4 个状态。

十字路口交通灯软件流程图如图 2-23 所示。

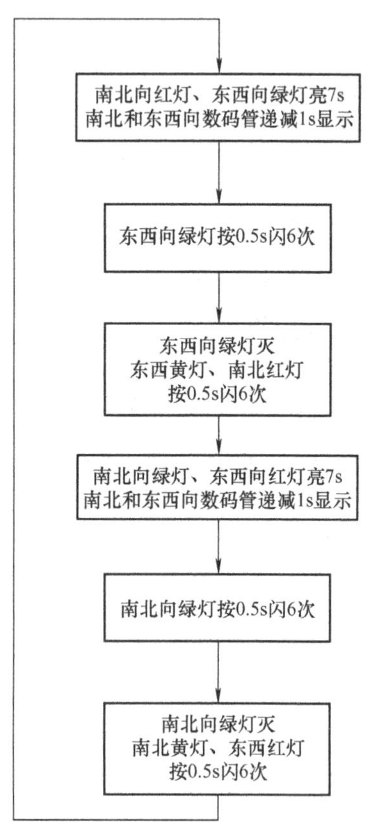

图 2-23 十字路口交通灯软件流程图

(3) 十字路口交通灯具体程序

```
#include <reg51.h>
#define uchar unsigned char
#define uint unsigned int
sbit North_South_Red = P0^0;
sbit North_South_Yellow = P0^1;
sbit North_South_Green = P0^2;
```

```
    sbit East_West_Red = P0^3;
    sbit East_West_Yellow = P0^4;
    sbit East_West_Green = P0^5;
/*声明七节显示器驱动信号阵列(共阳) */
    char code TAB[10] = {0XC0,0XF9,0XA4,0XB0,0X99,0X92,0X82,0XF8,0X80,0X90};
//数字0~9
    unsigned char Display_postion[] = {0xf1,0xf2,0xf4,0xf8};
    unsigned char North_South_Time,East_West_Time,
                North_South_Time_Buf = 2,East_West_Time_Buf = 2;
    void display();
unsigned char Step;
/* 延迟函数,延迟约x(单位为ms) */
void delay(unsigned int i)
{
while(i--);
}
void Delay_One_Second()
{
unsigned char t;
for(t = 50;t > 0;t--)
{
display();
}
}
void Delay_Half_Second()
{
unsigned char t;
for(t = 25;t > 0;t--)
    {
    display();
    }
    }
void display()
{
P2 = Display_postion[0];
P1 = TAB[North_South_Time/10];
delay(500);
P2 = Display_postion[1];
P1 = TAB[North_South_Time%10];
```

```
delay(500);
P2 = Display_postion[2];
P1 = TAB[East_West_Time/10];
delay(500);
P2 = Display_postion[3];
P1 = TAB[East_West_Time%10];
delay(500);
}
void traffic_light()
{
unsigned char i;
switch(Step)
{
case 0:
North_South_Time = 13;East_West_Time = 10;//南北方向红灯亮 13s,东西方向绿灯亮 10s
North_South_Red = 0;East_West_Green = 0;  //南北亮红灯,东西亮绿灯
North_South_Yellow = North_South_Green = 1;//南北黄灯、绿灯灭
East_West_Red = East_West_Yellow = 1;      //东西红灯、黄灯关闭
for(i = East_West_Time;i > 0;i --)         //如果绿灯亮的时间为 x,则这边执行 x - 3
                                           //次延时
{
Delay_One_Second();                        //延时 1s
East_West_Time --;                         //东西方向时间递减
North_South_Time --;                       //南北方向时间递减
if(East_West_Time == 3)                    //判断东西亮绿灯的时间是否为最后 3s
{
East_West_Green = 1;                       //绿灯灭
Step ++;                                   //程序指数器加 1
break;
}
}
break;
case 1:
for(i = 6;i > 0;i --)                      //执行 6 次,因为 LED 闪烁是 0.5s 一次
{
Delay_Half_Second();                       //延时 0.5s
East_West_Green = ~East_West_Green;        //东西方向的绿灯闪烁
East_West_Time_Buf --;                     //递减两次,因为这里的延时时间是 0.5s
if(East_West_Time_Buf == 0)
```

```
{
East_West_Time_Buf = 2;
North_South_Time --;                        //南北方向时间递减
East_West_Time --;                          //东西方向时间递减
}
if(East_West_Time == 0)                     //判断东西方向绿灯时间是否结束
{
East_West_Green = 1;
North_South_Red = 1;
Step ++;
break;
}
}
break;
case 2:
East_West_Time = 3;                         //东西方向由绿灯变黄灯,延时3s
for(i = 6;i > 0;i --)                       //执行6次,因为LED闪烁是0.5s一次
{
Delay_Half_Second();                        //延时0.5s
East_West_Yellow = ~East_West_Yellow;       //递减两次,这里延时时间是0.5s
{
East_West_Time_Buf = 2;
North_South_Time --;                        //南北方向时间递减
East_West_Time --;                          //东西方向时间递减
}
if(East_West_Time == 0)                     //判断东西方向黄灯时间是否结束
                                            //这里判断南北方向的红灯时间结束也行
{
East_West_Yellow = 1;North_South_Red = 1;   //东西灭黄灯,南北灭红灯
North_South_Green = 0;East_West_Red = 0;    //南北绿灯亮,东西红灯亮
Step ++; North_South_Time --;
break;
}
}
break;
case 3:
North_South_Time = 10;East_West_Time = 13;//南北方向绿灯亮10s,东西方向红灯亮13s
North_South_Green = 0;East_West_Red = 0;    //南北方向亮绿灯,东西方向亮红灯
for(i = North_South_Time;i > 0;i --)        //如果绿灯亮的时间为x,则这边执行x-3
```

```
                                            //次延时
{
Delay_One_Second( );                        //延时 1s
East_West_Time --;                          //东西方向时间递减
North_South_Time --;                        //南北方向时间递减
if(North_South_Time ==3)                    //判断南北方向绿灯时间是否为最后 3s
{
North_South_Green =1;                       //南北绿灯灭
Step ++;
break;
}
}
break;
case 4:
for(i =6;i >0;i --)                         //执行 6 次,因为 LED 闪烁是 0.5s 一次
{
Delay_Half_Second( );                       //延时 0.5s
North_South_Green = ~North_South_Green;     //南北方向绿灯闪烁
North_South_Time_Buf --;                    //递减两次,这里的延时时间是 0.5s
if(North_South_Time_Buf ==0)
{
North_South_Time_Buf =2;
North_South_Time --;                        //南北方向时间递减
East_West_Time --;                          //东西方向时间递减
}
if(North_South_Time ==0)                    //判断南北方向绿灯时间是否结束
{
North_South_Green =1;
East_West_Red =1;
Step ++;
break;
}
}
break;
case 5:
North_South_Time =3;                        //南北方向由绿灯变黄灯,延时 3s
for(i =6;i >0;i --)                         //执行 6 次,因为 LED 闪烁是 0.5s 一次
{
Delay_Half_Second( );                       //延时 0.5s
```

```
North_South_Yellow = ~North_South_Yellow; //南北黄灯闪烁
East_West_Red = ~East_West_Red;           //东西红灯闪烁
North_South_Time_Buf--;
if(North_South_Time_Buf==0)               //递减两次,因为这里的延时时间是0.5s
{
North_South_Time_Buf=2;
North_South_Time--;                       //南北方向时间递减
East_West_Time--;                         //东西方向时间递减
}
if(North_South_Time==0)
    //判断东西方向黄灯时间是否结束,这里判断南北方向的红灯时间结束也行
{
North_South_Yellow=1;East_West_Red=1;
Step=0;                                   //一个工作流程结束,清除程序指数器的值
break;
}
}
break;
default:break;
}
}
void main()
{
while(1)
{
traffic_light();
}
}
```

3. 十字路口交通灯仿真效果

十字路口交通灯仿真效果图如图2-24所示。

4. 十字路口交通灯安装与调试

内容讲解：

图1-72 十字路口交通灯电路调试结果展示视频：

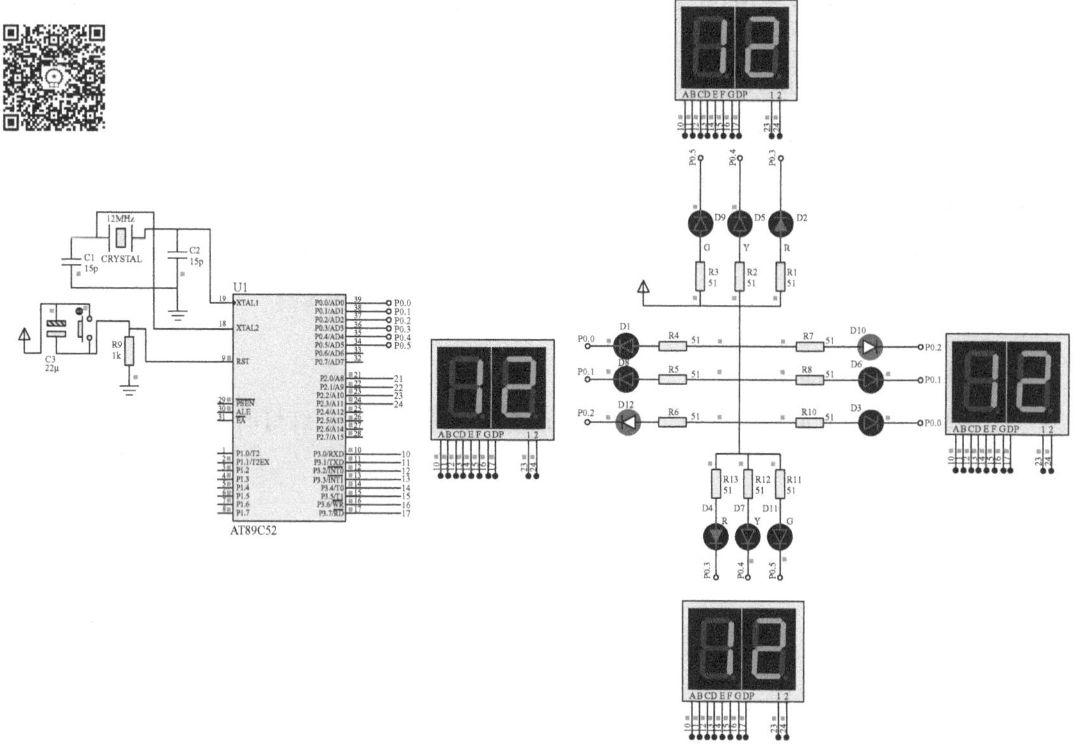

图 2-24　十字路口交通灯仿真效果图

任务小结

通过本次任务的学习，初步使用了 Keil C 软件，应用该软件新建工程项目文件，编写程序、生成单片机可执行的 *. hex 文件；通过仿真软件 Proteus 进行仿真调试，感受单片机程序设计的趣味性。在程序编写过程中应注意变量的正确设置，把握程序流程控制，进行正确的电路安装调试。

对十字路口交通灯的控制，要结合具体的十字路口需求作具体分析，不能用一种十字路口交通灯的控制模式来实现所有的十字路口交通灯的控制，要结合十字路口各方向的流量控制来建立十字路口交通灯的时序模型，最终根据具体的时序要求进行相应的程序设计。

进行客户的需求分析，始终是单片机设计应用与实践的前提和依据。

课后习题

按照下列顺序要求完成花样流水灯的控制，花样流水灯原理图如图 2-25 所示。

1）两灯同时点亮，由 P0.0、P0.1 控制的端口开始点亮，逐步转移到由 P2.6、P2.7 控制的端口的灯的点亮。

2）P0、P2 两组灯由中间的两个灯点亮开始向两边传递点亮，然后按相反方向返回至中间。

3）从中间点亮的两盏灯开始向两边扩展开去点亮，直至所有灯被点亮，再从全点亮状态返回逐渐熄灭，直至所有灯熄灭。

4）由 P0.0（P2.0）和 P0.2（P2.2）中间隔一盏灯开始点亮，向下传递，然后由最外侧的六盏灯点亮至熄灭，高低4位交替点亮，8盏灯全亮然后全灭。

5）跑马灯接龙：由 P0.0 控制点亮相应的灯，依次点亮由 P0.1 控制的灯，……，点亮由 P0.7 控制的灯，点亮由 P2.0 控制的灯，依次点亮由 P2.1 控制的灯，……，点亮由 P2.7 控制的灯；然后点亮由 P2.7 控制的灯开始，反方向开始转移，最后点亮由 P0.0 控制的灯。

6）从点亮 P0.0 控制的灯开始，逐步扩展为包含 P0.1 控制的2盏灯亮，……，直至16盏灯全亮，然后再由16盏灯全亮开始逐步熄灭。

7）所有灯亮灭4次。

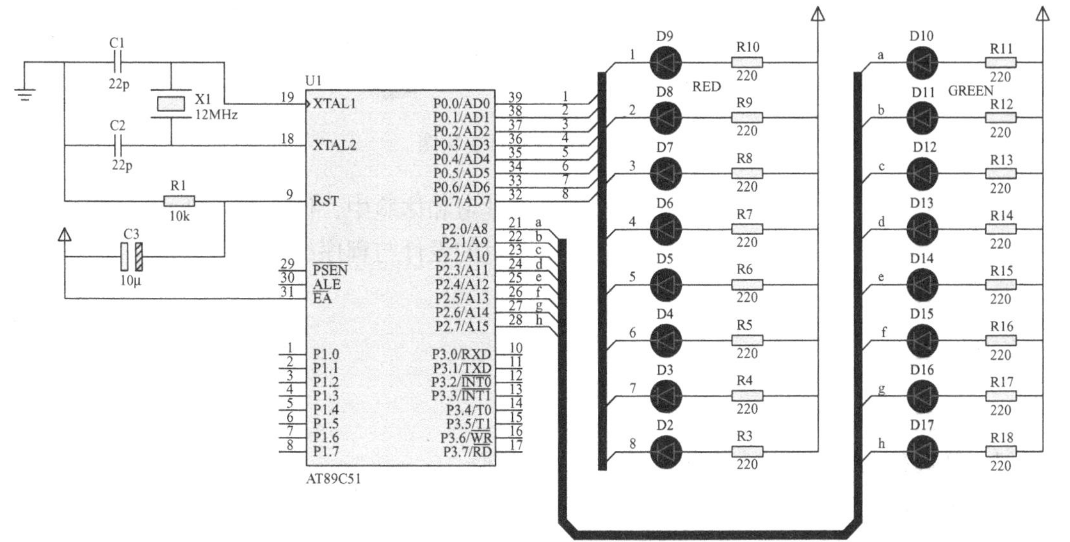

图2-25　花样流水灯原理图

任务2　设计叮咚门铃

 问题提出

电子琴由于使用方法简单而深受广大音乐爱好者的喜爱，因此带动了市场上电子琴行业的发展。市场上的电子琴可谓琳琅满目，当然功能也越来越完善。为了增强大家学习单片机的兴趣，本任务采用单片机以及简单的外围电路来设计一款简易电子琴演奏音符。

电子琴最基本的组成是键盘，而键盘又是单片机系统设计中必不可少的组成部分，是系统与用户之间信息交流的途径之一。电子琴实物图如图2-26所示。

键盘是一组按键的集合，它是最常用的单片机输入设备。通常包括数字键（0~9）、字母键（A~Z）以及一些功能键。操作人员可以通过键盘向单片机输入数据、地址、指令或其他控制命令，实现人机对话。通过键盘输入数据，用户可以将控制指令传递给系统，并对系统的运行状态进行设置，使得系统能够按照用户的要求工作。

对于一个单片机初学者，要完成这样一个项目还存在很大困难。为了完成这个项目，先进行独立式按键控制、行列式键盘控制、定时器与按键组合应用等子任务的学习。这几个任

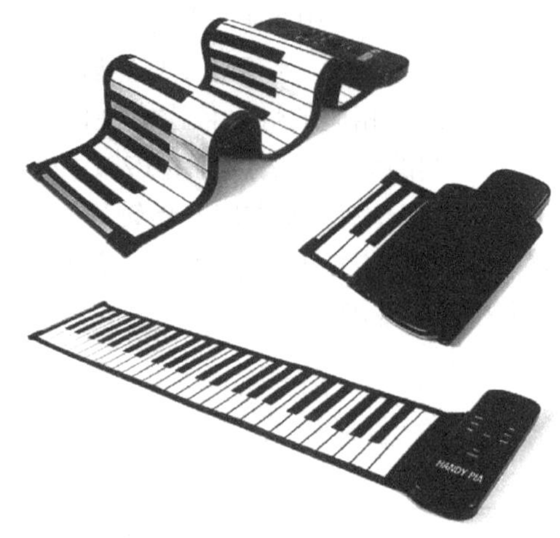

图 2-26 电子琴实物图

务从简单到复杂，从单一到综合，在这些任务的学习和体验中，体会单片机的编程思路，进而在对电子琴音阶时序控制的基础上完成整个项目的设计与程序编写，达到单片机的初步设计与编程的要求。

总体目标

【知识目标】

（1）掌握独立式键盘和行列式键盘的工作原理；

（2）了解定时器/计数器的工作原理；

（3）了解定时器/计数器的控制寄存器定义和使用方法；

（4）掌握定时器/计数器的控制及应用。

【能力目标】

（1）能对独立式键盘进行程序编写；

（2）能应用行列式键盘实现不同功能；

（3）学会定时器/计数器相关寄存器的设置；

（4）学会用查询或中断的方式实现单片机对定时器/计数器的应用。

2.1 设计独立式按键

学习目标

【知识目标】

（1）掌握独立式按键的硬件特点；

（2）了解独立式按键的组成。

【能力目标】

（1）进行独立式按键硬件搭建；

（2）能对按键实现去抖；

（3）能进行独立式按键扫描程序的设计。

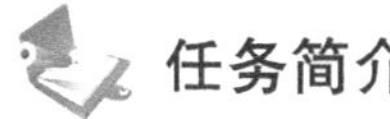

任务简介

搭建独立式按键的硬件电路，能实现按键按下对应指示灯亮的功能。

任务要求

用单片机的 P1 口来设计 8 个独立式按键，当 P1.0 对应的按键按下时，对应的 P2.0 对应的指示灯点亮；当 P1.1 对应的按键按下时，对应的 P2.1 对应的指示灯点亮，……依次按下 8 个按键，其相应的指示灯点亮，松开按钮时对应指示灯熄灭。

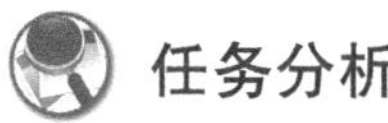

任务分析

采用对按键端口数值的查询方法即键值查询方法，根据键值不同与显示灯位置不同的对应关系，实现按下不同的键来点亮与其相对应的一盏灯。

相关知识

1. 按键实物检测

常见的独立按键的外观如图 2-27 所示，共有四个引脚，一般情况下，处于同一边的两个引脚内部是连接在一起的，如何分辨两个引脚是否处在同一边呢？可以将按键翻转过来，处于同一边的两个引脚，有一条突起的线将它们连接在一起，以标示它们俩是相连的。如果无法观察得到，用数字万用表的二极管档位检测一下即可。搞清楚这点非常重要，对于以后画 PCB（印制电路板）的过程中涉及“封装”时很有益。

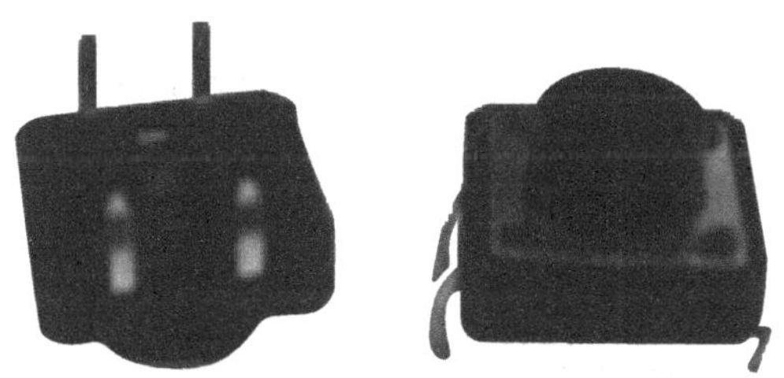

图 2-27　按键外观图

2. 按键的连接

按键与单片机系统连接原理图如图 2-28 所示。

对于单片机 I/O 内部有上拉电阻的型号，还可以省掉外部的那个上拉电阻。

3. 按键检测原理

当按键没有按下的时候，单片机 I/O 通过上拉电阻 R 接到 VCC，我们在程序中读取该 I/O 的电平时，其值为 1（高电平）；当按键 S 按下的时候，该 I/O 被短接到 GND，在程序中读取该 I/O 的电平时，其值为 0（低电平）。这样，按键的按下与否，就和与该按键相连的 I/O 电平的变化相对应起来了。从而可以得出结论：在程序中通过检测到该 I/O 口电平的变化与否，即可以知道按键是否被按下，从而做出相应的响应。实际中，由于按键的弹片接触时，并不是一接触就紧紧闭合，它还存在一定的抖动，尽管这个时间非常短暂，但是对于执行时间以“μs”为计算单位的单片机来说，它太漫长了。因而，按键按下时实际的波形

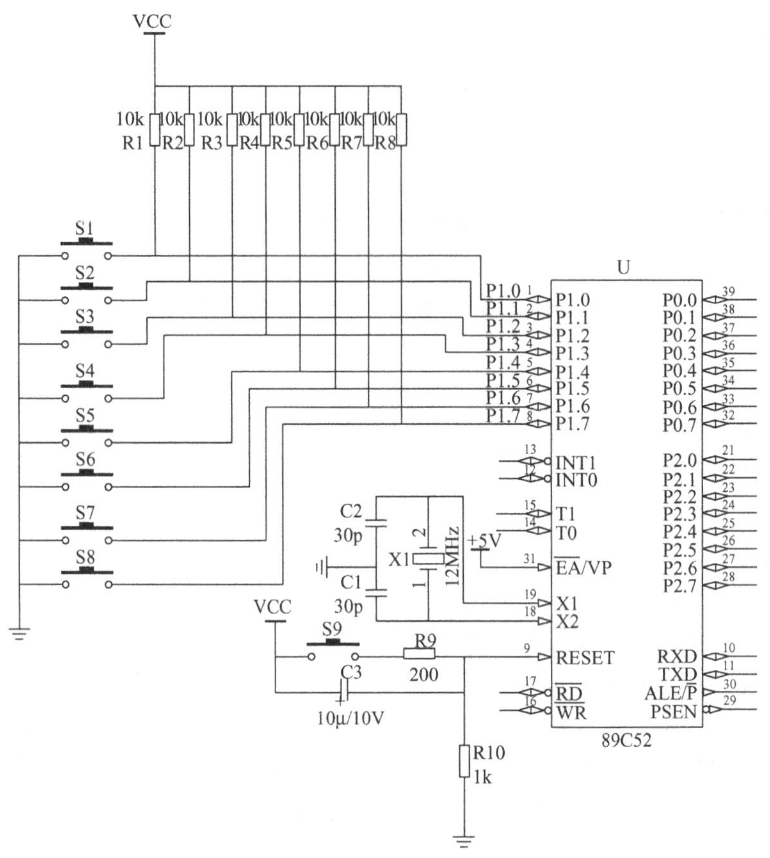

图 2-28　按键与单片机系统连接原理图

图如图 2-29 所示。

4. 按键去抖

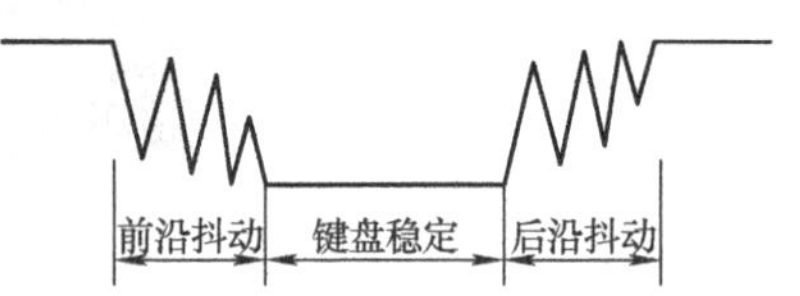

图 2-29　按键按下时实际的波形图

当测试到有键闭合后，需进行去抖动处理。由于按键闭合时的机械弹性作用，按键闭合时不会马上稳定接通，按键断开时也不会马上断开，由此在按键闭合与断开的瞬间会出现电压抖动，如图 2-29 所示。键盘抖动的时间一般为 5 ~ 10ms，抖动现象会引起单片机对一次按键操作进行多次处理，从而可能产生错误，因而必须设法消除抖动的不良后果。通过去抖动处理，可以得到按键闭合与断开的稳定状态。去抖动的方法有硬件与软件两种：硬件方法是增加去抖动电路，如可通过 RS 触发器实现硬件去抖动；软件方法是在第一次检测到键盘按下后，执行一段 10ms 的延迟子程序后再确认该键是否确实按下，躲过抖动，待信号稳定之后，再进行键扫描。通常多采用软件方法。

5. 独立式按键使用场合

独立式按键电路简单，软件结构也简单，但是由于每个按键都要单独占用一个单片机的 I/O 口，因此不适合用于按键输入较多的场合，否则会占用很多单片机 I/O 端口。

任务实施

1. 独立式按键硬件设计

用 8 个独立按键分别控制 8 个发光二极管，只需用到单片机的基本 I/O 口，用单片机最小系统就可以达到要求。

（1）独立式按键仿真原理图　独立式按键仿真原理图如图 2-30 所示。8 个按键分别接在 P1 的 8 位，发光二极管分别接在 P2 的 8 位，当按键从 P1 的低到高按下时，P2 口对应的发光二极管从低到高轮流被点亮。

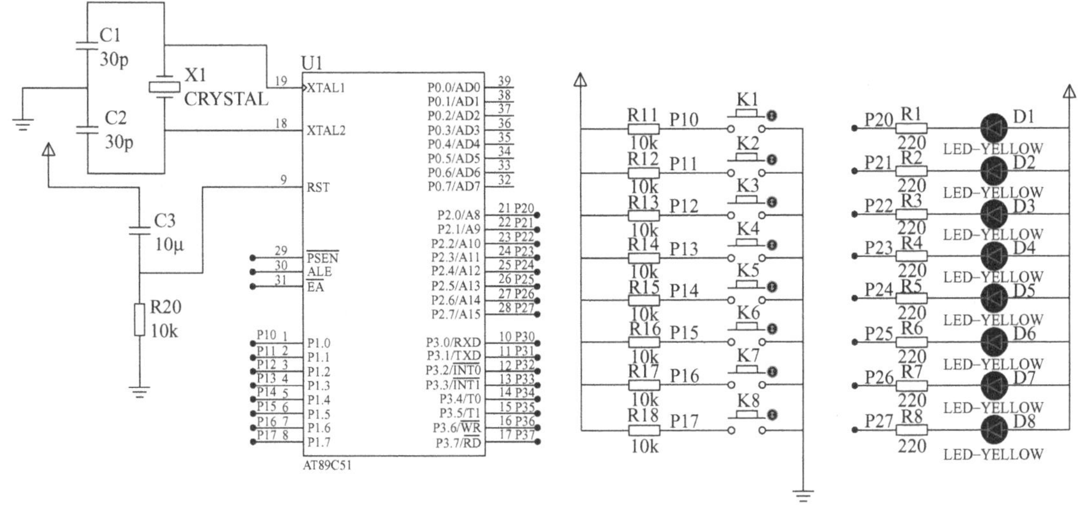

图 2-30　独立式按键仿真原理图

（2）独立式按键仿真电路元器件清单　独立式按键仿真电路元器件清单见表 2-6。

表 2-6　独立式按键仿真电路元器件清单

元器件名称	参数	数量	元器件名称	参数	数量
IC 插座	DIP40	1	电阻	10kΩ	9
单片机	AT89C51	1	电阻	220Ω	8
晶振	6MHz 或 12MHz	1	瓷片电容	15～30pF	2
发光二极管	—	8	按键	—	8
电解电容	10μF/16V	1			

2. 独立式按键软件编程

（1）端口分配　用单片机的 P1 口分别作为独立式键盘的扫描端口，P2 口作为发光二极管控制口，单片机上电时，P1、P2 端口的每一位都处于高电平状态，发光二极管处于熄灭状态，通过软件编程，P1 口一旦某一位变为低电平，则所对应的 P2 口的某一位发光二极管被点亮。

（2）程序流程图　独立式按键程序流程图如图 2-31 所示。

（3）独立式按键具体程序

```
//---------------------------------
//名称:独立式按键扫描
//---------------------------------
```

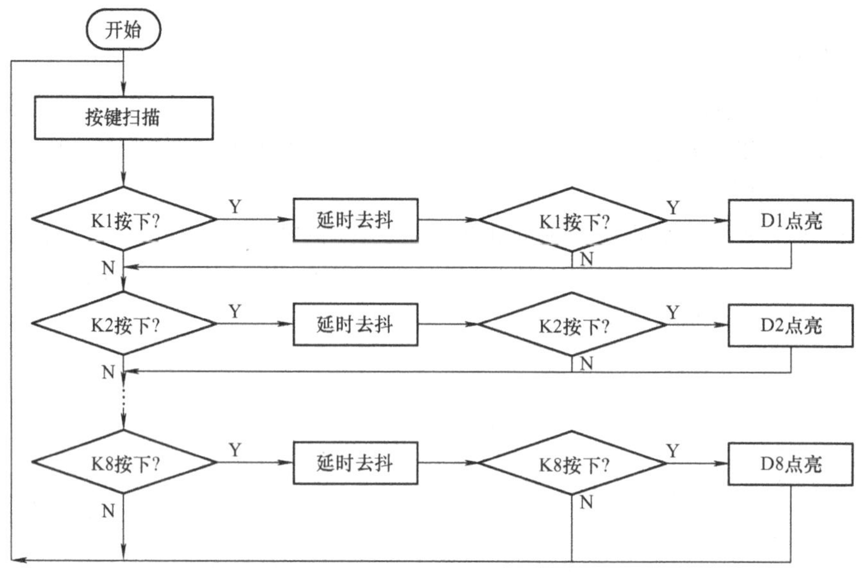

图 2-31　独立式按键扫描程序流程图

```
//说明:8 个独立按键按下与对应发光二极管点亮
//--------------------------------
#include <reg51.h>//头文件
#define uchar unsigned char
#define uint unsigned int
sbit key1 = P1^0;  //定义按键位置
sbit key2 = P1^1;
sbit key3 = P1^2;
sbit key4 = P1^3;
sbit key5 = P1^4;
sbit key6 = P1^5;
sbit key7 = P1^6;
sbit key8 = P1^7;
unsigned char const lednum[] = {0xFE,0xFD,0xFB,0xF7,0xEF,0xDF,0xBF,0x7F,0xFF};
//采用段码表来表示发光二极管的状态
//--------------------------------
//名称:ms 延时子程序
//--------------------------------
void delayms(unsigned int xms)
{
        uint i,j;
        for(i = xms;i > 0;i --)
            for(j = 110;j > 0;j --);
}
```

```
main()
{
   while(1)
   {
       if(! key1)              //按下相应的按键,亮相应的灯
        {
        delayms(10);           //10ms 去抖
P2 = ledmum[0];
        }
else if(! key2)
        {
delayms(10);
P2 = lednum[1];//2,根据当前的按键值从表 lednum[ ]取出相应的控制灯的
               //数值,如键"0"对应控制灯的值"0xFE",根据表 lednum[ ]
               //的数值可以依次读出各键值与控制灯数值的对应关系
     }
else if(! key3)
        {
delayms(10);
P2 = lednum[2];//3
     }
else if(! key4)
        {
delayms(10);
P2 = lednum[3];//4
     }
else if(! key5)
        {
delayms(10);
P2 = lednum[4];//5
     }
else if(! key6)
        {
delayms(10);
P2 = lednum[5];//6
     }
else if(! key7)
        {
delayms(10);
```

```
P2 = lednum[6];//7
        }
else if(! key8)
            {
delayms(10);
P2 = lednum[7];//8
        }
else
            {
P2 = lednum[8];//off,当按键的键值为"8"时,从表 lednum[ ]取出的数
                //值为 0xFF,其结果是关闭所有的灯,故此键的功能为关闭所
                //有灯
        }
        }
}
```

3. 独立式按键仿真效果

独立式按键仿真效果图如图 2-32 所示。

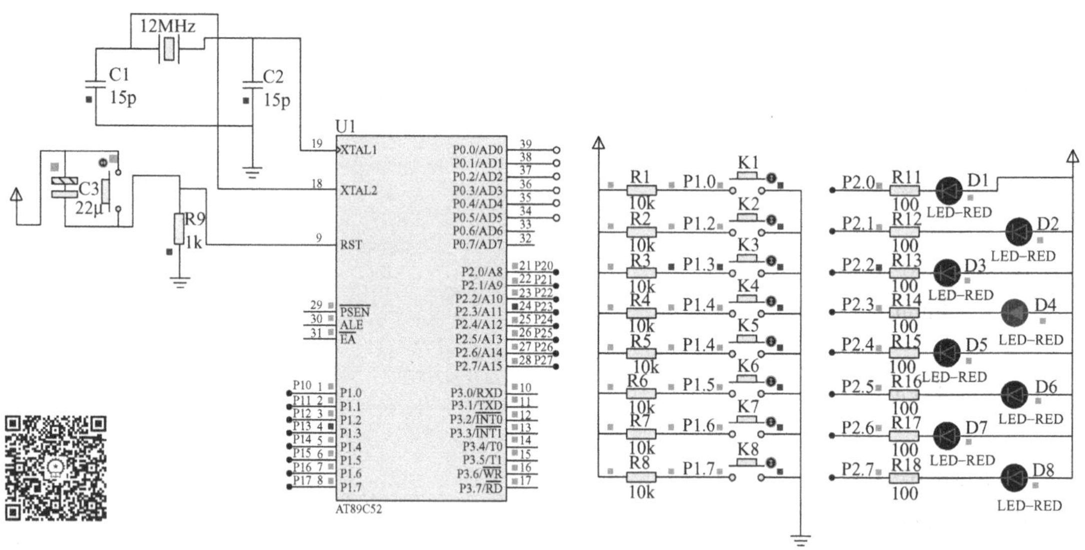

图 2-32 独立式按键扫描仿真效果图

2.2 设计行列式键盘

学习目标

【知识目标】

(1) 了解行列式键盘的工作原理;

(2) 掌握行列式键盘键值的读取方法。

【能力目标】

（1）能利用单片机端口构建行列式键盘；

（2）能根据行列式键盘的硬件设计读取键盘键值。

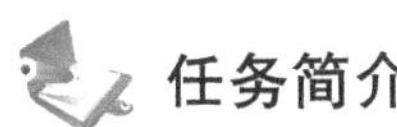

任务简介

将键盘设计成 4 ×4 行列式键盘，从左往右依次为第 0 列、第 1 列、第 2 列、第 3 列，从上往下依次为第 0 行、第 1 行、第 2 行、第 3 行，每个按键处于不同的行址和列址，每个按键分别对应于不同的键值，本任务将实现根据按键的不同显示其对应的键值。

任务要求

要求设计 4 ×4 行列式键盘，实现按哪个按键就显示其对应的键值的数字。

任务分析

根据按键按下的位置不同，找出其相应的行和列的地址，根据其行和列的地址计算其相应的键值。

相关知识

1. 行列式键盘概述

行列式键盘由行线和列线两部分组成，按键位于行和列的交叉点上，行和列分别连接到按键开关的两端。图 2-33 为一个 4 ×4 矩阵键盘，这个矩阵分为 4 行 4 列。如果按下 K5 键时，则第 1 行和第 1 列接通而形成通路。如果第 1 行接低电平，则由于 K5 闭合，也会使第 1 列变为低电平。对于矩阵键盘按键采用行线和列线上的电平来识别闭合键，有逐行扫描法和线反转法两种方法，一般常用的为逐行扫描法。

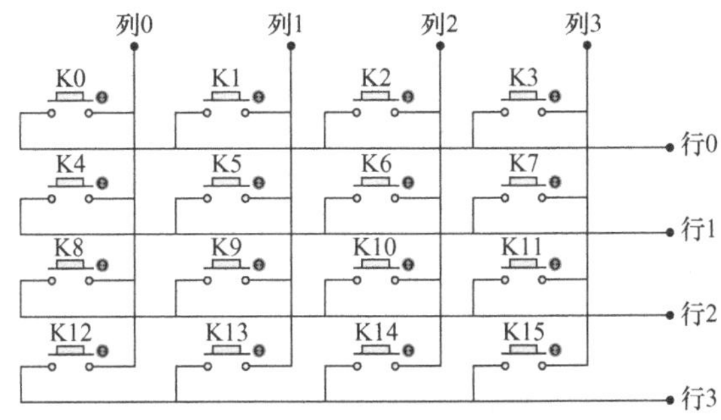

图 2-33　4 ×4 矩阵键盘

2. 逐行扫描法

图 2-34 所示为采用逐行扫描法的 4 ×4 键盘电路，假设该矩阵按键中有一个按键被按下，采用逐行扫描法识别闭合键的方法如下：首先，通过行线 0 发出低电平信号，如果该行线所连接的键没有按下，则从列线读入的数据应该全部是“1”信号，如果有键按下，则得到非全“1”信号；然后，再通过从列线读入的信号来识别是哪一列的按键闭合。为防止双键或多键同时按下，再以同样的方法往下逐行扫描，一直扫描到最后一行，若发现仅有一个

“1”，则为有效键，否则全部作废。找到有效的闭合键后，读入相应的键值转到对应的处理程序。

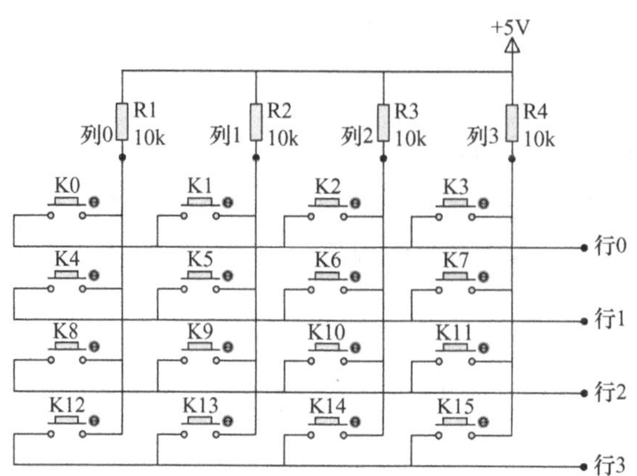

图 2-34　逐行扫描法键盘

3. 线反转法

线反转法也是识别闭合键的一种常用方法，该方法比行扫描法速度快，但在硬件上要求行线与列线外接上拉电阻，并将行线和列线都接到并行口上。先将行线作为输出线，列线作为输入线，行线输出全“0”，读入列线的值，然后将行线和列线的输入、输出关系互换，并且将刚才读到的列线值从列线所接的端口输出，再读取行线的输入值。那么在闭合键所在的行线上的值必为0，这样，当一个键被按下时，必定可读到一对唯一的行列值。

图 2-35 所示为一个采用线反转法的 3×3 键盘电路。若按键 K5 闭合，则第一次从行线输出全为“0”后，读得的列值为 101，然后再从列线输出全为“0”后，从行线上读出的行值也为 101。于是行值和列值合起来得到一个数值 101101，即 2DH，这个值即为该按键的键值。

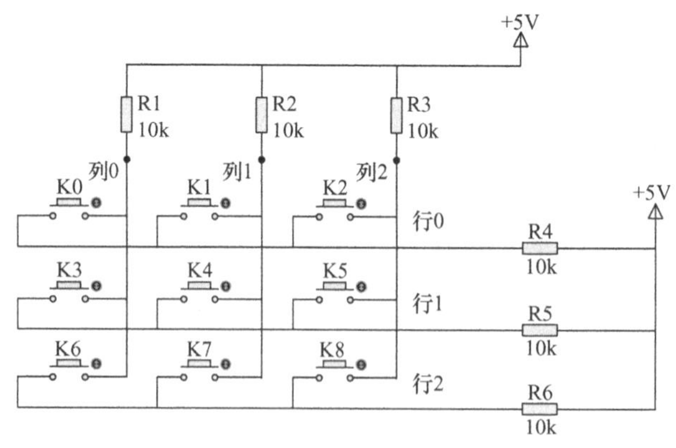

图 2-35　线反转法键盘

任务实施

1. 4×4 行列式键盘扫描硬件设计

（1）4×4行列式键盘扫描电路原理图 4×4行列式键盘扫描电路原理图如图2-36所示。

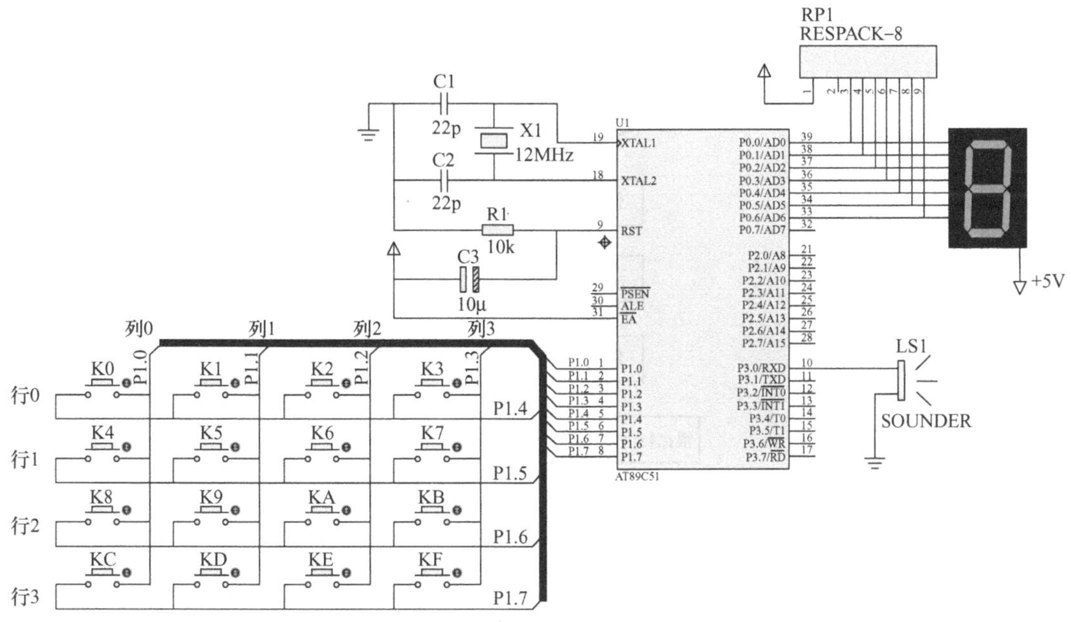

图2-36 4×4行列式键盘扫描电路原理图

（2）4×4行列式键盘扫描电路元器件清单 4×4行列式键盘扫描电路元器件清单见表2-7。

表2-7 4×4行列式键盘扫描电路元器件清单

元器件名称	参数	数量	元器件名称	参数	数量
IC插座	DIP40	1	上拉电阻	—	1
单片机	AT89C51	1	电阻	220Ω	8
晶振	6MHz或12MHz	1	瓷片电容	15～30pF	2
数码管	—	1	按键	—	16
电解电容	10μF/16V	1	蜂鸣器	—	1

2. 行列式键盘扫描软件编程

（1）行列式键盘扫描端口分配 选择P2口作为4×4行列式键盘扫描口，P0口作为数码管段码控制端口。

（2）行列式键盘扫描程序流程图 4×4行列式键盘扫描程序流程图如图2-37所示。

（3）具体程序

```
//--------------------------------
//名称:4×4行列式键盘扫描
//--------------------------------
//说明:根据按下的键显示相应的键值,并伴随蜂鸣器的beep声
//--------------------------------
```

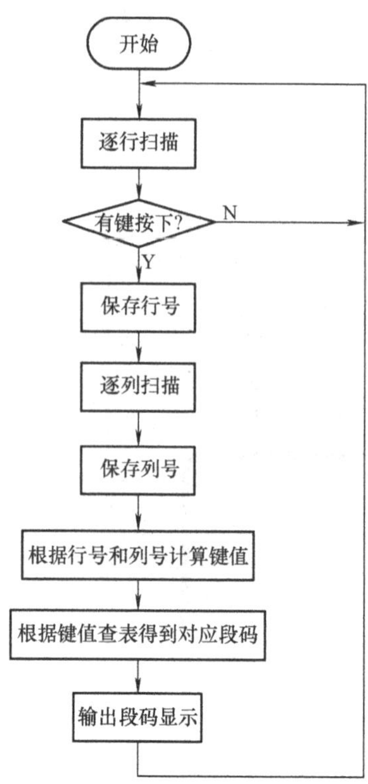

图 2-37　4×4 行列式键盘扫描流程图

```
#include <reg52.h>
#define uchar unsigned char//声明控制二极管亮灭端口为 port 1 的第 0 位
#define uint unsigned int
sbit BEEP = P3^7;
uchar code DSY_CODE[] =
{0xc0,0xf9,0xa4,0xb0,0x99,0x92,0x82,0xf8,0x80,0x90,0x88,0x83,0xc6,0xa1,
        0x86,0x8e,0x00};
uchar Pre_KeyNO = 16,KeyNO = 16;
void DelayMS(uint ms)   //延时 1ms
{
uchar t;
while(ms--)
{
for(t=0;t<120;t++);
}
}
void Keys_Scan()          //键扫描
{
uchar Tmp;
```

```
P1 =0x0f;
DelayMS(1);
Tmp = P1^0x0f;            //取低 4 位
switch(Tmp)               //根据低 4 位的值判断行号
{
case 1: KeyNO =0; break;
case 2: KeyNO =1; break;
case 4: KeyNO =2; break;
case 8: KeyNO =3; break;
default: KeyNO =16;
}
P1 =0xf0;
DelayMS(1);
Tmp = P1 >>4^0x0f;        //取高 4 位的值并右移
switch(Tmp)               //根据低 4 位的值判断列号,并根据所得的行、列号计算出键值
{
case 1: KeyNO +=0; break;//KeyNO +=0 * 4
case 2: KeyNO +=4; break;//KeyNO +=1 * 4
case 4: KeyNO +=8; break;//KeyNO +=2 * 4
case 8: KeyNO +=12;      //KeyNO +=3 * 4
}
}
void Beep()               //蜂鸣器发出嘟嘟声
{
uchar i;
for(i =0;i <100;i ++)
{
DelayMS(1);
BEEP = ~BEEP;
}
BEEP =1;
}
void main()
{
P0 =0x00;
while(1)
{
P1 =0xf0;
```

```
if(P1 ! =0xf0)
Keys_Scan();
if(Pre_KeyNO ! =KeyNO)
{
P0=~DSY_CODE[KeyNO];   //根据键值显示
Beep();
Pre_KeyNO=KeyNO;
}
DelayMS(100);
}
}
```

3. 4×4 行列式键盘扫描电路仿真效果

4×4 行列式键盘扫描电路仿真效果图如图 2-38 所示。

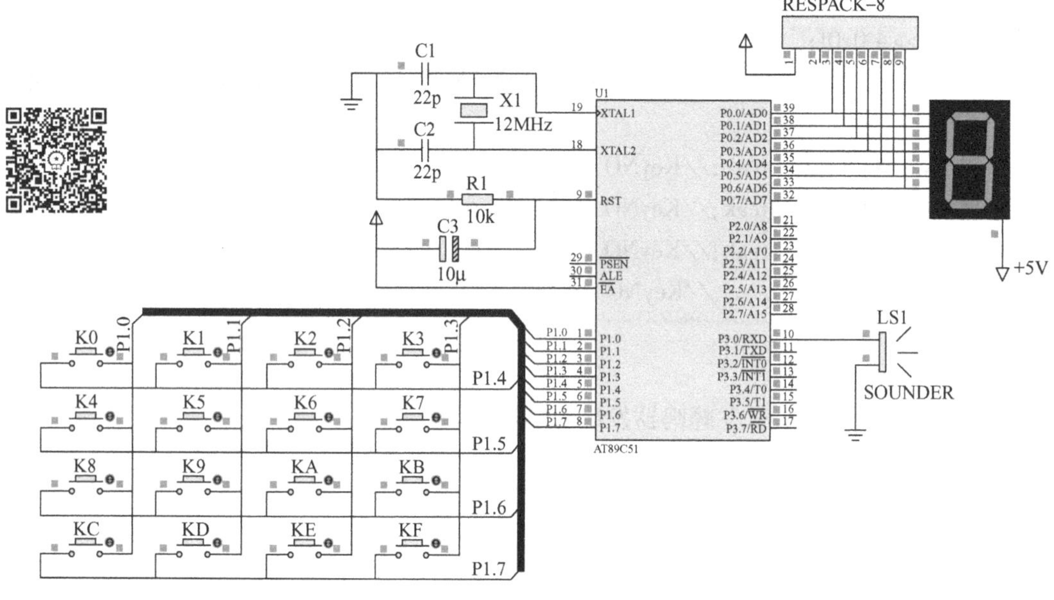

图 2-38　4×4 行列式键盘扫描电路仿真效果图

2.3　用定时器设计叮咚门铃

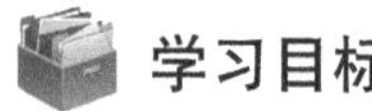

学习目标

【知识目标】

(1) 掌握单片机可编程定时器/计数器的结构；

(2) 掌握可编程定时器/计数器的工作方式控制寄存器设置。

【能力目标】

(1) 能根据定时时间计算可编程定时器/计数器次数，并根据定时器计数长度计算出初值；

（2）会用查询和中断的方式判断定时器的定时状态是否溢出；

（3）根据发声的音频频率给出相应的定时器初值。

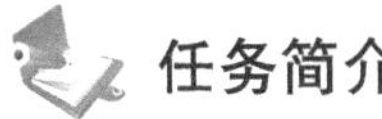

任务简介

用单片机来实现叮咚门铃。

任务要求

用单片机的 P1.7 口来实现按钮的触发功能，用 P3.0 口实现蜂鸣器的发声。

任务分析

叮咚门铃的声音频率不同，对应的周期参数也不同，采用可编程定时器/计数器设计叮咚门铃声的定时参数不同，需要根据各自的定时周期计算出各自的定时初值，启动定时器/计数器来发出不同的声音，同时，各自的声音需要保留一定的时间。

相关知识

1. 可编程定时器/计数器的结构

80C51 单片机内部设有两个 16 位的可编程定时器/计数器。在定时器/计数器中除了有两个 16 位的加法计数器之外，还有两个特殊功能寄存器（控制寄存器和方式寄存器）。定时器/计数器的结构图如图 2-39 所示。

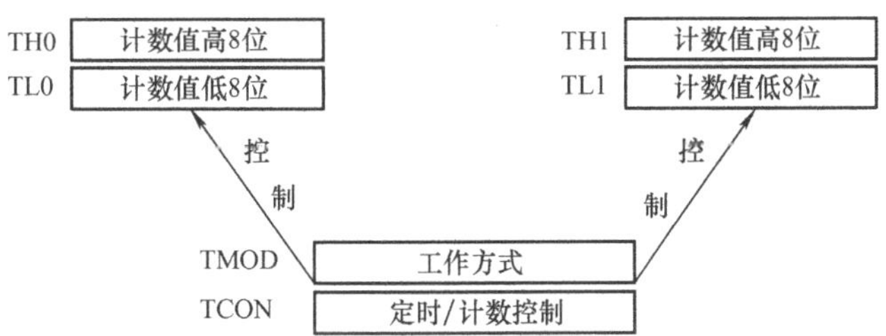

图 2-39　定时器/计数器的结构图

16 位的定时器/计数器分别由两个 8 位专用寄存器组成，即 T0 由 TH0 和 TL0 构成，T1 由 TH1 和 TL1 构成。每个寄存器均可单独访问，这些寄存器是用于存放定时或计数初值的。此外，其内部还有一个 8 位的定时器方式寄存器 TMOD 和一个 8 位的定时控制寄存器 TCON。

关于加法计数器这里要特别强调一下，它和大家平时理解的减法计数器是不一样的，两者的区别如图 2-40 所示，其中 M 为计数的最大长度，N 为计数的次数，X 为计数的初值，减法计数器中 $X=N$，计数器的计数值从 X 变为 0，加法计数器中计数次数为 N，则计数的初值为 $X=M-N$，计数器的计数值从 $X=M-N$ 到计数的最大长度 M。对加法计数器的理解将有助于可编程定时器/计数器的初始化设计的理解。

2. 可编程定时器/计数器控制

（1）工作方式控制寄存器 TMOD　TMOD 寄存器是一个专用寄存器，用于设定定时器/计

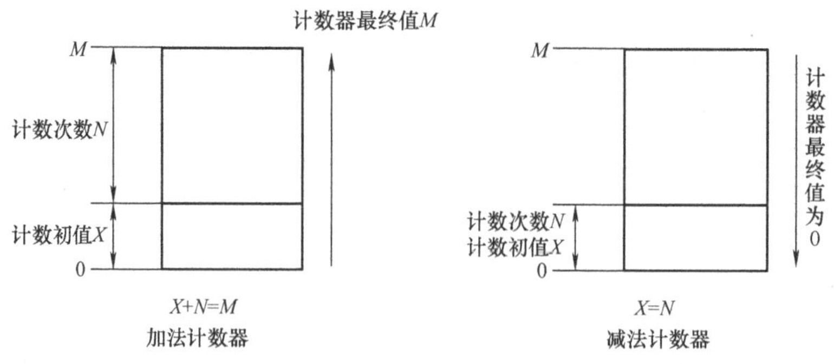

图 2-40　加法计数器和减法计数器的比较图

数器 T0 和 T1 的工作方式。工作方式控制寄存器 TMOD 结构图如图 2-41 所示。

TMOD 低 4 位用于控制 T0，高 4 位用于控制 T1。但 TMOD 寄存器不能按位进行寻址，只能用字节传送指令设置其内容。

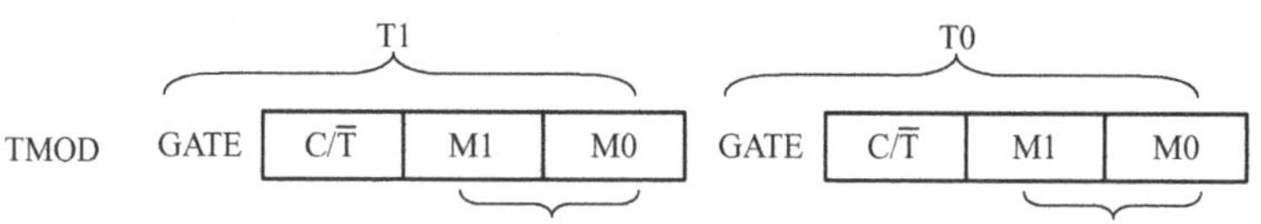

图 2-41　工作方式控制寄存器 TMOD 结构图

1）GATE：门控位（定时器的启动是否受到外部中断请求信号的影响）。

GATE =0：定时器的启动不受到外部中断请求信号的影响，一般情况下 GATE =0。

GATE =1：T0 的启动受到$\overline{\text{INT0}}$（P3.2）控制，T1 的启动还受到$\overline{\text{INT1}}$（P3.3）控制，只有当外部中断信号$\overline{\text{INT0}}$和$\overline{\text{INT1}}$为高电平时才启动。

2）C/$\overline{T}$：定时/计数方式选择位。

C/$\overline{T}$ =0：工作于定时方式。

C/$\overline{T}$ =1：工作于计数方式。

3）M1 和 M0：工作方式选择位。表 2-8 为定时器/计数器工作方式选择表。

表 2-8　定时器/计数器工作方式选择表

M1	M0	工作方式	方式说明
0	0	0	13 位定时器/计数器
0	1	1	16 位定时器/计数器
1	0	2	8 位自动重置定时器/计数器
1	1	3	两个 8 位定时器/计数器（只有 T0 有）

方式 0（13 位）：包括 TL0（TL1）的低 5 位和 TH0（TH1）的 8 位，计数长度为 $M=2^{13}=8192$，初值 $X=8192-N$。

方式 1（16 位）：包括 TL0（TL1）的 8 位和 TH0（TH1）的 8 位，计数长度为 $M=2^{16}=65536$，初值 $X=65536-N$。

方式 2（8 位自动重置定时器/计数器）：16 位计数器只用了 8 位（TL0 或者 TL1）来计

数，TH0 或者 TH1 用来保存初值，计数长度为 $M=2^8=256$，初值 $X=256-N$。

方式3（只有 T0 才有）：TL0 可以作为定时器/计数器使用，TH0 只能用作定时器使用，计数长度为 $M=2^8=256$，初值 $X=256-N$。

（2）定时器/计数器控制寄存器 TCON　TCON 在特殊功能寄存器中，字节地址为 88H，位地址（由低位到高位）为 88H～8FH，由于有位地址，十分便于进行位的操作。

TCON 的作用是控制定时器的启、停，标志定时器溢出和中断情况。

TCON 的格式见表2-9。其中，D4、D6 分别控制定时器/计数器的启动；D5、D7 分别控制定时器/计数器的溢出；D1、D3 分别控制外部中断 X0、X1 的允许使能；D0、D2 分别控制外部中断 X0、X1 的触发方式，根据触发方式是电平还是上升沿进行设定。

表2-9　TCON 的格式

D7（8FH）	D6（8EH）	D5（8DH）	D4（8CH）	D3（8BH）	D2（8AH）	D1（89H）	D0（88H）
TF1	TR1	TF0	TR0	IE1	IT1	IE0	IT0

各位定义如下：

TF1、TF0：定时器/计数器 T1、T0 的溢出标志位（溢出中断），计满时，由硬件使它置位；如果中断允许，则触发 T1、T0 中断，进入中断处理后由硬件电路自动清除。

TR1、TR0：定时器/计数器 T1、T0 的启动位（可由软件置位或者清0）。TR1 =1，T1 启动；TR1 =0，T1 停止；TR0 =1，T0 启动；TR0 =0，T0 停止。

IT0、IT1：外部中断0（或者1）触发方式控制位。IT0 =0（IT1 =0），选择外部中断为电平触发方式；IT0 =1（IT1 =1），选择外部中断为边沿触发方式。

IE0、IE1：外部中断0（或者1）的中断请求标志位。电平触发时【IT0 =0（IT1 =0)】，若 P3.2（P3.3）引脚为高电平，则 IE0（IE1）清0；若 P3.2（P3.3）引脚为低电平，则 IE0（IE1）置1，向 CPU 请求中断，CPU 响应后不能由硬件自动将 IE0（IE1）清0。

边沿触发时【IT0 =1（IT1 =1)】，若第一个机器周期采样到 P3.2（P3.3）为高电平，第二个机器周期采样到 P3.2（P3.3）为低电平，则 IE0（IE1）置1，向 CPU 请求中断，CPU 响应后由硬件自动将 IE0（IE1）清0。

（3）定时器/计数器的初始化　由于定时器/计数器的功能是由软件编程确定的，所以一般在使用定时器/计数器前都要对其进行初始化，使其按设定的功能工作。初始化的步骤一般如下：

1）确定工作方式（即对 TMOD 赋值）。选择 T0 和 T1 定时器/计数器，确定其相应的功能是定时还是计数，确定定时器/计数器长度，确定是选用门控方式（GATE =0）还是中断触发方式（GATE =1）。当工作方式确定后，M 的值也就确定了。

2）预置定时或计数的初值（可直接将初值写入 TH0、TL0 或 TH1、TL1）。定时器的定时时间与系统的振荡频率有关。因一个机器周期等于 12 个振荡周期，所以计数频率 $f_{count}=1/12f_{osc}$。如果单片机晶振为 12MHz，则计数周期 $T_{机器}=1/(12\times10^6)\text{Hz}\times12=1\mu s$，如果单片机晶振为 6MHz，则计数周期 $T_{机器}=2\mu s$。

根据定时时间 $T=N\times T_{机器}$，计算出计数次数 N，其中 T 为需要定时的时间，$T_{机器}$ 为计数周期。根据 $X=M-N$，计算出初值 X。

3）启动定时器/计数器。若已规定用软件启动，则可把 TR0 或 TR1 置“1”；若已规定由外中断引脚电平启动，则需外加启动电平。当实现了启动后，定时器即按规定的工作方式和初值开始计数或定时。

注意事项：

1）除工作方式2在实现一次定时/计数后能自动装入时间常数初值外，其余工作方式在实现一次定时/计数后必须对时间常数初值重新装入。

2）在工作方式3中，TH0和TL0分成两个独立的8位计数器，其中，TL0既可用作定时器，又可用作计数器，并使用原T0的所有控制位及其定时器回零标志和中断源。TH0只能用作定时器，并使用T1的控制位TR1、回零标志TF1和中断源。通常情况下，T0不运行于工作方式3，只有在T1处于工作方式2，并不要求中断的条件下才可能使用。这时，T1往往用作串行口波特率发生器，TH0用作定时器，TL0作为定时器或计数器。所以，方式3是为了使单片机有一个独立的定时器/计数器、一个定时器以及一个串行口波特率发生器的应用场合而特地提供的。这时，可把定时器1用于工作方式2，把定时器0用于工作方式3。

3. 单片机奏乐原理

一般说来，单片机演奏音乐基本都是单音频率，它不包含相应幅度的谐波频率，也就是说不能像电子琴那样能奏出多种音色的声音。因此单片机奏乐只需弄清楚两个概念即可，也就是"音调"和"节拍"。音调表示一个音符唱多高的频率，节拍表示一个音符唱多长的时间。

（1）音调的确定　音调就是人们常说的音高，它是由频率来确定的。我们可以通过查出各个音符所对应的相应频率，再用单片机来控制发出相应频率的声音。

人们通常采用的方法就是通过单片机的定时器定时中断，将单片机上驱动蜂鸣器的I/O口来回取反，或者说来回清0、置位，从而让蜂鸣器发出声音。为了让单片机发出不同频率的声音，只需将定时器置于不同的定时初值就可实现。

以中音do、re、mi、fa、suo、la、xi的音频为例，选择晶振频率为12MHz，通过计数/定时次数N，获得定时初值X的对应值，见表2-10。

表2-10　定时器初值与音调对应关系表（晶振频率为12MHz，$T_{机器}=1\mu s$）

音阶	音调	1	2	3	4	5	6	7
中音	频率/Hz	262	294	330	349	392	440	494
	周期 T/ms	3.8	3.4	3	2.86	2.55	2.27	2.02
	计数次数 N	1900	1700	1500	1430	1275	1135	1010
	计数初值 X	63636	63836	64036	64106	64261	64401	64526
	TH0	F8	F9	FA	FA	FB	FB	FC
	TL0	94	5C	24	6A	05	91	0E

（2）节拍的确定　在一张乐谱中，经常会看到这样的表达式，如1＝C（4/4）、1＝G（3/4）等，这里1＝C（4/4）、1＝G（3/4）表示乐谱的曲调，和前面所谈的音调有很大的关联，4/4、3/4就是用来表示节拍的。以3/4为例加以说明，它表示乐谱中以四分音符为节拍，每一小节有三拍。

例如：1＝C　3/4

|1 2 3 4 5 6|

其中 1、2 为一拍，3、4、5 为一拍，6 为一拍共三拍。1、2 的时长为四分音符的一半，即为八分音符长，3、4 的时长为八分音符的一半，即为十六分音符长，5 的时长为四分音符的一半，即为八分音符长，6 的时长为四分音符长。

一般说来，如果乐曲没有特殊说明，一拍的时长为 400 ~ 500ms，根据每个音符需要保留的时间给出相应的定时参数。

任务实施

1. 叮咚门铃硬件设计

用单片机的 I/O 口驱动蜂鸣器，当启动按键按下时，蜂鸣器开始发出叮咚声。

(1) 叮咚门铃仿真原理图　叮咚门铃仿真原理图如图 2-42 所示。

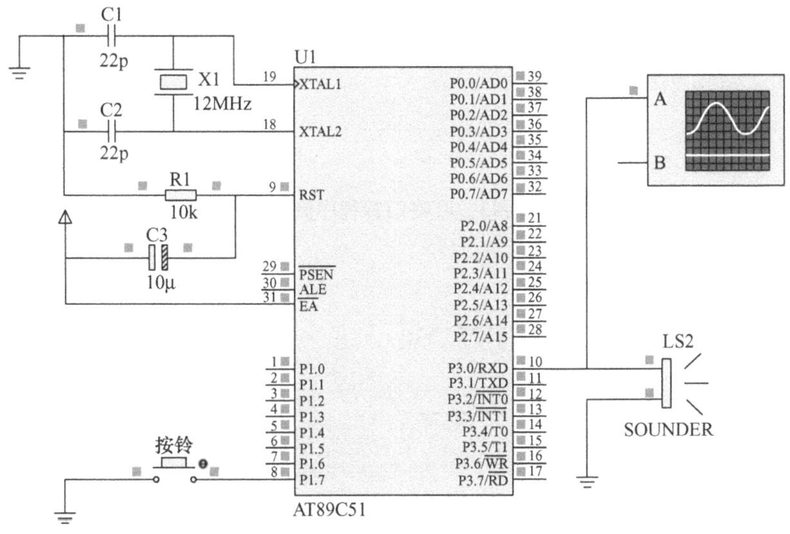

图 2-42　叮咚门铃仿真原理图

(2) 叮咚门铃元器件清单　叮咚门铃元器件清单见表 2-11。

表 2-11　叮咚门铃元器件清单

元器件名称	参　数	数　量	元器件名称	参　数	数　量
IC 插座	DIP40	1	电阻	10kΩ	2
单片机	AT89C51	1	瓷片电容	15 ~ 30pF	2
晶振	12MHz	1	按键	—	1
电解电容	10μF/16V	1	蜂鸣器	—	1

2. 软件编程

(1) 端口分配　用单片机的 P1.7 口作为门铃的触发控制位，P3.0 为蜂鸣器发声电路输出。

(2) 叮咚门铃定时参数设计　$f = 12\text{MHz}$，$T_{机器} = 1\mu s$，选择定时器 T0，选择 T0 为工作方式 0 状态。

“叮”的频率为 714Hz，其半周期为 $T = 700\mu s$，计数次数 $N_{叮} = T_{叮}/T_{机器} = 700$，定时器初值 $X_{叮} = 8192 - 700 = 7492$。TH0 = (8192 - 700)/32；TL0 = (8192 - 700)%32。

“咚”的频率为 500Hz，其半周期为 $T = 1000\mu s$，计数次数 $N_{咚} = T_{咚}/T_{机器} = 1000$，定时

器初值 $X_{咚}=8192-1000=7192$。TH0 = (8192 - 1000)/32；TL0 = (8192 - 1000)%32。

(3) 程序流程图　叮咚门铃程序流程图如图 2-43 所示。

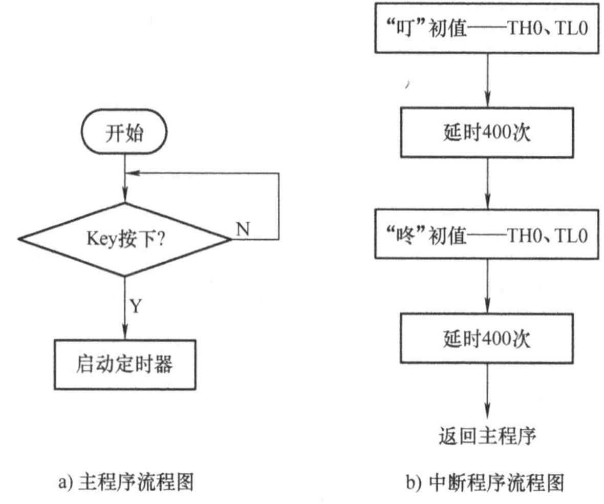

图 2-43　叮咚门铃程序流程图

(4) 叮咚门铃具体程序

```
//----------------------------------
//名称:叮咚门铃
//----------------------------------
//说明:按下按钮后,发叮咚声
//----------------------------------
#include <reg52.h>
#define uchar unsigned char
#define uint unsigned int
sbit Key = P1^7;
sbit DoorBell = P3^0;
uint p =0;
void Timer0( ) interrupt 1
{
DoorBell = ~DoorBell;
p++;
if(p<400)        //"叮"发声 400 次
{
TH0 = (8192 -700)/32;
TL0 = (8192 -700)%32;
}
else if(p<800) //"咚"发声 400 次
```

```
{
TH0 = (8192 - 1000)/32;
TL0 = (8192 - 1000)%32;
}
else
{
TR0 = 0;
P = 0;
}
}
void main()
{
IE = 0x82;
TMOD = 0x00;
TH0 = (8192 - 700)/32;
TL0 = (8192 - 700)%32;
while(1)
{
if(Key == 0)
{
TR0 = 1;
while(Key == 0);
}
}
}
```

3. 叮咚门铃仿真效果

叮咚门铃仿真效果图如图 2-44 所示。

发“叮”的声音波形图

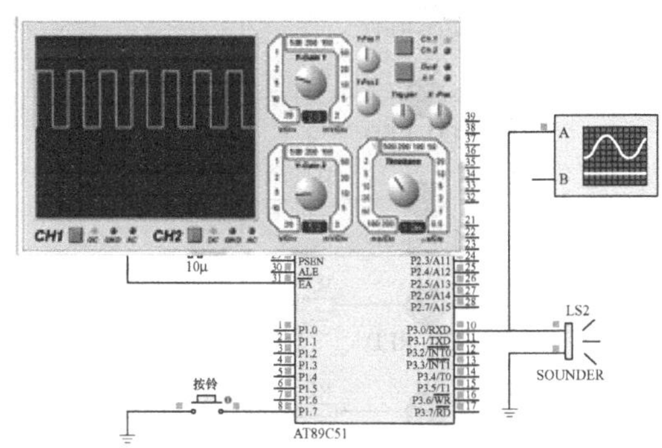

发“咚”的声音波形图

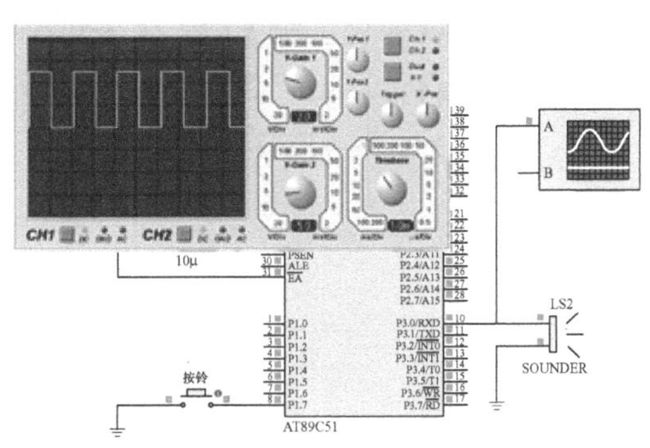

图 2-44　叮咚门铃仿真效果图

2.4 简易电子琴设计

内容讲解：　　图 1-78　简易电子琴的实物展示视频：

任务小结

通过本次任务的学习，掌握键盘的使用方法，在键盘数比较少的情况下，可以选用独立式键盘扫描；在键盘数比较多的情况下，选择行列式键盘扫描比较节省单片机的 I/O 口资源。另外，根据键盘的特点选择合适的延时时间来有效消除键的抖动。

在可编程定时器/计数器的使用中，要根据设计要求进行工作方式寄存器的正确设置、次数的计算、获得初值、赋值、启动定时器、判断定时器溢出状态。

课后习题

1. 已知 TMOD 值为 12H，试分析 T0、T1 的工作状态。

2. 按下列要求设置定时初值，并置 TH0/TH1、TL0/TL1 值。已知晶振频率为 6MHz，要求 P1.0 口输出 100ms 的方波，选择 T0 或 T1，进行定时器设置和初值计算。

3. 如图 2-45 所示，当按下 K1 按钮时实现递增点亮一盏 LED，全亮时再按下则再次循环开始；K2 按下后点亮上面 4 盏 LED；K3 按下后点亮下面 4 盏 LED；K4 按下后熄灭所有的 LED。

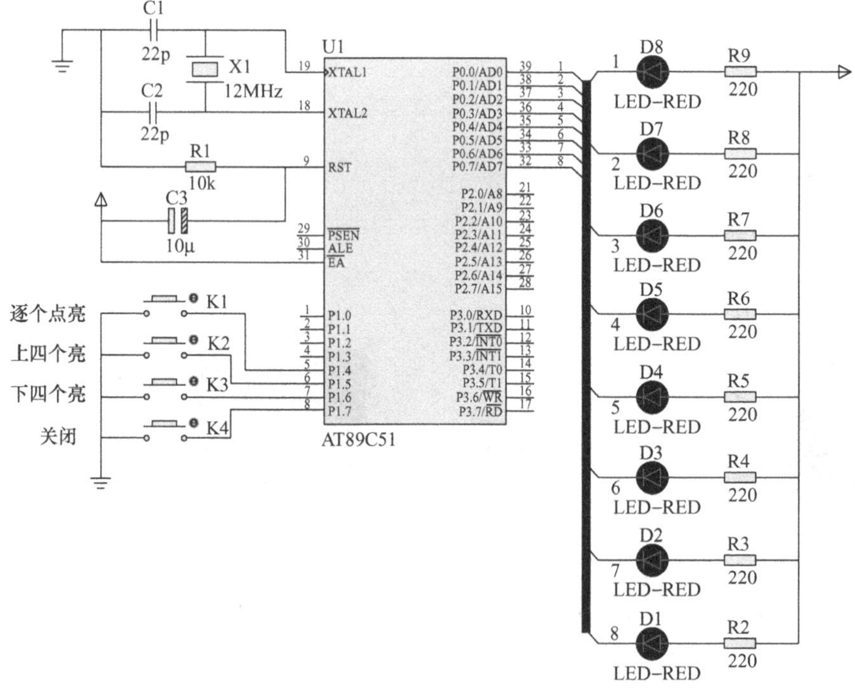

图 2-45　多功能按键控制 LED 图

4. 利用定时器设计交通灯指示灯电路，如图 2-46 所示，具体要求如下：

1）东西向绿灯与南北向红灯亮 5s；

2）东西向绿灯灭，黄灯闪烁 5 次；

3）东西向红灯与南北向绿灯亮 5s；

4）南北向绿灯灭，黄灯闪烁 5 次。

在第 4）项操作后返回到第 1）项操作继续，然后不断循环。

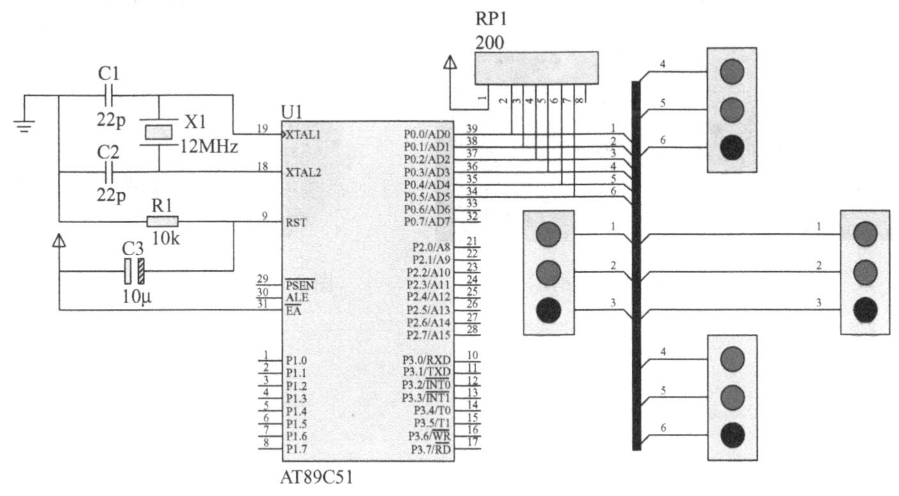

图 2-46 定时器控制交通灯指示灯电路图

任务3 设计直流电动机转速测量仪

问题提出

在工农业生产和工程实践中，经常会遇到各种需要测量转速的场合，例如在发动机、电动机、卷扬机、机床主轴等旋转设备的试验、运转和控制中，常需要测量和显示其转速。要测速，首先要解决的是采样问题。测量转速的方法分为模拟式和数字式两种。模拟式采用测速发电机为检测元件，得到的信号是模拟量。早期直流电动机的控制均以模拟电路为基础，采用运算放大器、非线性集成电路以及少量的数字电路组成，控制系统的硬件部分非常复杂，功能单一，而且系统非常不灵活，调试困难。数字式通常采用光电编码器、圆光栅、霍尔元件等为检测元件，得到的信号是脉冲信号。随着微型计算机的广泛应用和单片机技术的日新月异，特别是高性能价格比的单片机的出现，转速测量普遍采用以单片机为核心的数字式测量方法，使得许多控制功能及算法可以采用软件技术来完成。智能化微型计算机代替了一般机械式或模拟式结构，使系统能达到更高的性能；采用单片机构成的控制系统，可以节约人力资源和降低系统成本，从而有效地提高了工作效率。汽车发动机转速指示如图 2-47 所示，洗衣机中滚筒转速测量如图 2-48 所示。

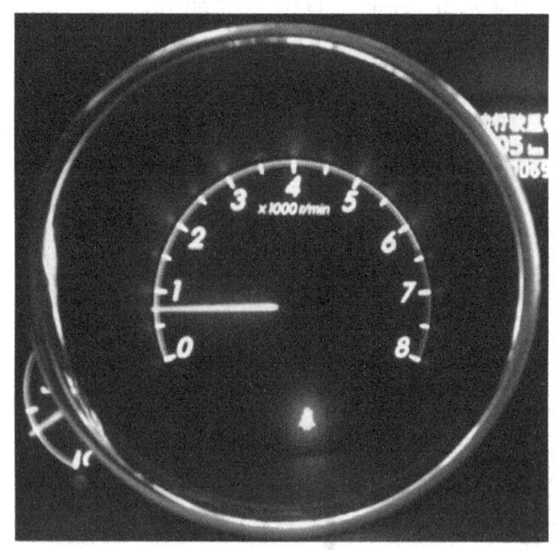

图 2-47　汽车发动机转速指示

图 2-48　洗衣机中滚筒转速测量

总体目标

【知识目标】

（1）单片机内部定时器/计数器；

（2）中断的概念与中断技术的应用；

（3）中断的控制寄存器的设置和优先级控制；

（4）中断服务子程序的编写结构。

【能力目标】

（1）掌握定时器的中断法；

（2）熟悉单片机中断技术的应用；

（3）正确选用变量并正确设置数据类型；

（4）正确书写主函数、子函数、中断服务子程序。

任务简介

通过单片机和传感器对直流电动机的转速进行测量，并通过数码管显示电动机转速。

任务分析

1）所谓转速是指单位时间（1s）内转过的圈数，所以真正的转速计数器必须在 1s 时间背景下测定转速的计数值。

2）直流电动机转速的测量主要有以下几种方法：①编码器；②霍尔元件；③光电传感器。要了解不同测量方法输出的信号形式，以方便在仿真时选用合适的信号进行仿真。

3）由于对转速的测量要具有实时性，所以考虑在单片机 P3.2（外中断 0）输入传感器信号，这样在主程序中就要考虑总中断 EA、外中断和定时中断的打开，以及对外中断 0 的检测是下降沿方式还是低电平方式。

相关知识

1. 中断系统

什么是中断？下面从一个生活中的例程引入：你正在家中看书，突然电话铃响了，你放下书本，去接电话，和来电话的人交谈，然后放下电话，回来继续看你的书。这就是生活中的“中断”现象，就是正常的工作过程被外部的事件打断了。对于单片机而言，CPU 暂时中止其正在执行的程序，转去执行请求中断的那个外设或事件的服务程序，等处理完毕后再返回执行原来中止的程序，这就是中断。

（1）中断的基本概念　中断是 CPU 在执行现行程序的过程中，发生随机事件和特殊请求时，使 CPU 中止现行程序的执行，而转去执行随机事件或特殊请求的处理程序，待处理完毕后，再返回被中止的程序继续执行的过程。实现中断的硬件逻辑和实现中断功能的指令统称为中断系统。对于中断系统来说，引起中断的事件称为中断源；由中断源向 CPU 所发出的请求中断的信号称为中断请求信号；CPU 中止现行程序执行的位置称为中断断点；中断断点处的程序位置称为中断现场；实现中断功能的处理程序称为中断服务程序；由中断服务程序返回到原来程序的过程称为中断返回；CPU 接收中断请求而中止现行程序，转去为中断源服务称为中断响应。中断的响应过程如图 2-49 所示，图 2-49a 为单级中断，图 2-49b 为两级中断嵌套。

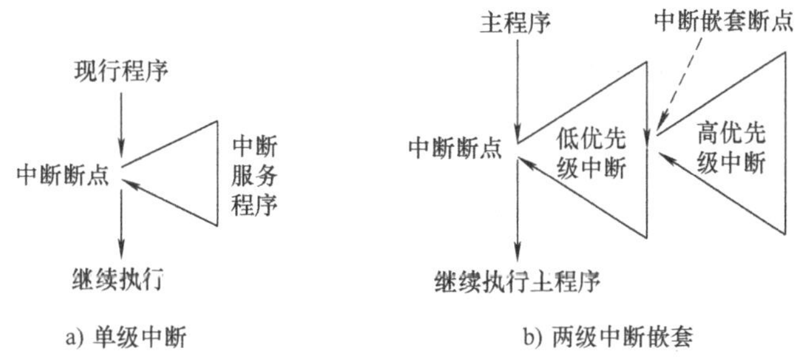

图 2-49　中断的响应过程

（2）中断的作用　中断系统在计算机系统中有很重要的作用，利用中断可以实现以下功能：

1）分时操作。利用中断系统可以实现 CPU 和多台外设并行工作，能对多道程序分时操作，以及实现多机系统中各机间的联系，提高计算机系统的工作效率。

2）实时处理。利用中断系统可以对生产过程的随机信息及时采集和处理，实现实时控制，提高计算机控制系统的灵活性。

3）故障处理。利用中断系统可以监视现行程序的程序性错误（如运算溢出、地址错等）和系统故障（如电源掉电、I/O 总线奇偶错误等），实现故障诊断和故障的自行处理，提高计算机系统的故障处理能力。

4）提高 CPU 工作效率。利用中断系统，CPU 可启动多个外设同时工作，大大地提高了 CPU 的效率。

（3）MCS-51 系列单片机的中断源　MCS-51 系列单片机中不同型号芯片的中断源的数量是不同的，最基本的 MCS-51 系列单片机有 5 个中断源，具体描述如下：

1）$\overline{\text{INT0}}$：外部中断 0 请求，由 P3.2 口输入。通过 IT0（TCON.0）来决定低电平或下降沿有效，一旦输入信号有效，则向 CPU 申请中断，并建立 IE0 标志。

2）$\overline{\text{INT1}}$：外部中断 1 请求，由 P3.3 口输入。通过 IT1（TCON.2）来决定低电平或下降沿有效，一旦输入信号有效，则向 CPU 申请中断，并建立 IE1 标志。

3）TF0：定时器/计数器 T0 溢出中断请求。当定时器/计数器 T0 产生溢出时，定时器 1 中断请求标志位（TCON.5）置位（由硬件自动执行），请求中断处理。

4）TF1：定时器/计数器 T1 溢出中断请求。当定时器/计数器 T1 产生溢出时，定时器 1 中断请求标志位（TCON.7）置位（由硬件自动执行），请求中断处理。

5）TI/RI：串行口中断请求，包括串行接收中断 RI 和串行发送中断 TI，由串行端口完成一帧字符发送/接收后引起。

（4）中断标志　所有的 MCS-51 系列单片机的中断源都要产生相应的中断请求标志，这些标志分别放在特殊功能寄存器 TCON 和 SCON 的相关位。

定时器/计数器控制寄存器 TCON 除了控制定时器/计数器 T0、T1 的溢出中断外，还控制着两个外部中断源的触发方式和锁存两个外部中断源的中断请求标志。其格式见表 2-12。

表 2-12　控制寄存器 TCON

TCON	TF1	TR1	TF0	TR0	IE1	IT1	IE0	IT0
位地址	8FH	8EH	8DH	8CH	8BH	8AH	89H	88H

TCON 寄存器中与中断有关位的含义如下：

IT0：外部中断$\overline{\text{INT0}}$的中断触发方式选择位。当 IT0 位清为 0 时，外部中断$\overline{\text{INT0}}$为电平触发方式，低电平有效，适用于变化较慢的信号源。当 IT0 位置为 1 时，外部中断$\overline{\text{INT0}}$为边沿触发方式，后沿负跳变有效，适用于快速变化的脉冲信号源。

IE0：外部中断$\overline{\text{INT0}}$的中断请求标志位。当 IE0 位为 0 时，表示外部中断源$\overline{\text{INT0}}$没有向 CPU 请求中断；当 IE0 位为 1 时，表示外部中断$\overline{\text{INT0}}$正在向 CPU 请求中断，且当 CPU 响应该中断时由硬件自动对 IE0 进行清 0。

IT1：外部中断$\overline{\text{INT1}}$的中断触发方式选择位，功能与 IT0 相同。

IE1：外部中断$\overline{\text{INT1}}$的中断请求标志位，功能与 IE0 相同。

TF0：定时器/计数器 T0 的溢出中断请求标志位。在定时器/计数器 T0 被允许计数后，当产生计数溢出时由硬件自动将 TF0 位置为 1，通过 TF0 位向 CPU 申请中断，一直保持到 CPU 响应该中断后才由硬件自动将 TF0 位清为 0。当 TF0 位为 0 时，表示 T0 未计数或计数未产生溢出。当 T0 工作在不允许中断时，TF0 标志可供程序查询。

TF1：定时器/计数器 T1 的溢出中断请求标志位，功能与 TF0 相同。

（5）中断允许控制寄存器 IE　在计算机中断系统中有两种不同类型的中断：一类为非屏蔽中断，另一类为可屏蔽中断。对于非屏蔽中断，用户不能用软件方法加以禁止，一旦有中断请求，CPU 就必须予以响应；而对于可屏蔽中断，用户则可以通过软件方法来控制它们是否允许 CPU 去响应。允许 CPU 响应某一个中断请求称为中断开放（或中断允许），不允许 CPU 响应某一个中断请求称为中断屏蔽（或中断禁止）。MCS-51 系列单片机的 5 个中断源都是可屏蔽中断，CPU 对中断源的中断开放或中断屏蔽的控制是通过中断允许控制寄存器 IE 来实现的。

中断允许控制寄存器 IE 的字节映像地址为 0A8H，既可以按字节寻址，也可以按位寻址。通过对 IE 各位的置 1 或清 0 操作，实现开放或屏蔽某个中断，也可以通过对 EA 位的清零来屏蔽所有的中断源。其格式见表 2-13。

表 2-13　中断允许控制寄存器 IE

IE	EA	----	ET2	ES	ET1	EX1	ET0	EX0
位地址	AFH		ADH	ACH	ABH	AAH	A9H	A8H

IE 寄存器各位的含义如下：

EA：总中断允许控制位。当 EA 位为 0 时，屏蔽所有的中断；当 EA 位为 1 时，开放所有的中断，各中断源的允许和禁止可通过相应的中断允许位进行控制。

ET2：定时器/计数器 T2 的中断允许控制位。当 ET2 位为 0 时，屏蔽 T2 的溢出中断；当 ET2 位为 1 时，开放 T2 的溢出中断。

ES：串口中断允许控制位。当 ES 位为 0 时，屏蔽串口中断；当 ES 位为 1 时，开放串口中断。

ET1：定时器/计数器 T1 的中断允许控制位，功能与 ET2 相同。

EX1：$\overline{\text{INT1}}$的中断允许控制位。当 EX1 位为 0 时，屏蔽$\overline{\text{INT1}}$；当 EX1 位为 1 时，开放$\overline{\text{INT1}}$。

ET0：定时器/计数器 T0 的中断允许控制位，功能与 ET2 相同。

EX0：$\overline{\text{INT0}}$的中断允许控制位，功能与 EX1 相同。

MCS-51 系统复位后，IE 被清为 0，即禁止所有中断。

（6）中断优先级控制寄存器 IP　在中断系统中，要使某一个中断被优先响应的话，就要依靠中断优先权控制。MCS-51 系列单片机对所有中断设置了两个优先权，每一个中断请求源都可以通过编程设置为高优先权中断或低优先权中断，从而实现两级中断嵌套。为了实现对中断优先权的管理，在 MCS-51 内部提供了一个中断优先级寄存器 IP，其字节地址为 0B8H，既可以按字节寻址，也可以按位寻址。当相应的位为 0 时，所对应的中断源定义为低优先级，相反则定义为高优先级。其格式见表 2-14。

表 2-14　中断优先级控制寄存器 IP

IP	----	----	PT2	PS	PT1	PX1	PT0	PX0
位地址			BDH	BCH	BBH	BAH	B9H	B8H

IP 寄存器各位的含义如下：

PX0：外部中断 0 中断优先级控制位。

PT0：定时器 T0 中断优先级控制位。

PX1：外部中断 1 中断优先级控制位。

PT1：定时器 T1 中断优先级控制位。

PS：串口中断优先级控制位。

PT2：定时器 T2 中断优先级控制位。

MCS-51 系统复位后，IP 被清为 0，所有中断源均设定为低优先级中断。

在同一个优先级中，各中断源的优先级别由一个内部的硬件查询序列来决定，所以在同级的中断中按硬件查询序列也确定了一个自然优先级，MCS-51 单片机的中断源优先级从高到低的排列见表 2-15。

中断优先权设置后，响应中断的基本原则是：

① 若多个中断请求同时有效，CPU 优先响应优先权最高的中断请求。

② 同级的中断或更低级的中断不能中断 CPU 正在响应的中断过程。

③ 低优先权的中断响应过程可以被高优先权的中断请求所中断，等到高优先权中断响应结束后再响应低优先权的中断过程，形成中断的嵌套。

表 2-15　各中断源中断程序入口地址及优先级排列顺序

中　断　源	中断程序入口地址	优先级顺序
外部中断源 0（$\overline{\text{INT0}}$）	0003H	高
定时器/计数器 0（T0）	000BH	↓
外部中断源 1（$\overline{\text{INT1}}$）	0013H	↓
定时器/计数器 1（T1）	001BH	↓
串行口中断	0023H	低

（7）中断处理过程　单片机一旦工作，并由用户对各中断源进行使能和优先权初始化编程后，MCS-51 系列单片机的 CPU 在每个机器周期顺序检查每一个中断源。那么，在什么情况下 CPU 可以及时响应某一个中断请求呢？若 CPU 响应某一个中断请求，它又是如何工作的呢？

1）中断响应的条件。单片机的 CPU 在每个机器周期的最后一个状态周期采样并按优先权设置的结果处理所有被开放中断源的中断请求。一个中断源的请求要得到响应，必须满足一定的条件。

① CPU 正在处理相同的或更高优先权的中断请求。这种情况下只有当前中断响应结束后才可能响应另一个中断请求。

② 现行的机器周期不是当前所执行指令的最后一个机器周期。此时只有在当前指令执行结束周期的下一个机器周期才可能响应中断请求。

③ 正在执行的指令是中断返回指令（RETI）或者是对 IE、IP 的写操作指令。在这种情况下，只有在这些指令执行结束并至少再执行一条其他指令后才可能响应中断请求。

如果上述条件中有一个存在，CPU 将自动丢弃对中断查询的结果；若一个条件也不存在，则将在紧接着的下一个机器周期执行中断查询的结果，响应相应的中断请求。

2）中断响应过程。中断响应过程包括保护断点、将程序引向中断服务程序入口地址。首先，中断系统通过硬件自动生成长调用指令，该指令自动将断点地址压入堆栈保护（不包括累加器 A、状态寄存器 PSW 和其他寄存器的内容），然后将对应的中断入口地址装入程序计数器 PC（由硬件自动执行），使程序转向该中断入口地址，执行中断服务程序。MCS-51系列单片机各种中断源的入口地址由硬件事先分配，见表 2-15。

3）中断处理。中断处理就是执行中断服务程序。中断服务程序从中断入口地址开始执行，到返回指令“RETI”为止，一般包括两个部分内容：一是保护现场，二是完成中断源请求的服务。

主程序和中断服务程序都会用到累加器 A、状态寄存器 PSW 和其他一些寄存器，当 CPU 进入中断服务程序用到上述寄存器时，会破坏原来存储在寄存器中的内容，一旦中断返回，将会导致主程序的混乱。因此，在进入中断服务程序之后，一般需要先保护现场，然后执行中断处理程序，在中断返回之前再恢复现场。

4）中断返回。中断返回是指中断服务完成后，计算机返回原来断开的位置（即断点），继续执行原来的程序。

5）中断请求的撤销。中断响应后，TCON 和 SCON 的中断请求标志位应及时撤销，否则意味着中断请求仍然存在，有可能造成中断的重复查询和响应，因此需要在中断响应完成后，撤销其中断标志。

① 定时中断请求的撤销：硬件自动把 TF0（TF1）清 0，不需要用户参与。

② 串行中断请求的撤销：需要软件清 0。

③ 外部中断请求的撤销：

脉冲触发方式的外中断请求撤销：中断标志位的清 0 是自动的，脉冲信号过后就不存在了，因此其撤销是自动的。

电平触发方式的外中断请求撤销：中断标志位的清 0 是自动的，但是如果低电平持续存在，在以后的机器周期采样时，又会把中断请求标志位（IE0/IE1）置位。为此，需要外加电路，把中断请求信号从低电平强制为高电平。

2. 直流电动机介绍

直流电动机是一种常用的机电转换器件，将直流电能变为机械能，常在自动控制系统中用作执行元件。直流电动机的内部有一个闭合的主磁路，主磁通在主磁路中流动，同时与两个电路交联，其中一个电路是用以产生磁通的，称为励磁电路；另一个电路是用以传递功率的，称为功率回路或电枢回路。现行的直流电动机都是旋转电枢式，也就是说，励磁绕组及其所包围的铁心组成的磁极为定子，带换向单元的电枢绕组和电枢铁心结合构成直流电动机的转子。

直流电动机具有以下几方面的优点：调速范围广，易于平滑调节；过载、起动、制动转矩大；易于控制，可靠性高；调速时的能量损耗较小。

因此，直流电动机能满足生产过程自动化系统各种不同的特殊运行要求，在许多需要调速或快速正、反向的电力拖动系统领域中得到了广泛的应用，如轧钢机、电车、电气铁道牵引、纺织、拖动、起重机、高炉送料等方面。

（1）直流电动机的主要参数

1）转矩：电动机得以旋转的力矩，单位为 N · m。

2）转矩系数：电动机所产生转矩的比例系数，一般表示每安培电枢电流所能产生的转矩大小。

3）摩擦转矩：电刷、轴承、换向单元等因摩擦而引起的转矩损失。

4）起动转矩：电动机起动时所产生的旋转力矩。

5）转速：电动机旋转的速度，工程单位为 r/min，即转每分，在国际单位制中为 rad/s，即弧度每秒。

6）电枢电阻：电枢内部的电阻，在有刷电动机里一般包括电刷与换向器之间的接触电阻，由于电阻中流过电流时会发热，因此总希望电枢电阻尽量小些。

7）电枢电感：因为电枢绕组是由金属线圈构成的，必然存在电感，从改善电动机运行性能的角度来说，电枢电感越小越好。

8）电气时间常数：电枢电流从零开始达到稳定值的63.2%时所经历的时间。测定电气时间常数时，电动机应处于堵转状态并施加阶跃性质的驱动电压。工程上电气时间常数 T_e 可以利用电枢绕组的电阻 R_a 和电感 L_a 计算求出：$T_e = L_a/R_a$。

9）机械时间常数：电动机从起动到转速达到空载转速的63.2%时所经历的时间。测定机械时间常数时，电动机应处于空载运行状态并施加阶跃性质的阶跃电压。工程上机械时间常数 T_e 可以利用电动机转子的转动惯量 J 和电枢电阻 R_a 以及电动机反电动势系数 K_e、转矩系数 K_t 计算求出：$T_e = J \times R_a/(K_e \times K_t)$。

10）转动惯量：具有质量的物体维持其固有运动状态的一种性质。

11）反电动势系数：电动机旋转时，电枢绕组内部切割磁力线所感应的电动势相对于转速的比例系数，也称为发电系数或感应电动势系数。

12）功率密度：电动机每单位质量所能获得的输出功率值，功率密度越大，电动机的有效材料的利用率就越高。

（2）直流电动机的控制　在直流电动机的控制中，主要涉及的控制有正、反转控制与速度控制。正、反转控制是通过改变工作电压极性来实现的；直流电动机的转速调节主要有三种方法：调节电枢供电的电压、减弱励磁磁通和改变电枢回路电阻。这三种调速方法都有各自的特点，也存在一定的缺陷。在直流调速系统中，都是以变压调速为主。其中，在变压调速系统中，大体上又可分为可控整流式调速系统和直流 PWM（Pulse Width Modulation）调速系统两种。由于 PWM 调速系统的开关频率较高，仅靠电枢电感的滤波作用就可获得平稳的直流电流，低速特性好、稳速精度高、调速范围宽。同样，由于开关频率高，快速响应特性好，动态抗干扰能力强，可以获得很宽的频带；开关器件只工作在开关状态，因此主电路损耗小、装置效率高；直流电源采用不可控整流时，电网功率因数比相控整流器高。

所谓 PWM 就是脉宽调制，它是按一定的规律改变脉冲序列的脉冲宽度，以调节输出量和波形的一种调制形式。通过调制器给电动机提供一个具有一定频率的脉冲宽度可调的脉冲电，脉冲宽度越大即占空比越大，提供给电动机的平均电压越大，电动机转速就高。反之脉冲宽度越小，则占空比越小，提供给电动机的平均电压越小，电动机转速就低。PWM 不管是高电平还是低电平时电动机都是转动的，电动机的转速取决于平均电压。

3. 反射式光电传感器 TCRT5000

TCRT5000 光电传感器模块是基于 TCRT5000 红外光电传感器设计的一款红外反射式光电开关。传感器采用高发射功率红外光敏二极管和高灵敏度光敏晶体管组成，输出信号经施密特电路整形，稳定可靠。TCRT5000 内部结构图如图 2-50所示。

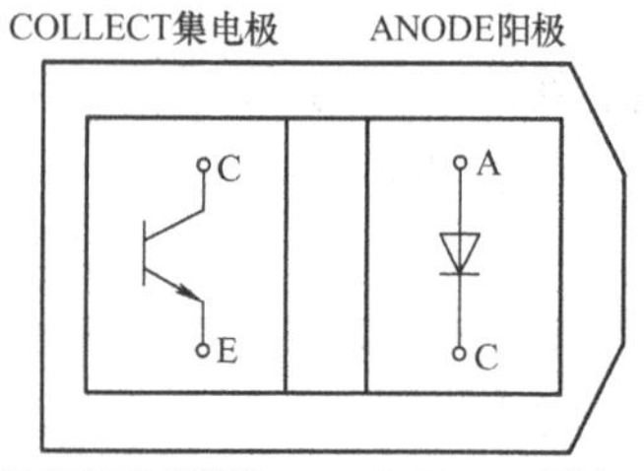

图 2-50　TCRT5000 内部结构图

TCRT5000 的 ANODE 阳极接直流 DC5V 正极，CATHODE 阴极接直流地。传感器的红外发射二极管不断发射红外线，当发射出的红外线没有被反射回来或被反射回来但强度不够大时，光敏晶体管一直处于截止关断状态；被检测物体出现在检测范围内时，红外线被反射回来且强度足够大，光敏晶体管饱和导通。

 任务实施

1. 硬件设计

（1）直流电动机测速模块原理图　直流电动机的转速测量采用的是 TCRT5000 光电传感器，其工作原理与一般的红外传感器一样，具有一个红外发射管和一个红外接收管。当发射管的红外信号经反射被接收管接收后，接收管的电阻会发生变化，在电路上一般以电压的变化形式体现出来，而经过 LM324 或 ADC 转换等电路整形后得到处理后的输出结果，参考图 2-51 所示的原理图。

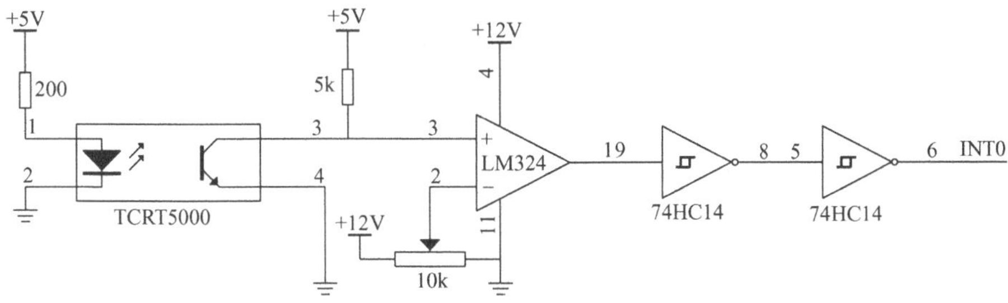

图 2-51　转速测量部分原理图

直流电动机测速模块的仿真原理图如图 2-52 所示，在利用 Proteus 仿真软件设计的过程

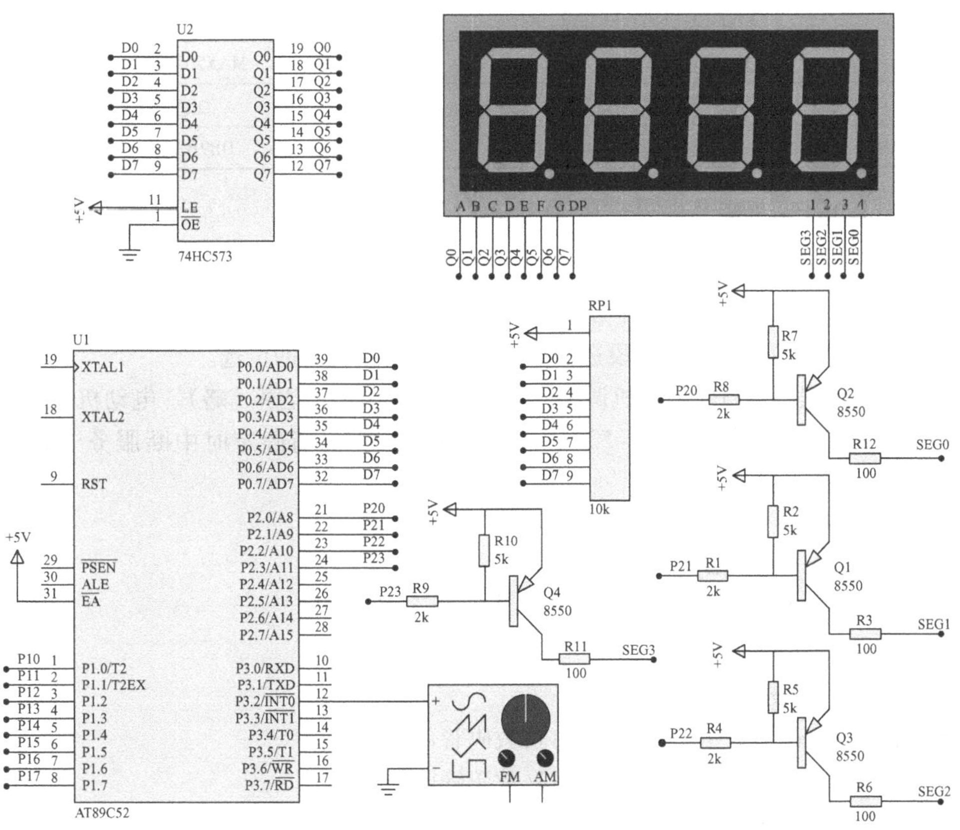

图 2-52　直流电动机测速模块仿真原理图

中不能直接测量直流电动机的转速，所以在本项目中，在 P3.2 口通过函数信号发生器产生脉冲信号给单片机的外部中断 0，模拟直流电动机转动过程中 TCRT5000 输出的脉冲信号。

（2）直流电动机调速模块的主要元器件清单　直流电动机测速模块主要元器件清单见表 2-16。

表 2-16　直流电动机测速模块主要元器件清单

元器件名称	参　数	数　量	元器件名称	参　数	数　量
单片机	ATC89C52	1	电动机	DC5V	1
IC	LM324N	1	电阻	18	1
IC	LM358	1	电阻	100	4
IC	SN74HC14N	1	电阻	1kΩ	1
IC	74HC573	1	电阻	2kΩ	6
光电开关	TCRT5000	1	电阻	5kΩ	5
数码管	LG5641BH1	1	电阻	10kΩ	1
晶振	12MHz	1	电阻	100kΩ	2
二极管	1N4148	1	电阻	2MΩ	1
晶体管	8550	4	排阻	10kΩ	1
晶体管	C2655	1	电位器	10kΩ	1
瓷片电容	30pF	2	按钮		5
电解电容	100μF/10V	3	RS-232 转换	MAX202CPE	1
按键	—	4	发光二极管	红色	1
三芯电源座	—	1	9 针插座	DB9RA/F	1

2. 软件编程

（1）端口分配　在直流电动机的转速测量过程中，为了适当提高转速测量的精度，设计成电动机每转一圈产生 4 个脉冲信号，此信号输入到单片机的外部中断 0 口；所测转速通过数码管显示，P1 口是数码管的段选输入，P0 口进行数码管的位选。

（2）程序流程图　直流电动机调速模块程序主要包括主程序（略）、电动机转速计数的外部中断 0 服务子程序（见图 2-53）、定时器 0 的 50ms 精确定时中断服务子程序（见图 2-54），具体如下：

（3）具体程序

```
/*********直流电动机转速测量程序 **********/
#include <reg52.h>
#define uchar unsigned char
#define uint unsigned int
#define Led_wx P2                //P2 口,数码管位选输出
#define Led_dx P0                //P0 口,数码管段码输出
uchar Timer_Count = 20;          //Timer_Count = 20,用于 1s 定时计数,50ms ×20 = 1s
uchar PWM_Num;                   //PWM 占空比调整计数
```

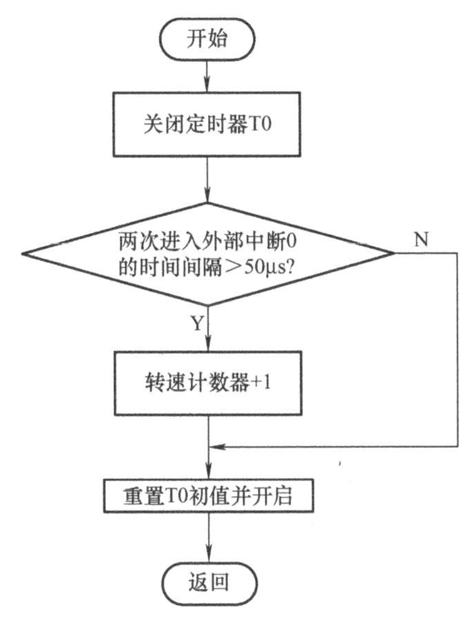

图 2-53　外部中断 0 中断服务子程序流程图

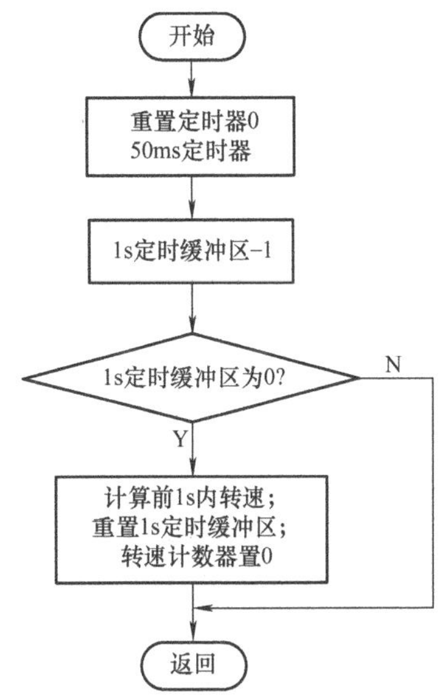

图 2-54　定时器 0 中断服务子程序流程图

```
uchar Led_Num = 0;              //显示缓冲计数
uint Speed_Count;               //10 倍转速计数器
uint Total_Count;               //外部中断触发计数器
uchar Ledplay[4];               //定义显示数据存放缓存区
uchar code SEG[] = {0xc0,0xf9,0xa4,0xb0,0x99,0x92,0x82,0xf8,0x80,0x90,0xff};
                                //0123456789:数码管段码
uchar code Led_Position[] = {0xfe,0xfd,0xfb,0xf7};
                                //显示位选码,第 1、2、3、4 位选
/ ******* 函数功能:延时若干毫秒;入口参数:x  ********** /
void Delayms(int x)
{
uchar i;
while(x--)
for(i = 0;i < 123;i++);
}
/ ********* 函数功能:系统初始化 ************ /
void System_Init(void)
{
Total_Count = 0;                //外部中断触发计数器置 0
Timer_Count = 20;               //1s 定时计数置 20
Led_Num = 0;                    //显示缓冲计数器指向首位
TMOD = 0x21;                    //定时器方式选择:定时器 0 方式 1、定时器 1 方式 2
TL0 = 0xb0;                     //定时器 0 置 50ms 初值
```

```
    TH0 =0x3c;
    TL1 =0;                         //定时器 1 置初值(去抖动处理)
    TH1 =0;
    EX0 =1;                         //外部中断 0 开允许
    IT0 =1;                         //外部中断 0 中断触发方式为电平触发
    ET0 =1;                         //定时器 0 中断允许
    TR0 =1;                         //开定时器 0
    TR1 =1;                         //开定时器 1
    EA =1;                          //开中断总
    }
/ ******* 函数功能:外部中断 0——1s 定时计数外部触发 ********* /
    void EXINT0( ) interrupt 0 using  1
    {
    uint temp;                      //定义局部变量
    TR1 =0;                         //关定时器 1
    temp = TL1 + TH1 * 256;         //通过定时器 1 来进行过滤干扰脉冲处理
    if(temp > =50)                  //间隔 >50μs,用于防止干扰信号
    {
        Total_Count ++ ;            //外部中断计数加 1
    }
    TH1 =0;                         //定时器 1 清 0,重新开始计数
    TL1 =0;
    TR1 =1;
    }
/ ******* 定时器 0 定时中断:计算转速 ********* /
    void DTime0( ) interrupt 1 using 1
    {
    TL0 =0xb0;                      //定时器/计数器 0 置 1ms 初值
    TH0 =0x3c;
    Timer_Count -- ;                //1s 定时计数器减 1
    if(Timer_Count ==0)             //1s 定时到
    {
      CSpeed_Count = (Total_Count * 10)/4;
                                    //计算当前转速(扩大 10 倍)
      Timer_Count =20;              //1s 定时计数置初值
      Total_Count =0;               //外部中断总计数清 0 重新开始计数
    }
    }
/ ******* 函数功能:数码管显示子程序 ******* /
```

```
void Led_display(void)
{
uchar i;
Ledplay[3] =  Speed_Count/1000;           //取显示的百位送显示缓冲区
Ledplay[2] =  (Speed_Count/100)%10;       //取显示的十位送显示缓冲区
Ledplay[1] =  (Speed_Count/10)%10;        //取显示的个位送显示缓冲区
Ledplay[0] =  Speed_Count%10;             //取显示的小数位送显示缓冲区
if(Ledplay[3] ==0&&Ledplay[2] ==0)        //百位和十位是否为0
{
      Ledplay[3] =0x0a;                   //为0不显示
      Ledplay[2] =0x0a;                   //为0不显示
}
else if(Ledplay[3] ==0)                   //仅百位为0
{
    Ledplay[3] =0x0a;                     //为0不显示
}
for(i =0;i <4;i ++)                       //扫描数码管1~4位
{
    if(i ==1)
    {
    Led_dx = SEG[Ledplay[i]]&0x7f;        //个位小数点显示
    }
    else
    {
    Led_dx = SEG[Ledplay[i]];             //其他位正常显示
    }
    Led_wx = Led_Position[i];
    Delayms(2);                           //延时2ms
    Led_dx = SEG[0x0a];                   //一位显示完,消隐
}
Led_wx =0xff;                             //一轮显示结束,关闭所有数码管
}
/************ 函数功能:主程序 *************/
void main()
{
System_Init();                            //系统初始化
  while(1)
{
Led_display();                            //数码管显示
}
```

3. 转速测量仿真效果

直流电动机转速测量仿真效果图如图 2-55 所示。在仿真设计的过程中，用虚拟函数信号发生器代替了电路中的 TCRT5000 传感器的输出脉冲信号，设置虚拟函数信号发生器使其输出方波，电平为 5V，频率控制在 1000Hz 以内。

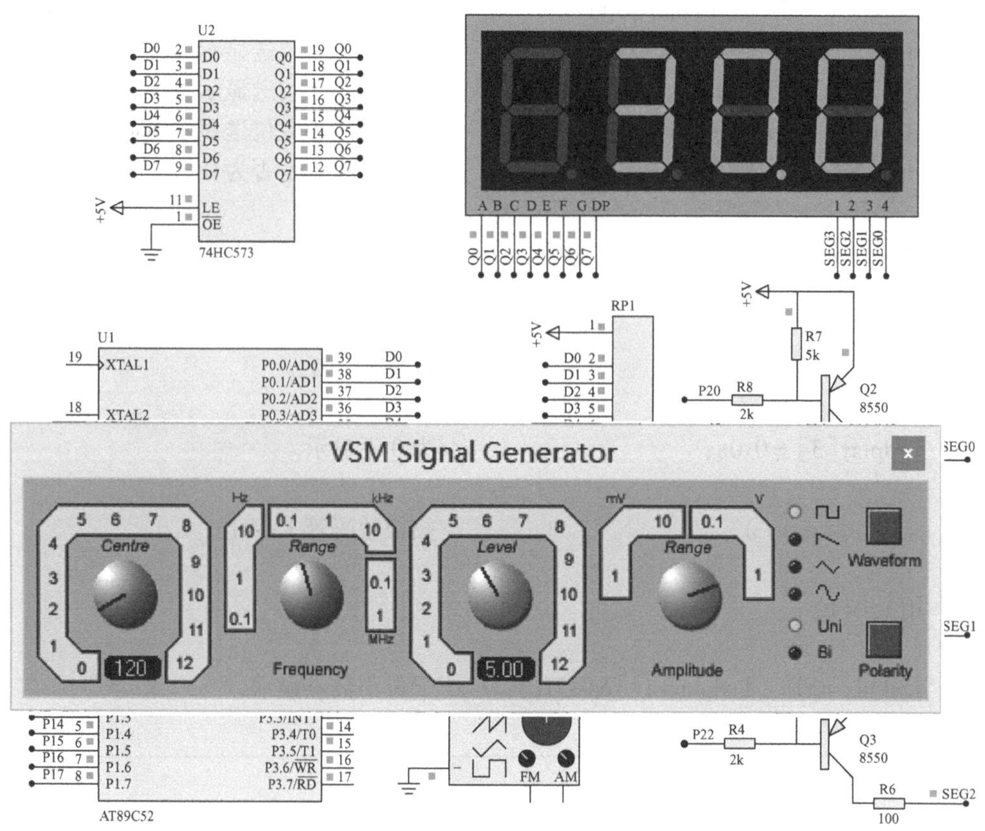

图 2-55　转速测量仿真效果图

4. 安装与调试

内容讲解：

图 1-80　直流电动机测速模块调试结果展示视频：

 任务小结

1. 定时器/计数器的运用

定时器/计数器的长短和机器周期（晶振）、工作方式（计数长度）、预置数（TH、TL）

有关，大致估算一下采用定时器/计数器产生的最大数是多少，在用定时器/计数器完成长时间定时时，一般宜选用合适的定时参数产生某个长度的单位时间，再配合计数器进行若干次计数来完成比较长的定时。

2. 中断系统

在实际情况下采用什么方式进行中断，要看具体中断信号的形式是低电平还是边沿触发。一般情况下，变化缓慢的中断信号以电平触发为主，变化快的以边沿触发为主，但是在有些情况下的中断信号不是很清晰或者夹杂着干扰信号等，这种情况应对中断信号做适当的信号滤波、处理、提取和整形，否则会产生不必要的中断响应或该响应时不响应。

在实际的控制系统中可能需要对多个信号进行中断响应，有的中断比较急，由于在同一时间只能进行一个中断处理，这就需要根据中断的轻重缓急定义好各个中断的优先级，重要的、紧急的为高，其余的平级，在平级中再分时，则用查询的方式依次从高到低排队查询，体现优先级。

3. C51 中断函数格式

C51 中断函数格式如下：

```
Void 函数名()interrupt 中断号 using 工作组
{
中断服务程序内容
}
```

中断函数不能返回任何值，所以最前面用 void；后面紧跟函数名，可以任意起名，但是不能用 C 语言中的保留字；中断函数不带任何参数，所以函数名后的小括号内为空；中断号是指单片机中中断源的序号：0 表示外部中断0；1 表示定时器0；2 表示外部中断1；3 表示定时器1；4 表示串行中断。最后的“using 工作组”是指这个中断函数使用单片机内存中4组工作寄存器的哪一组，C51 在编译程序时会自动分配工作组，因此可以省略不写。

课后习题

1. 已知晶振频率为6MHz，要求定时0.5ms，试分别求出 T0 工作在方式0、方式1、方式2、方式3 时的定时初值。

2. 已知晶振频率为12MHz，使用定时器 T1 以定时工作方式2 从 P1.2 端线输出周期为 200μs、占空比为5∶1 的矩形脉冲，TR1 启动。

3. 设计一个程序测量外部脉冲信号的占空比。

4. 设计一个波形展宽程序，由 P3.4 输入一个低频窄脉冲信号，当该波形在负跳变时，由 P3.0 口输出一个 500μs 宽的同步脉冲（设系统频率为6MHz）。

5. 参照图2-56，设计一个直流电动机的调速模块，即通过按键设置电动机的转速就可以实现电动机转速的调整，电动机旋转过程中产生的脉冲信号输入到单片机的外部中断0口；电动机的调速通过 P3.4 口输出的 PWM 信号进行调整；转速通过数码管显示，P1 口是数码管的段选，P0 口进行数码管的位选；启停键、转向键、加速键、减速键分别与单片机 P2.0、P2.1、P2.2、P2.3 口相连。

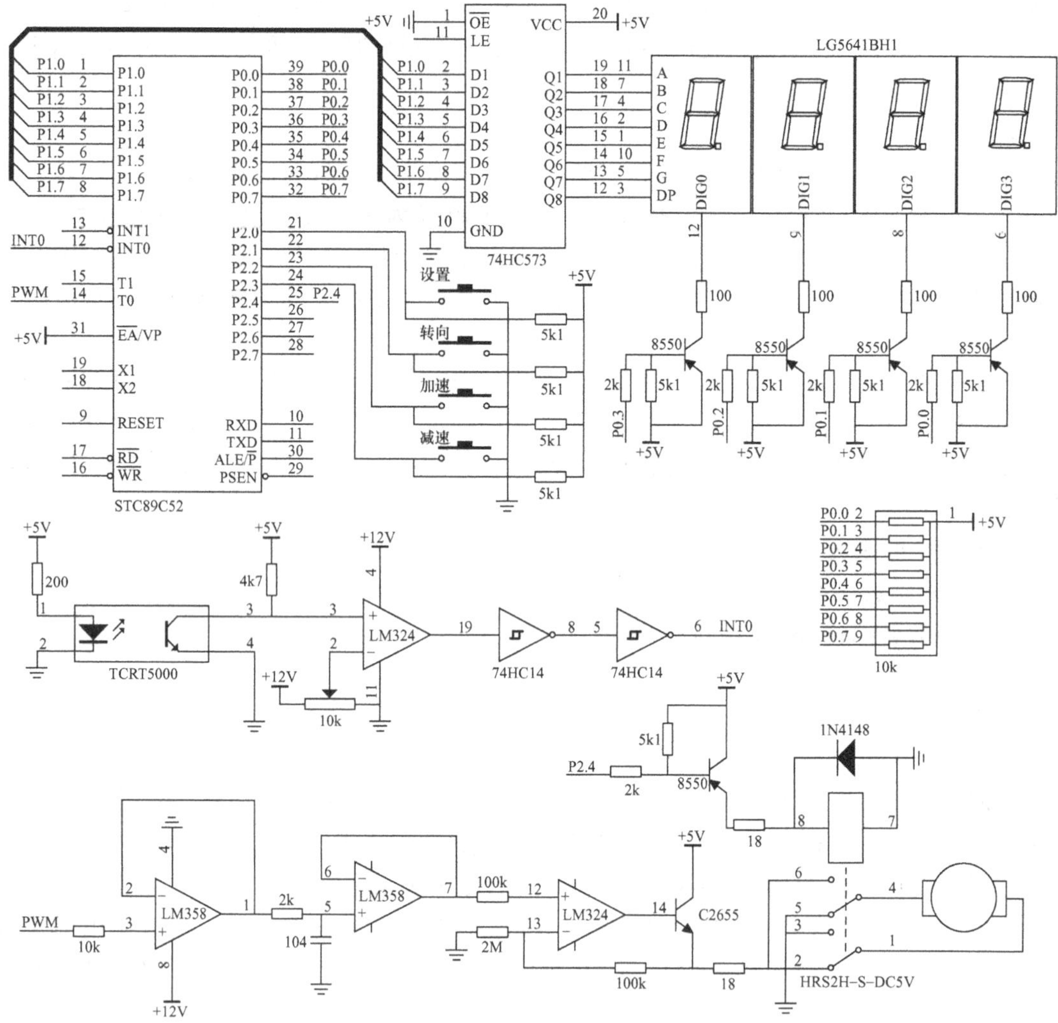

图 2-56　直流电动机调速与测量电路原理图

项目3

单片机接口应用

任务1　简易数字电压表设计

问题提出

数字电压表（Digital Voltmeter，DVM）是采用数字化测量技术，把连续的模拟量（直流输入电压）转换成不连续、离散的数字形式并加以显示的仪表。传统的指针式电压表功能单一、精度低，不能满足数字化时代的需求，采用单片机的数字电压表精度高、抗干扰能力强、可扩展性强、集成方便，还可与PC进行实时通信。目前，由各种单片A-D转换器构成的数字电压表，已被广泛应用于电子及电工测量、工业自动化仪表、自动测试系统等智能化测量领域，显示出强大的生命力。工业用数字电压表如图3-1所示，与此同时，由DVM扩展而成的各种通用及专用数字仪器仪表，也把电量及非电量测量技术提高到了一个崭新的水平。

图3-1　工业用数字电压表

为了完成这个任务，必须循序渐进地了解模-数转换原理及模-数转换芯片ADC0809，从简单的8位芯片入手，在任务的学习和体验中，体会单片机作为仪表开发的编程思路，进而在对数字电压表设计的基础上完成整个项目的设计与程序编写，达到单片机的初步设计与编程的要求。

学习目标

【知识目标】

(1) 了解A-D转换的工作原理、转换过程、转换方法；

(2) 了解A-D转换器的主要技术指标及选用时的主要依据；

(3) 掌握并行A-D芯片ADC0809的功能。

【能力目标】

(1) 应用并行 A-D 转换芯片 ADC0809 进行模拟信号转换;

(2) 能够对 A-D 转换芯片 ADC0809 进行多路模拟信号的采集;

(3) 正确进行 A-D 转换芯片与单片机的连接;

(4) 巩固数码管动态显示的接口电路设计和程序设计方法。

任务简介

以单片机为核心设计一个 2 通道巡检数字电压表(0~5V),设置通道巡检显示、电压检测显示,实现手动、自动检测 2 通道分别对应的电压值。

任务要求

设计 2 路通道巡检,P0 口接 4 位数码管进行动态扫描显示,显示测得的电压值。P3 口作为 A-D 转换芯片的数据读写口,对 2 路通道对应的电压值分别进行采样,另外设置一个通道巡检的数码管。

任务分析

根据当前手动、自动功能按钮判别当前设置的功能。首先给出通道正确的地址信号,根据 A-D 转换芯片 ADC0809 的读写时序要求,单片机正确对 A-D 转换芯片 ADC0809 进行读写使能控制。

相关知识

1. 模-数转换原理概述

模-数转换(ADC)又称模拟-数字转换,与数-模转换(D-A 转换)相反,是将连续的模拟量(如像元的灰阶、电压、电流等)通过取样转换成离散的数字量。例如,对图像扫描后,形成像元阵列,把每个像元的亮度(灰阶)转换成相应的数字表示,经模-数转换后,构成数字图像。通常有电子式模-数转换和机电式模-数转换两种。在遥感中常用于图像的传输、存储以及将图像形式转换成数字形式的处理,例如图像的数字化等。

(1) A-D 转换器的工作原理　在单片机的实时控制和智能仪器仪表等应用系统中,被测量或被控制对象的有关变量,往往是一些连续变化的模拟量,例如温度、压力、流量、速度等物理量。这些被检测到的模拟量只有被转换成相应的数字量后才能进入计算机进行相应的处理,对于由计算机处理后的数字信号一般不能直接控制相应的执行机构,实现对被控对象的控制。在某些情况下,如果输入的是模拟信号的非电量信号,则必须将其通过传感器机构转换成电信号。实现将模拟量信号转换成数字量的设备称为模-数转换器(A-D 转换器),将数字量信号转换成模拟量的设备称为数-模转换器(D-A 转换器),有模拟量输入和模拟量输出的 MCS-51 应用系统结构如图 3-2 所示。

信号数字化是对原始信号进行数字近似,它需要用一个时钟和一个模-数转换器来实现。所谓数字近似是指以 N-bit 的数字信号代码来量化表示原始信号,这种量化以 bit 为单位,可以精细到 $1/2^N$。时钟决定信号波形的采样速度和模-数转换器的变换速率。转换精度可以做到 24bit,而采样频率也有可能高达 1GHz,但两者不可能同时做到。通常数字位数越多,

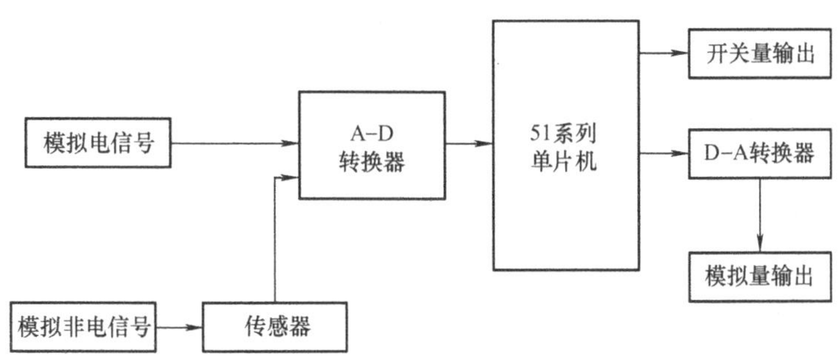

图3-2　具有模拟量输入、输出的MCS-51系统

装置的速度就越慢。

模-数转换包括采样、保持、量化和编码四个过程。在某些特定的时刻对这种模拟信号进行测量叫作采样，由于量化噪声及接收机噪声等因素的影响，采样速率一般取 $f_S = 2.5f_{max}$。通常采样脉冲的宽度 t_w是很短的，故采样输出是断续的窄脉冲。要把一个采样输出信号数字化，需要将采样输出所得的瞬时模拟信号保持一段时间，这就是保持过程。量化是将连续幅度的抽样信号转换成离散时间、离散幅度的数字信号，量化的主要问题就是量化误差。假设噪声信号在量化电平中是均匀分布的，则量化噪声均方值和量化间隔与模-数转换器的输入阻抗值有关。编码是将量化后的信号编码成二进制代码输出。这些过程有些是合并进行的，例如，采样和保持就利用一个电路连续完成，量化和编码也是在转换过程中同时实现的，且所用时间又是保持时间的一部分。

1）模-数转换的方法。模-数转换的方法很多，从转换原理来分可分为直接法和间接法两大类。直接法是直接将电压转换成数字量。它用数-模网络输出的一套基准电压，从高位起逐位与被测电压反复比较，直到二者达到或接近平衡。控制逻辑能实现对分搜索的控制，其比较方法如同天平称重。先使二进制数的最高位 $D_{n-1}=1$，经数-模转换后得到一个整个量程一半的模拟电压 V_S，与输入电压 V_{in}相比较，若 $V_{in}>V_S$，则保留这一位；若 $V_{in}<V_S$，则 $D_{n-1}=0$。然后使下一位 $D_{n-2}=1$，与上一次的结果一起经数-模转换后与 V_{in}相比较，重复这一过程，直到使 $D_0=1$，再与 V_{in}相比较，由 $V_{in}>V_S$ 还是 $V_{in}<V_S$ 来决定是否保留这一位。经过 n 次比较后，n 位寄存器的状态即为转换后的数据。这种直接逐位比较型（又称反馈比较型）转换器是一种高速的数-模转换电路，转换精度很高，但对干扰的抑制能力较差，常用提高数据放大器性能的方法来弥补。它在计算机接口电路中用得最普遍。

间接法不将电压直接转换成数字，而是首先转换成某一中间量，再由中间量转换成数字。常用的有电压-时间间隔（V/T）型和电压-频率（V/F）型两种，其中电压-时间间隔型中的双斜率法（又称双积分法）用得较为普遍。

2）A-D 转换器的类型。在将输入模拟信号转换成数字信号的数据采集和转换系统中，都要使用到 A-D 转换器。

按 A-D 转换原理可分为4种，即计数式 A-D 转换器、双积分式 A-D 转换器、逐次逼近式 A-D 转换器和并行式 A-D 转换器。目前最常用的是双积分式 A-D 转换器和逐次逼近式 A-D转换器。

双积分式 A-D 转换器的主要优点是转换精度高、抗干扰性能好、价格便宜。其缺点是转换速度较慢，因此，这种转换器主要用于速度要求不高的场合。

逐次逼近式 A-D 转换器是一种速度较快、精度较高的转换器，其转换时间在几微秒到几百微秒之间。通常使用的逐次逼近式典型 A-D 转换器芯片有：

① ADC0801～ADC0805 型 8 位 MOS 型 A-D 转换器（美国国家半导体公司产品）。

② ADC0808/0809 型 8 位 MOS 型 A-D 转换器。

③ ADC0816/0817。这类产品除输入通道数增加至 16 个以外，其他性能与 ADC0808/0809 型基本相同。

并行式 A-D 转换器主要用于要求高速度进行模拟信号转换成数字信号的场合，如音视频的采集与转换等场合，价格一般比较贵。

由于 A-D 转换器的类型不同，因此它与 MCS-51 系统的接口也有所不同，下面介绍典型 A-D 转换器芯片 ADC0809 的应用。

（2）A-D 转换器的主要技术指标及选用时的主要依据

1）A-D 转换器的主要技术指标。

① 分辨率。分辨率是指数字量变化一个最小值时模拟信号的变化量，定义为满刻度与 2^n 的比值。分辨率越高，转换时对输入模拟信号变化的反应就越灵敏。

在 A-D 转换器件的使用中，选择合适的 A-D 转换器件至关重要。在现实生活中，如果我们选用买菜的电子秤来称量黄金，会闹笑话。一般菜场的电子秤只能称以克为一个计量单位的物品，黄金的计量应该是以毫克为单位的。用菜场的电子秤来称量黄金，显然误差大，计量不准确，必须选用高精度的电子秤。我们把电子秤能称量的最小质量称作该电子秤的精度。

A-D 转换器件的分辨率通常以数字信号的位数来表示，如 8 位、10 位、16 位等。如果要把一个 0～5V 的电压转换为数字信号，选用的 A-D 转换器件精度为 8 位，那么该系统可以测量的最小电压约为 0.0195V（$5/2^8$V），就称分辨率为 0.0195V。所以在开发测量系统中，必须明确系统要测量的参数要达到一个什么样的精度。

② 精度。用户提出的测控精度要求是综合精度要求，它包括了传感器精度、信号调节电路精度和 A-D 转换器的转换精度及输出电路、伺服机构精度，而且还包括测控软件的精度。应将综合精度在各个环节上进行分配，以确定对 A-D 转换器的精度要求，据此确定 A-D转换器的位数。通常 A-D 转换器的位数至少要比综合精度要求的最低分辨率高一位，而且应与其他环节所能达到的精度相适应。

精度是指转换后所得结果相对于实际值的准确度，与温度漂移、元器件线性度等有关。精度分为绝对精度和相对精度两种。绝对精度是指 A-D 转换器转换后的数字量所代表的模拟输入值与实际模拟值之差。通常以数字量最低位所代表的模拟输入值来衡量，如精度为最低位 LSB 的 ±1/2 位。

③ 转换时间与转换速率。A-D 转换时间是指完成一次 A-D 转换所需要的时间，即从启动 A-D 转换器开始到获得相应数据所需的总时间。积分型 A-D 转换器的转换时间是毫秒级，属低速 A-D 转换；逐次逼近型 A-D 转换器的转换时间是微秒级，属中速 A-D 转换。采样时间是指两次转换的间隔。

转换速率是转换时间的倒数。为了保证转换的正确完成，采样速率必须小于或等于转换速率。

④ 量程，即所能转换的电压范围，如 10V、5V。

⑤ 输出电平大多数与 TTL 电平相配合。在使用中应注意是否用三态逻辑输出，是否要对数据进行锁存等。

⑥ 基准电压。基准电压的精度将对整个系统的精度产生影响。A-D 转换器分为内部和外部基准电源，故选芯片时应考虑是否要外加精密参考电源等。

2）A-D 转换器的主要选用依据。

① A-D 转换器用于什么系统、输出的数据位数、系统的精度、线性度。

② 输入的模拟信号类型，包括模拟输入信号的范围、极性（单、双极性）、信号的驱动能力、信号的变化快慢。

③ 后续电路对 A-D 转换输出数字逻辑电平的要求、输出方式（并行、串行）、是否锁存等。

④ 系统工作在动态条件还是静态条件、带宽要求、转换时间、采样速度等。

⑤ 基准电压源的选择。基准电压源的幅度、极性及稳定性，电压是固定还是可调，电压由外部还是 A-D 转换器芯片内部提供等。

⑥ 成本及芯片来源等。

2. ADC0809 转换芯片简介

（1）ADC0809 的内部逻辑结构　ADC0809 是典型的 8 位 8 通道逐次逼近式 A-D 转换器，采用 CMOS 工艺。ADC0809 内部逻辑结构如图 3-3 所示，图中，多路开关可选通 8 个模拟通道，允许 8 路模拟量分时输入，共用一个 A-D 转换器进行转换。地址锁存与译码电路完成对 A、B、C 三个地址位进行锁存和译码，其译码输出用于通道选择，见表 3-1。

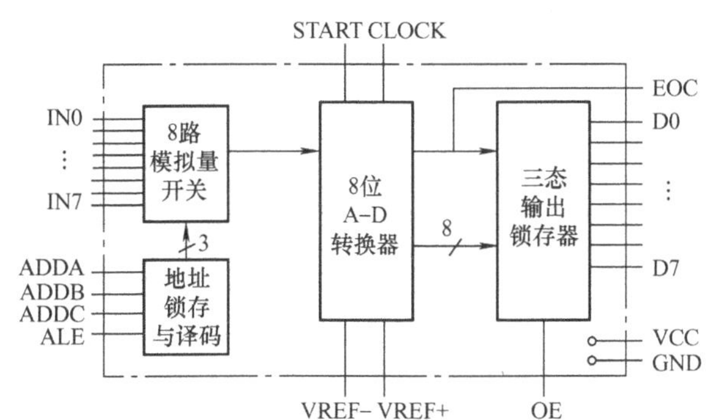

图 3-3　ADC0809 内部逻辑结构

表 3-1　通道选择表

ADDC	ADDB	ADDA	选择的输入通道
0	0	0	IN0
1	0	0	IN1
0	0	1	IN2
1	0	1	IN3
0	1	0	IN4
1	1	0	IN5
0	1	1	IN6
1	1	1	IN7

8 位 A-D 转换器是逐次逼近式，由控制与时序电路、逐次逼近寄存器、树状开关以及 256R 电阻阶梯网络等组成。输出锁存器用于存放和输出转换得到的数字量。

（2）ADC0809 芯片引脚　ADC0809 芯片为 28 引脚双列直插式封装，其引脚排列如图 3-4所示。

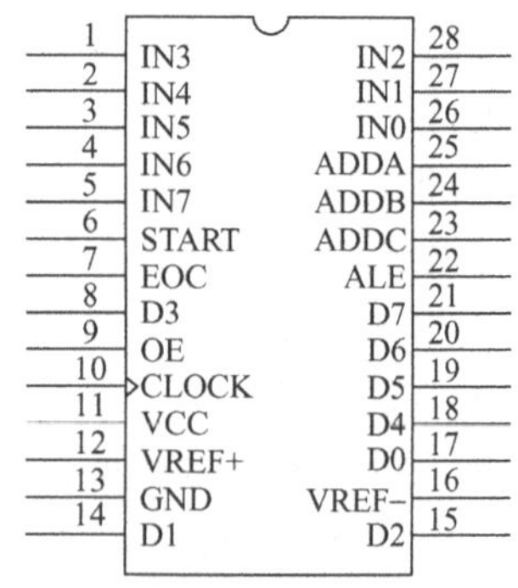

图 3-4　ADC0809 引脚图

对 ADC0809 主要信号引脚的功能说明如下：

① IN7 ~ IN0：模拟量输入通道。ADC0809 对输入模拟量的要求主要有：信号单极性，电压范围为 0 ~ 5V，若信号过小还需进行放大。另外，在 A-D 转换过程中，模拟量输入的值不应变化太快，因此，对变化速度快的模拟量，在输入前应增加采样保持电路。

② ADDA、ADDB、ADDC：地址线。ADDA 为低位地址，ADDC 为高位地址，用于对模拟通道进行选择。ADDA、ADDB 和 ADDC 的地址状态与通道相对应的关系见表 3-1。

③ ALE：地址锁存允许信号。在对应的 ALE 上跳沿，ADDA、ADDB、ADDC 地址状态送入地址锁存器中。

④ START：转换启动信号。START 上跳沿时，所有内部寄存器清 0；START 下跳沿时，开始进行 A-D 转换；在 A-D 转换期间，START 应保持低电平。

⑤ D7 ~ D0：数据输出线。其为三态缓冲输出形式，可以和单片机的数据线直接相连。

⑥ OE：输出允许信号。其用于控制三态输出锁存器向单片机输出转换得到的数据。OE = 0，输出数据线呈高电阻；OE = 1，输出转换得到的数据。

⑦ CLOCK：时钟信号。ADC0809 的内部没有时钟电路，所需时钟信号由外界提供，因此有时钟信号引脚。通常使用频率为 500kHz 的时钟信号。

⑧ EOC：转换结束状态信号。EOC = 0，正在进行转换；EOC = 1，转换结束。该状态信号既可作为查询的状态标志，又可以作为中断请求信号使用。

⑨ VCC：+5V 电源。

⑩ VREF：参考电源。参考电压用来与输入的模拟信号进行比较，作为逐次逼近的基准。其典型值为 +5V(VREF(+) = +5V，VREF(−) = 0V)。

任务实施

1. 硬件设计

硬件电路包括由可调电阻组成的电压取样模块、手动/自动切换按钮模块、通道巡检模块、2 通道巡检数字电压表（0 ~ 5V）等组成。

电压取样模块：调节可调电阻产生不同的电压值。

键盘模块：自动/手动检测切换。

显示模块：4 位数码管显示 3 位电压值。

通道巡检模块：8 路通道扫描。

（1）简易数字电压表仿真原理图　简易数字电压表仿真原理图如图 3-5 所示。

（2）简易数字电压表电路主要元器件清单　简易数字电压表电路主要元器件清单见表 3-2。

2. 软件编程

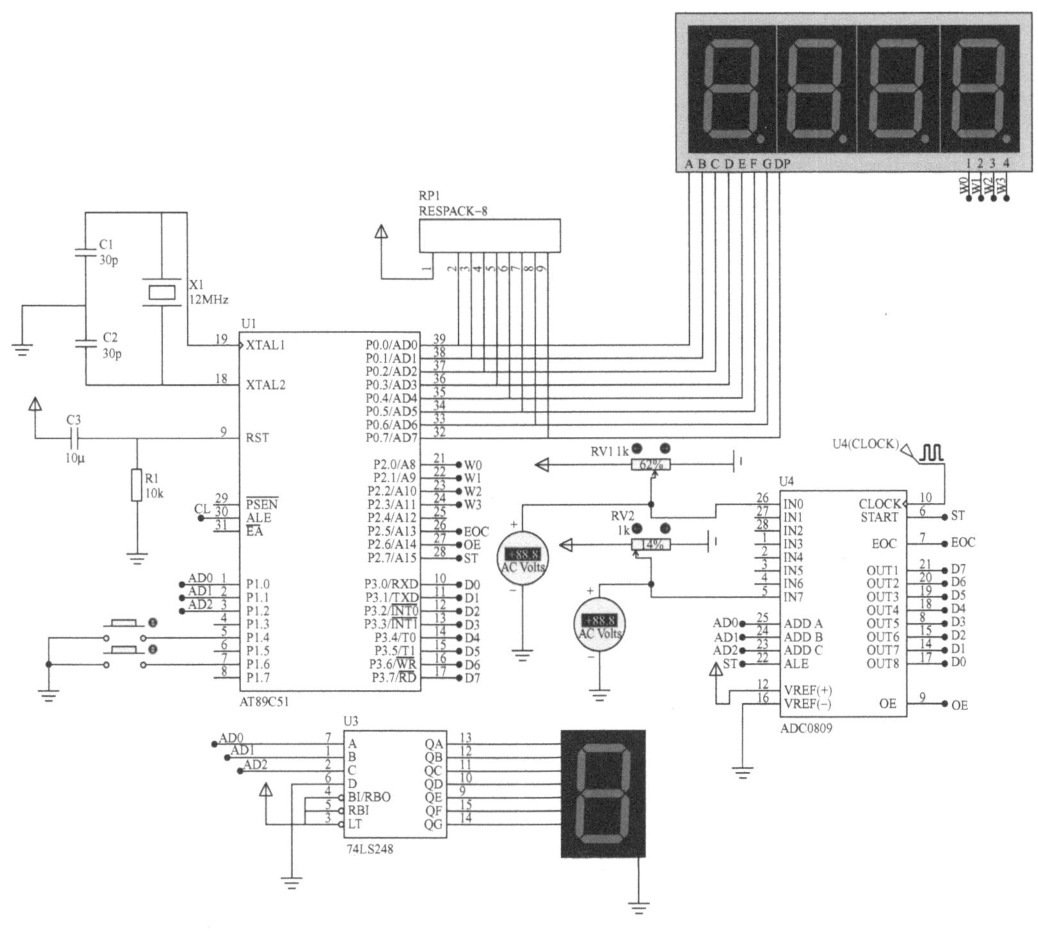

图 3-5　简易数字电压表电路原理图

(1) 端口分配　用单片机的 P0 口作为数码管段码端，P1.0～P1.2 为 ADC0809 的通道选择及 74LS248 三-八译码芯片的输入控制端口，P1.4、P1.5 为自动/手动检测切换控制，P3 口为数据接收端，采集 ADC0809 转换过来的数据，P2.0～P2.3 为数码管驱动端，P2.5～P2.7为 ADC0809 的控制端。

表 3-2　简易数字电压表电路主要元器件清单

元器件名称	参　数	数　量	元器件名称	参　数	数　量
IC 插座	DIP40	1	排阻	—	1
单片机	AT89C51	1	74LS248	—	1
晶振	6MHz 或 12MHz	1	瓷片电容	15～30pF	2
数码管	—	1	按键	—	2
电解电容	10μF/16V	1	ADC0809	—	1
4 位数码管	—	1			

（2）程序流程图　简易数字电压表程序流程图如图 3-6 所示。

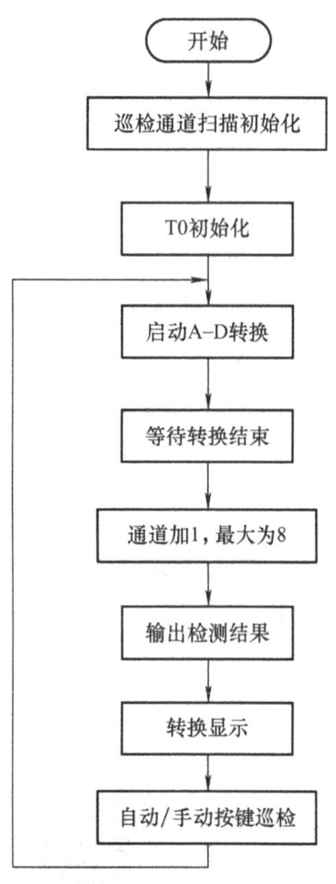

图 3-6　简易数字电压表程序流程图

（3）具体程序

```
//--------------------------------
//名称:简易数字电压表
//--------------------------------
//说明:控制 ADC0809 进行电压采样转换,控制 74LS248 进行 8 路通道巡检扫描
//采样的电压经过数码管显示输出,键盘进行手动/自动检测的切换
//--------------------------------
#include < reg51. h >
#include < intrins. h >
#define uchar unsigned char
#define uint unsigned int
sbit W0 = P2^0;
sbit W1 = P2^1;
sbit W2 = P2^2;
sbit W3 = P2^3;
sbit EOC = P2^5;
```

```
sbit OE = P2^6;
sbit ST = P2^7;
sbit SW1 = P1^4;
sbit SW2 = P1^6;
uchar s,a;
uchar table[ ] = {0x3f,0x06,0x5b,0x4f,0x66,0x6d,0x7d,0x07,0x7f,0x6f};//仿真用
uchar table[ ] = {0xc0,0xf9,0xa4,0xb0,0x99,0x92,0x82,0xf8,0x80,0x90};//实物用
uchar address[ ] = {0xf0,0xf1,0xf2,0xf3,0xf4,0xf5,0xf6,0xf7};
//选择当前转换的地址
void delay(uchar x)
{
  uchar a,b;
  for(a = x;a > 0;a -- )
  for(b = 70;b > 0;b -- );
}
void disp(uint vol)
{
  uint i,j,k,v,m;
  v = vol * 2;//v = vol/256 * 500
  m = v/1000;
  i = v%1000/100;
  j = v%1000%100/10;
  k = v%10;
  P0 = table[k];
  W3 = 0;
  delay(10);
  W3 = 1;
delay(10);
  P0 = table[j];
  W2 = 0;
  delay(10);
  W2 = 1;
delay(10);
  P0 = 0x80;                                   //显示小数点
  W1 = 0;
  delay(10);
  W1 = 1;
delay(10);
  P0 = table[i];
```

```
    W1 =0;
    delay(10);
    W1 =1;
  delay(10);
    P0 = table[m];
    W0 =0;
    delay(10);
    W0 =1;
  delay(10);
  }
  void keyscan()
  {
    if(SW1 ==0)
      {
        delay(5);
        if(SW1 ==0)
          {
            while(! SW1);
            a ++;
            switch(a)
            {
              case 1:TR0 =0;break;            //自动扫描与手动扫描切换
              case 2:TR0 =1;break;
              case 3:a =0;break;
            }
          }
      }
    if(SW2 ==0&&a ==1)                        //手动扫描
      {
        delay(5);
        if(SW2 ==0)
          {
            while(! SW2);
            s ++;
            if(s ==8)
            s =0;
            P1 = address[s];
          }
      }
```

```
}
void main( )
{
  uint num =0;
  s =0;
  P1 = address[ s ];                    //扫描地址初始化
  ST =0;
  OE =0;
  TMOD =0x01;
  EA =1;
  ET0 =1;
  TR0 =1;
  TH0 = (65536-50000)/256;
  TL0 = (65536-50000)%256;
  while(1)
  {
    OE =0;
    ST =0;
    ST =1;                              //开始转换
    ST =0;
    delay(10);
    while(EOC ==0);                     //等待转换结束
    OE =1;                              //输出数据端有效
    num = P3;
    OE =0;
    disp(num);
    keyscan( );
  }
}
void timer0( ) interrupt 1
{
  uchar t;
  TH0 = (65536-50000)/256;
  TL0 = (65536-50000)%256;
  t ++;
  if(t ==20)
    {
      t =0;
      s ++;
```

```
        if(s==8)
            s=0;
        P1=address[s];
    }
}
```

3. 简易数字电压表仿真效果

简易数字电压表电路仿真效果如图 3-7、图 3-8 所示。

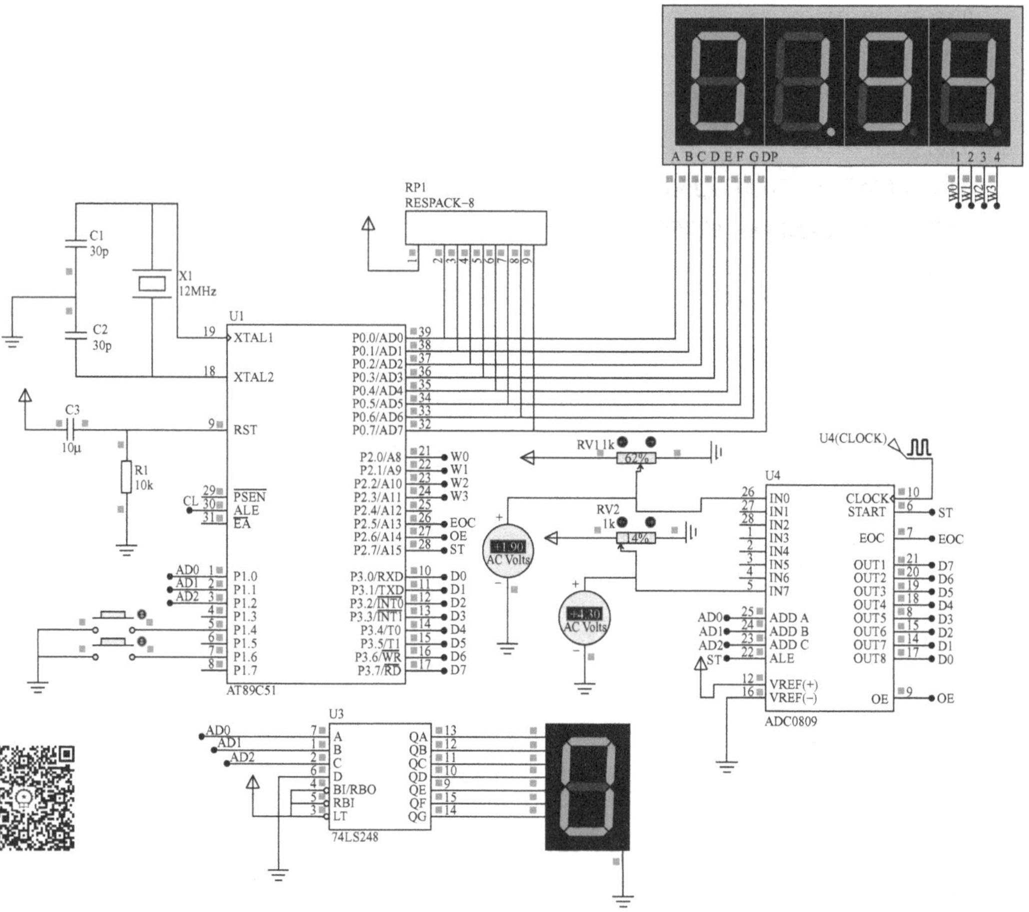

图 3-7　简易数字电压表检测通道 0 仿真效果

4. 简易数字电压表实物装调

内容讲解：

图 1-83、图 1-84　简易数字电压表通道 0 和 7 显示结果展示视频：

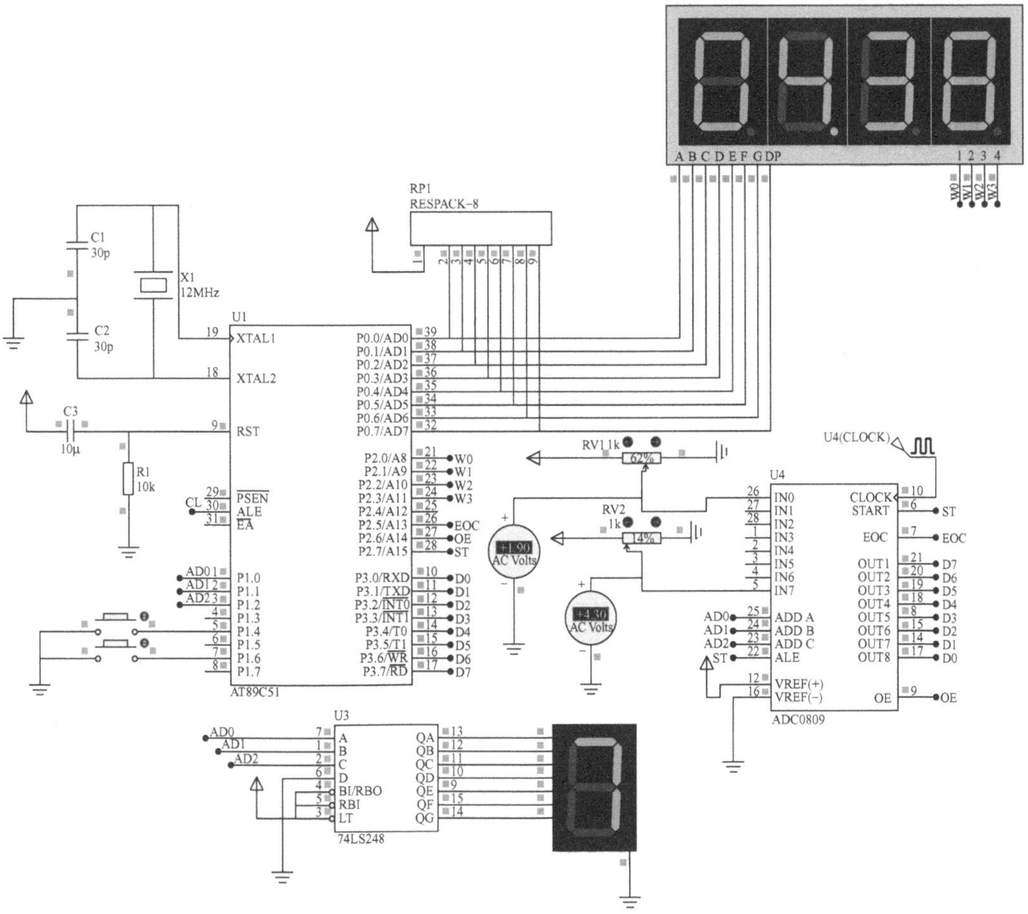

图 3-8　简易数字电压表检测通道 7 仿真效果

任务小结

ADC0809 的启动方式为脉冲启动方式，启动信号 START 启动后开始转换，EOC 信号在 START 的下降沿 10μs 后才变为无效的低电平。这要求查询程序待 EOC 无效后再开始查询，转换完成后，EOC 输出高电平，再由 OE 变为高电平来输出转换数据。在设计程序时，可以利用 EOC 信号来通知单片机（查询法或中断法）读入已转换的数据，也可以在启动 ADC0809 后经适当的延时再读入已转换的数据。

ADC0809 的工作频率范围为 10 ~ 1280kHz，当频率范围为 500kHz 时，其转换速度为 128μs。

ADC0809 的数据输出公式为：$V_{out} = V_{in} \times 255/5 = V_{in} \times 51$，其中 V_{in} 为输入模拟电压，V_{out} 为输出数据。

当输入电压为 5V 时，读得的数据为 255 再乘以 2，得 510。我们用 510 × 98% 得 499，再将百位数码管的小数点点亮，显示为 4.99V，显示值与输入值基本吻合。

课后习题

1. A-D 转换器有哪些主要性能指标？叙述其含义。

2. 一个 8 位 A-D 转换器的分辨率是多少？若基准电压为 5V，该 A-D 转换器能分辨的最小电压变化是多少？10 位和 12 位呢？

3. ADC0809 按转换原理属什么形式 A-D 转换器？主要性能指标是什么？

4. 若 ADC0809 的 $V_{REF}=5V$，输入模拟信号电压为 2.5V 时，A-D 转换后的数字量是多少？若 A-D 转换后的结果为 60H，输入的模拟信号电压为多少？

5. 采用 ADC0808 对 PWM 脉宽进行控制，如图 3-9 所示，调节电位器 RV1，当电位器调于低电平处，P3.0 输出低电平；当电位器调于高电平处，P3.0 输出高电平；当电位器调于中心处，P3.0 输出占空比为 1∶1。

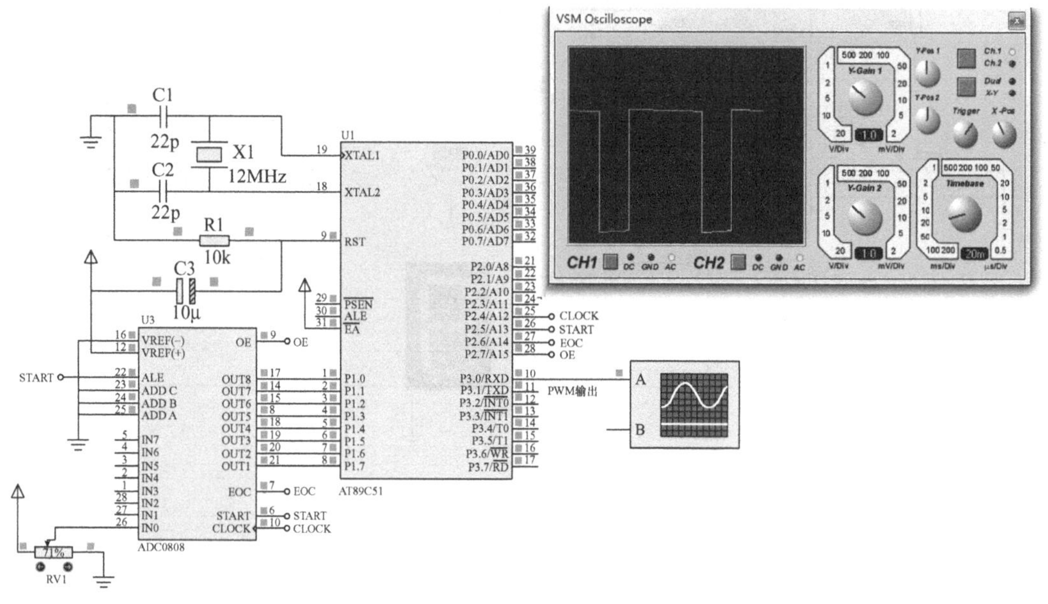

图 3-9　采用 ADC0808 对 PWM 脉宽进行控制

任务 2　信号源发生器设计

问题提出

信号源是电子产品测量与调试、部队设备技术保障等领域的基本电子设备。随着科学技术的发展和测量技术的进步，普通的信号发生器已无法满足目前日益发展的电子技术领域的生产调试需要。产生模拟信号的传统方法是采用 RC 或 LC 振荡器，而它们产生的信号频率的精度和稳定度都很差。后来出现了锁相技术，频率精度大大提高；但是工艺复杂，分辨率不高，频率变换和实现计算机程控也不方便。

DDS（直接数字合成技术）出现于20世纪70年代，它是一种全数字频率合成技术，完全没有振荡元件和锁相环，采用一连串数据流经过数-模转换器产生一个预先设定的模拟信号。它将先进的数字信号处理理论与方法引入信号合成领域，具有以往频率合成器难以达到的优点，如频率转换时间短（≤20ns）、频率分辨率高（0.01Hz）、频率稳定度高（10^{-7}~10^{-8}）、输出信号频率和相位可快速程控切换等，因此可以很容易实现对信号的全数字式调制。由于DDS是数字化高密度集成电路产品，芯片体积小、功耗低，因此可以用它构成高性能频率合成信号源而取代传统频率信号源。近年来DDS技术得到了飞速发展，各种通用的DDS芯片不断上市，其性能良好，使用简单，价格也不断下降，为一般用户提供了极大的方便。

DDS系统的一个显著特点就是在数字处理器的控制下能够精确而快速地处理频率和相位。除此之外，DDS的固有特性还包括：相当好的频率和相位分辨率（频率的可控范围达μHz级，相位控制小于0.09°），能够进行快速的信号变换（输出DAC的转换速率为300百万次/s）。这些特性使DDS在军事雷达和通信系统中应用日益广泛。图3-10为信号发生器实物图。

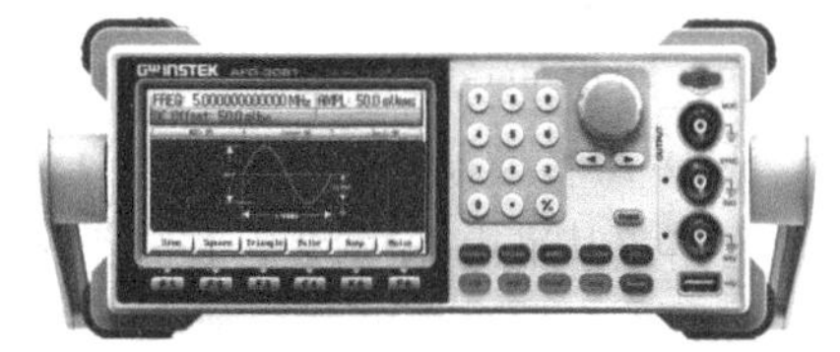

图3-10　信号发生器

本次任务主要是实现正弦波波形发生器。为了完成这个任务，必须通过循序渐进地了解数-模转换原理、D-A转换芯片DAC0832等任务方能完成，在任务的学习中，体会单片机硬件的应用，进而在对信号源发生器设计原理的基础上完成整个任务的设计与程序编写，达到单片机的初步设计与编程的要求。

学习目标

【知识目标】

（1）掌握D-A转换芯片的转换原理；

（2）掌握D-A转换芯片的转换方式；

（3）掌握D-A转换芯片的分类、性能指标。

【能力目标】

（1）了解D-A转换芯片DAC0832的内部结构和转换性能；

（2）掌握D-A转换芯片与单片机的接口设计；

（3）掌握DAC0832的控制程序设计。

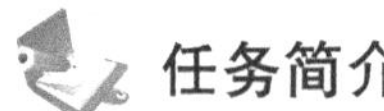

任务简介

以单片机为核心设计一个DDS低频信号发生器，产生的波形为正弦波，并通过两个按键改变信号的频率（增加或减小）。

任务要求

设计波形发生器并产生正弦波，单片机的P0口接D-A转换芯片的数据读写口，通过运算放大器输出正弦波形，通过两个按键实现正弦波频率增加和频率减小，达到DDS调试频率的目的。

任务分析

为了产生正弦波形，将一个周期正弦波的输出值设置成一维数组，由两个按键分别控制采样步数的增加和减少，从而实现正弦波频率的增加和减小，依次从数组中取数送入 D-A 转换芯片的输入端，由输出端输出正弦波相应的模拟电压值。

相关知识

数-模转换就是将离散的数字量转换为连续变化的模拟量，实现该功能的电路或器件称为数-模转换电路，通常称为 D-A 转换器或 DAC（Digital Analog Converter）。

1. D-A 转换器的基本原理

将输入的每一位二进制代码按其权的大小转换成相应的模拟量，然后将代表各位的模拟量相加，所得的总模拟量就与数字量成正比，这样便实现了从数字量到模拟量的转换，这就是构成 D-A 转换器的基本思路。D-A 转换器由数码寄存器、模拟电子开关电路、解码网络、求和电路及基准电压模块几部分组成。数字量以串行或并行方式输入，存储于数码寄存器中，数码寄存器输出的各位数码分别控制对应位的模拟电子开关，使数码为 1 的位在位权网络上产生与其权值成正比的电流值，再由求和电路将各种权值相加，即得到与数字量对应的模拟量。

（1）数-模转换器的转换方式

1）并行数-模转换。通过一个模拟量参考电压和一个电阻梯形网络产生以参考量为基准的分数值的权电流或权电压；而用由数码输入量控制的一组开关决定哪些电流或电压相加起来形成输出量。所谓“权”，就是二进制数的每一位所代表的值。例如，三位二进制数“111”，右边第 1 位的“权”是 $2^0/2^3=1/8$；第 2 位是 $2^1/2^3=1/4$；第 3 位是 $2^2/2^3=1/2$。位数多的依次类推。位数越多分辨率就越高，转换的精度也越高。工业自动控制系统采用的数-模转换器大多是 10 位、12 位，转换精度达 0.5%~0.1%。

2）串行数-模转换。将数字量转换成脉冲序列的数目，一个脉冲相当于数字量的一个单位，然后将每个脉冲变为单位模拟量，并将所有的单位模拟量相加，就得到与数字量成正比的模拟量输出，从而实现数字量与模拟量的转换。

（2）D-A 转换特性　D-A 转换器的转换特性，是指其输出模拟量和输入数字量之间的转换关系。理想的 D-A 转换器的转换特性，应是输出模拟量与输入数字量成正比，即输出模拟电压 $u_o=K_u\times D$ 或输出模拟电流 $i_o=K_i\times D$。其中 K_u 或 K_i 为电压或电流转换比例系数，D 为输入二进制数所代表的十进制数。如果输入为 n 位二进制数 $d_{n-1}d_{n-2}\cdots d_1d_0$，则输出模拟电压为

$$u_o=K_u(d_{n-1}\cdot 2^{n-1}+d_{n-2}\cdot 2^{n-2}+\cdots+d_1\cdot 2^1+d_0\cdot 2^0)$$

（3）D-A 转换器的分类　D-A 转换器的内部电路构成无太大差异，一般按输出是电流还是电压、能否作乘法运算等进行分类。大多数 D-A 转换器由电阻阵列和 n 个电流开关（或电压开关）构成。按数字输入值切换开关，产生成比例于输入的电流（或电压）。此外，也有为了改善精度而把恒流源放入器件内部的。一般说来，由于电流开关的切换误差小，大多采用电流开关型电路，电流开关型电路如果直接输出生成的电流，则为电流输出型 D-A 转换器，如果经电流－电压转换后输出，则为电压输出型 D-A 转换器。此外，电压开关型

电路为直接输出电压型 D-A 转换器。

1）电压输出型 D-A 转换器（如 TLC5620）。电压输出型 D-A 转换器虽然也有直接从电阻阵列输出电压的，但一般采用内置输出放大器以低阻抗输出。直接输出电压的器件仅用于高阻抗负载，由于无输出放大器部分的延迟，故常作为高速 D-A 转换器使用。

2）电流输出型 D-A 转换器（如 THS5661A）。电流输出型 D-A 转换器很少直接利用电流输出，大多外接电流—电压转换电路得到电压输出，后者有两种方法：一是只在输出引脚上接负载电阻而进行电流—电压转换；二是外接运算放大器。用负载电阻进行电流—电压转换的方法，虽可在电流输出引脚上出现电压，但必须在规定的输出电压范围内使用，而且由于输出阻抗高，所以一般外接运算放大器使用。此外，大部分 CMOS D-A 转换器当输出电压不为零时不能正确动作，所以必须外接运算放大器。

当外接运算放大器进行电流—电压转换时，则电路构成基本上与内置放大器的电压输出型相同，这时由于在 D-A 转换器的电流建立时间上加入了运算放大器的延迟，使回应变慢。此外，这种电路中运算放大器因输出引脚的内部电容而容易起振，有时必须作相位补偿。

3）乘算型 D-A 转换器（如 AD7533）。D-A 转换器中有使用恒定基准电压的，也有在基准电压输入上加交流信号的，后者由于能得到数字输入和基准电压输入相乘的结果而输出，因而称为乘算型 D-A 转换器。乘算型 D-A 转换器一般不仅可以进行乘法运算，而且可以作为使输入信号数字化地衰减的衰减器及对输入信号进行调制的调制器使用。

4）一位 D-A 转换器。一位 D-A 转换器与前述转换方式全然不同，它将数字值转换为脉冲宽度调制或频率调制的输出，然后用数字滤波器作平均化而得到一般的电压输出（又称比特流方式），用于音频等场合。

（4）D-A 转换器性能指标　D-A 转换器输入的是数字量，经转换后输出的是模拟量。有关 D-A 转换器的技术性能指标很多，例如绝对精度、相对精度、线性度、输出电压范围、温度系数、输入数字代码种类（二进制或 BCD 码）等。

1）分辨率。分辨率是 D-A 转换器对输入量变化敏感程度的描述，与输入数字量的位数有关。如果数字量的位数为 n，则 D-A 转换器的分辨率为 2^{-n}。这就意味着数-模转换器能对满刻度的 2^{-n} 输入量做出反应。

例如，8 位数的分辨率为 1/256，10 位数的分辨率为 1/1024 等。因此，数字量位数越多，分辨率也就越高，亦即转换器对输入量变化的敏感程度也就越高。使用时，应根据分辨率的需要来选定转换器的位数。DAC 常可分为 8 位、10 位、12 位三种。

2）建立时间。建立时间是描述 D-A 转换速度快慢的一个参数，指从输入数字量变化到输出达到终值误差 ±(1/2) LSB（最低有效位）时所需的时间。通常以建立时间来表示转换速度。转换器的输出形式为电流时，建立时间较短；输出形式为电压时，由于建立时间还要加上运算放大器的延迟时间，因此要长一些。但总地来说，D-A 转换速度远高于 A-D 转换速度，快速的 D-A 转换器的建立时间可达 1μs。

3）接口形式。D-A 转换器与单片机接口方便与否，主要决定于转换器本身是否带数据锁存器。有两类 D-A 转换器，一类是不带锁存器的，另一类是带锁存器的。对于不带锁存器的 D-A 转换器，为了保存来自单片机的转换数据，接口时要另加锁存器，因此这类转换器必须在口线上；而带锁存器的 D-A 转换器，可以把它看作是一个输出口，因此可直接在数据总线上，而不需另加锁存器。

2. D-A 转换芯片 DAC0832

DAC0832 是一个 8 位 D-A 转换器，采用单电源供电，从 +5～+15V 均可正常工作，基准电压的范围为 ±10V，电流建立时间为 1μs，采用 CMOS 工艺，功耗低，约 20mW。

DAC0832 转换器芯片为 20 引脚，双列直插式封装，其引脚排列图如图 3-11 所示。DAC0832 内部结构框图如图 3-12 所示。该转换器由输入寄存器和 DAC 寄存器构成两级数据输入锁存。使用时，数据输入可以采用两级锁存（双锁存）形式、单级锁存（一级锁存，一级直通）形式或直接输入（两级直通）形式。

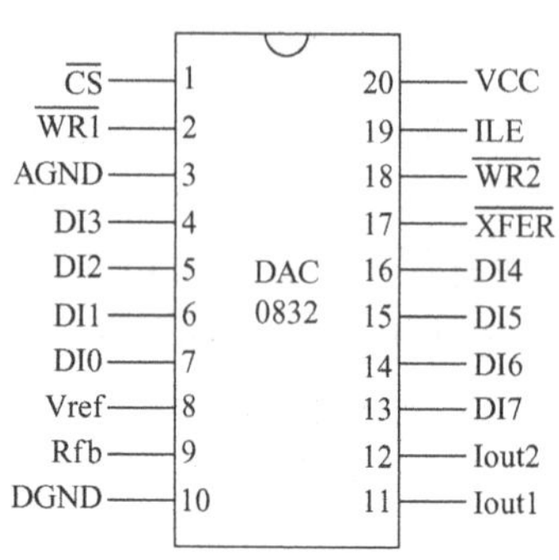

图 3-11　DAC0832 引脚图

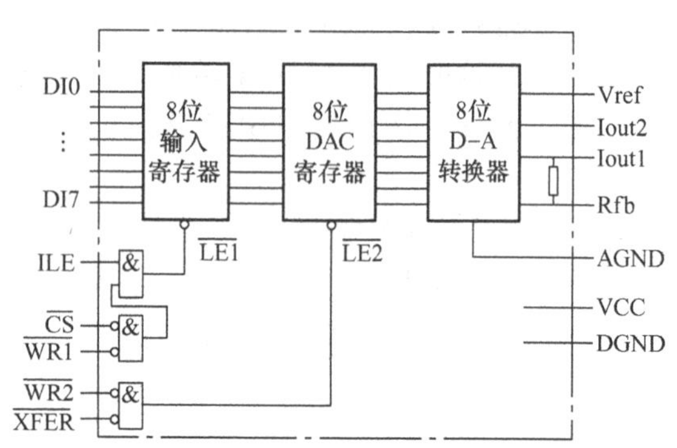

图 3-12　DAC0832 内部结构框图

此外，由三个与门电路组成寄存器输出控制逻辑电路，该逻辑电路的功能是进行数据锁存控制，当 ILE=0 时，输入数据被锁存；当 ILE=1 时，锁存器的输出跟随输入的数据。

D-A 转换电路是一个 R-2R T 形电阻网络，实现 8 位数据的转换。对 DAC0832 各引脚说明如下：

DI7～DI0：转换数据输入。

$\overline{\text{CS}}$：片选信号（输入），低电平有效。

ILE：数据锁存允许信号（输入），高电平有效。

$\overline{\text{WR1}}$：第 1 写信号（输入），低电平有效。

上述 ILE、$\overline{\text{WR}}$两个信号控制输入寄存器是数据直通方式还是数据锁存方式，当 ILE=1 和$\overline{\text{WR1}}$=0 时，为输入寄存器直通方式；当 ILE=1 和$\overline{\text{WR1}}$=1 时，为输入寄存器锁存方式。

$\overline{\text{WR2}}$：第 2 写信号（输入），低电平有效。

$\overline{\text{XFER}}$：数据传输控制信号（输入），低电平有效。

上述两个信号控制 DAC 寄存器是数据直通方式还是数据锁存方式，当$\overline{\text{WR2}}$=0 和$\overline{\text{XFER}}$=0 时，为 DAC 寄存器直通方式；当$\overline{\text{WR2}}$=1 和$\overline{\text{XFER}}$=0 时，为 DAC 寄存器锁存方式。

Iout1：电流输出 1。

Iout2：电流输出 2。

DAC 转换器的特性之一是：$I_{out1}+I_{out2}=$常数。

Rfb：反馈电阻端。

DAC0832 是电流输出型，为了取得电压输出，需在电压输出端接运算放大器，Rfb 即为运算放大器的反馈电阻端。运算放大器的接法如图 3-13 所示。

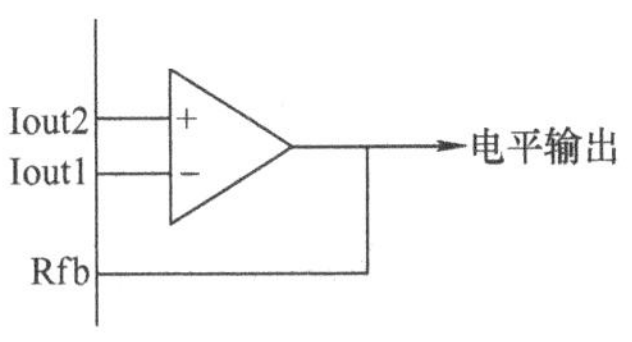

图 3-13　运算放大器的接法

Vref：基准电压，其电压可正可负，范围是 −10 ~ +10V。

DGND：数字地。

AGND：模拟地。

任务实施

1. 硬件设计

用单片机的 I/O 口控制 D-A 转换电路，两个按键分别控制信号频率的增大和减小。

（1）DDS 低频信号发生器电路原理图　DDS 低频信号发生器电路原理图如图 3-14 所示。

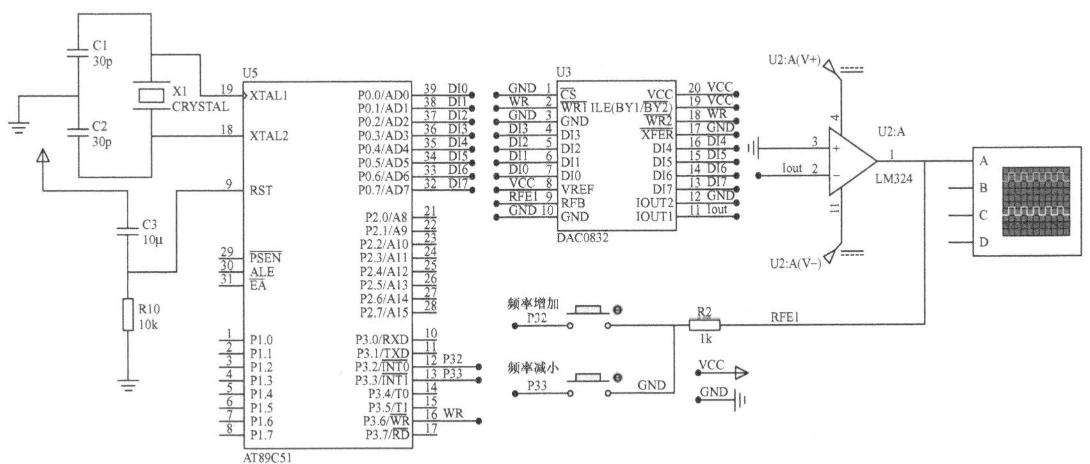

图 3-14　DDS 低频信号发生器电路原理图

（2）DDS 低频信号发生器主要元器件清单　DDS 低频信号发生器主要元器件清单见表 3-3。

表 3-3　DDS 低频信号发生器主要元器件清单

元器件名称	参　　数	数　　量	元器件名称	参　　数	数　　量
IC 插座	DIP40	1	电阻	1kΩ	1
单片机	AT89C51	1	可调电阻	10kΩ	3
晶振	12MHz	1	瓷片电容	15 ~ 30pF	2
DAC0832	—	1	按键	—	2
电解电容	10μF/16V	2	运放	LM324	1

2. 软件编程

（1）端口分配　单片机的 P0 口控制 DAC0832 的数据端，P3.6 为 DAC0832 的写入控制，P3.2 和 P3.3 为频率按键控制，P3.2 为增加控制键，P3.3 为减小控制键。

（2）程序流程图　DDS 低频信号发生器程序流程图如图 3-15 所示。

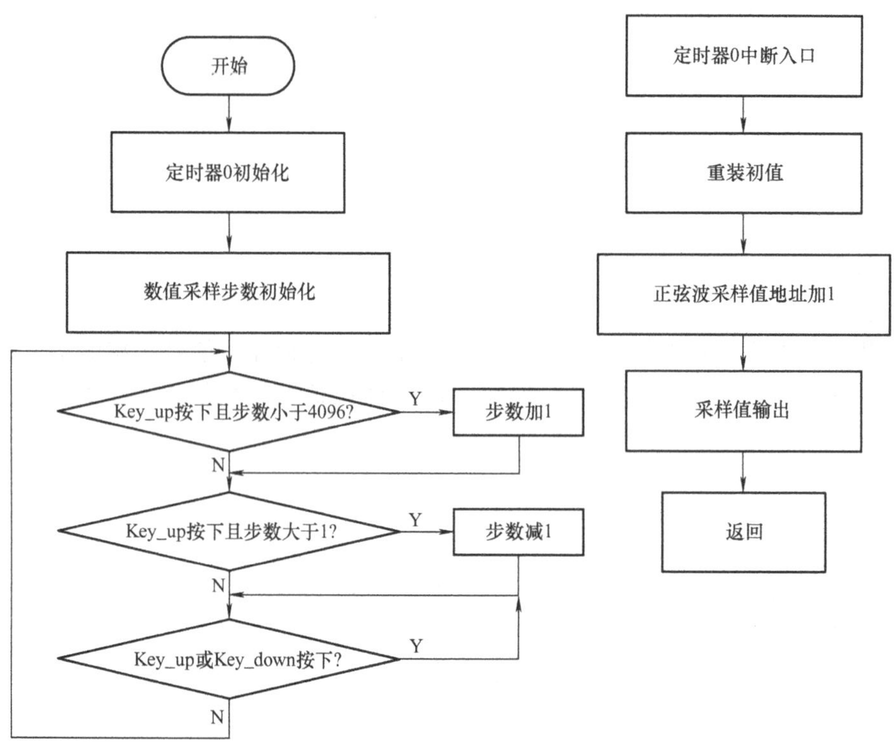

图 3-15　DDS 低频信号发生器程序流程图

（3）XBYTE 的说明　XBYTE 是一个地址指针（可当成一个数组名或数组的首地址），它在文件 absacc.h 中由系统定义，指向外部 RAM（包括 I/O 口）的 0000H 单元，XBYTE 后面的“[ ]0x2000H”是指数组首地址 0000H 的偏移地址，即用 XBYTE[0x2000] 可访问偏移地址为 0x2000 的 I/O 端口。

XBYTE 主要是在用 C51 的 P0、P2 口做外部扩展时使用，P2 口对应于地址高位，P0 口对应于地址低位。其中 XBYTE [0x0002]，表示 P2 = 0x00，P0 = 0x02。比如：P2.7 接 WR，P2.6 接 RD，P2.5 接 CS，那么就可以确定外部 RAM 的一个地址，想往外部 RAM 的一个地址写一个字节时，地址可以定为 XBYTE [0x4000]，其中 WR、CS 为低，RD 为高，那就是高位的 4，当然其余的可以根据情况自己定，然后通过 XBYTE [0x4000] = 57 这一赋值语句，就可以把 57 写到外部 RAM 的 0x4000 处了，此地址对应一个字节。

XBYTE 的作用是，可以用来定义 P0 口和 P2 口的绝对地址，其中 P2 口对应的是高位，P0 口对应的是低位。

如 XBYTE [0x1234] =0x56;

则等价于　　mov dptr，#1234h

　　　　　　mov @ dptr,#56h

(4) DDS 低频信号发生器具体程序

```
//--------------------------------
//名称:基于 DAC0832 的单片机模拟 DDS 低频信号发生器
//--------------------------------
//说明:输出正弦波,通过按动频率增加按键和频率减小按键控制波形的频率
//--------------------------------
#include <reg51.h>
#include <absacc.h>          //使用其中定义的宏来访问绝对地址,包括 CBYTE、XBYTE、
                             //PWORD、DBYTE、CWORD、XWORD、PBYTE、DWORD
#define dac1 XBYTE[0xdfff]               //DAC0832 锁存地址
unsigned char code type[256] = {
0x80,0x83,0x86,0x89,0x8c,0x8f,0x92,0x95,0x98,0x9c,0x9f,0xa2,0xa5,0xa8,0xab,
0xae,0xb0,0xb3,0xb6,0xb9,0xbc,0xbf,0xc1,0xc4,0xc7,0xc9,0xcc,0xce,0xd1,0xd3,0xd5,
0xd8,0xda,0xdc,0xde,0xe0,0xe2,0xe4,0xe6,0xe8,0xea,0xec,0xed,0xef,0xf0,0xf2,0xf3,0xf4,
0xf6,0xf7,0xf8,0xf9,0xfa,0xfb,0xfc,0xfc,0xfd,0xfe,0xfe,0xff,0xff,0xff,0xff,0xff,0xff,0xff,0xff,
0xff,0xff,0xff,0xfe,0xfe,0xfd,0xfc,0xfc,0xfb,0xfa,0xf9,0xf8,0xf7,0xf6,0xf5,0xf3,0xf2,0xf0,
0xef,0xed,0xec,0xea,0xe8,0xe6,0xe4,0xe3,0xe1,0xde,0xdc,0xda,0xd8,0xd6,0xd3,0xd1,
0xce,0xcc,0xc9,0xc7,0xc4,0xc1,0xbf,0xbc,0xb9,0xb6,0xb4,0xb1,0xae,0xab,0xa8,0xa5,
0xa2,0x9f,0x9c,0x99,0x96,0x92,0x8f,0x8c,0x89,0x86,0x83,0x80,0x7d,0x79,0x76,0x73,
0x70,0x6d,0x6a,0x67,0x64,0x61,0x5e,0x5b,0x58,0x55,0x52,0x4f,0x4c,0x49,0x46,0x43,
0x41,0x3e,0x3b,0x39,0x36,0x33,0x31,0x2e,0x2c,0x2a,0x27,0x25,0x23,0x21,0x1f,0x1d,
0x1b,0x19,0x17,0x15,0x14,0x12,0x10,0xf,0xd,0xc,0xb,0x9,0x8,0x7,0x6,0x5,0x4,0x3,
0x3,0x2,0x1,0x1,0x0,0x0,0x0,0x0,0x0,0x0,0x0,0x0,0x0,0x0,0x0,0x1,0x1,0x2,0x3,0x3,
0x4,0x5,0x6,0x7,0x8,0x9,0xa,0xc,0xd,0xe,0x10,0x12,0x13,0x15,0x17,0x18,0x1a,0x1c,
0x1e,0x20,0x23,0x25,0x27,0x29,0x2c,0x2e,0x30,0x33,0x35,0x38,0x3b,0x3d,0x40,0x43,
0x46,0x48,0x4b,0x4e,0x51,0x54,0x57,0x5a,0x5d,0x60,0x63,0x66,0x69,0x6c,0x6f,0x73,
0x76,0x79,0x7c};
unsigned char i,j;
unsigned int counter,step;
sbit key_up = P3^2;
sbit key_dw = P3^3;
//--------------------------------
//名称:定时器 0 初始化
//--------------------------------
void Init_Timer0(void)
{
  TMOD = (TMOD & 0XF0) | 0X01;   //定时器 0,方式 1
  TH0 = 0xff;                    //定时器初值
  TL0 = 0xff;
```

```
  TR0 = 1;                          //启动定时器 0
  ET0 = 1;                          //开定时器 0 中断
}
void main()                         //主函数

main()
{
  Init_Timer0();                    //定时器 0 初始化
  step = 2;                         //数值采样步数初始化
  EA = 1;                           //CPU 开中断
  while(1)
  {
    if(key_up == 0) if(step < 8192) step ++;
                              //数值采样步数加 1,采样频率变高,正弦波周期变小
    if(key_dw == 0) if(step > 1) step --;
                              //数值采样步数减 1,采样频率变低,正弦波周期变大
    while((! key_up)||(! key_dw));
                              //若有一个键按下去,则正弦波周期始终保持不变
  }
}
//-----------------------------------
                              //名称:定时中断服务
//-----------------------------------
void OS_Timer0(void) interrupt 1 using 2
{
  TH0 = 0xff;                 //重装定时器初值
  TL0 = 0xff;
  counter = counter + step;       //counter 以 step 的步数递增
  dac1 = type[(unsigned int)counter > >8];
                            //当 counter 加满(256/step)次时,dac1 的采样值变化一次
}
```

3. DDS 低频信号发生器仿真效果

DDS 低频信号发生器仿真效果图如图 3-16 所示，按下频率增加按键，频率增大。

4. DDS 低频信号发生器的实物装调

内容讲解：

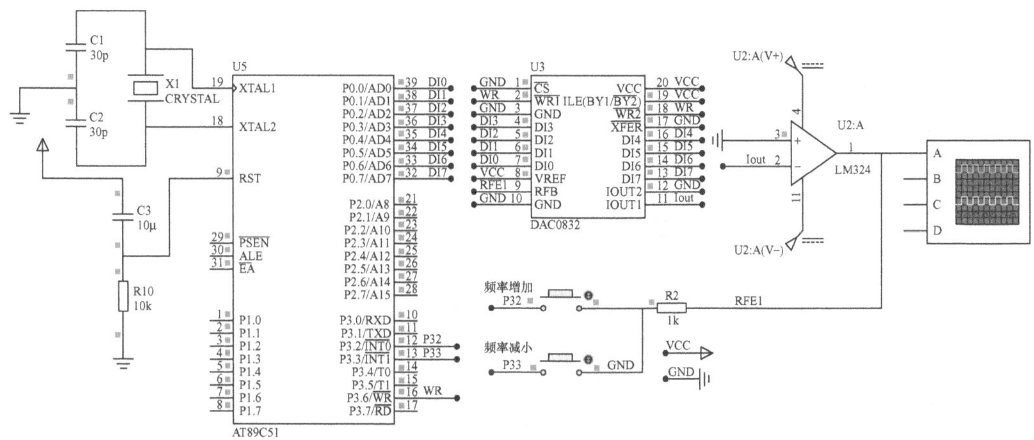

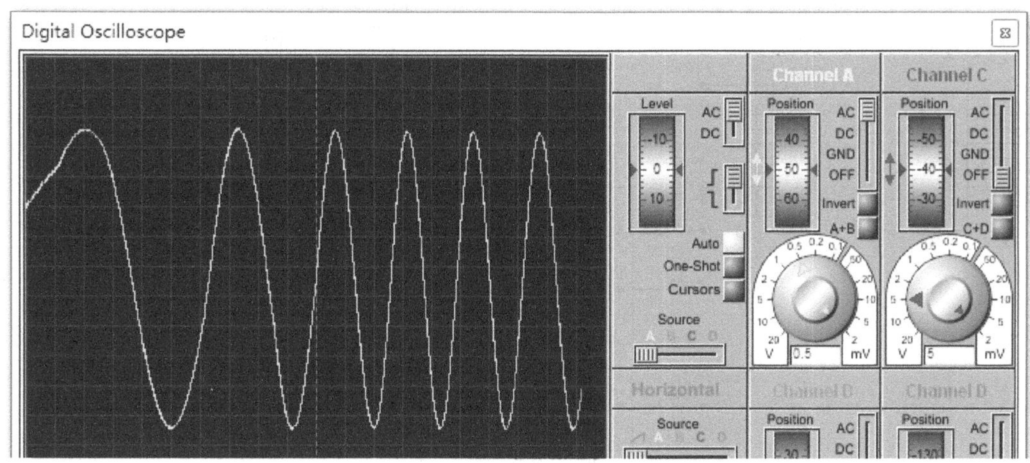

图 3-16　DDS 低频信号发生器仿真效果图

图 1-87　DDS 低频信号发生器的实物图展示视频：

 任务小结

DAC0832 转换时间为 1μs，一个正弦周期输出 32 个点的话，最高输出信号频率可达 31.25kHz。

如果采用单片机产生，具体还与单片机的速度有关。采用 RISC 指令集的单片机，指令周期与晶振周期相同，采用 16MHz 晶振的话，可以达到上述要求。先确定每个周期输出的点数，假设是 32 个点。

DAC0832 输出分辨率为 8 位，DAC0832 输出以半电压上、下对称的正弦波，峰值对应 ±128，那么，分别计算出 32 个点的正弦值，制作一个表格存储在单片机的程序空间或 EEPROM 空间。

根据信号频率设置定时器的溢出周期，定时器溢出周期为信号周期的 1/32，定时器溢出时，依次输出 32 个点的正弦值至 DAC0832 的数字量输入端口。

DAC0832 的输出经运放电路转变为正、负对称的正弦波，再经一个积分器或低通滤波器可输出平滑的正弦波。

课后习题

按照下列要求完成多功能信号源发生器的设计，可以根据需要设计修改原理图，如图 3-17所示。

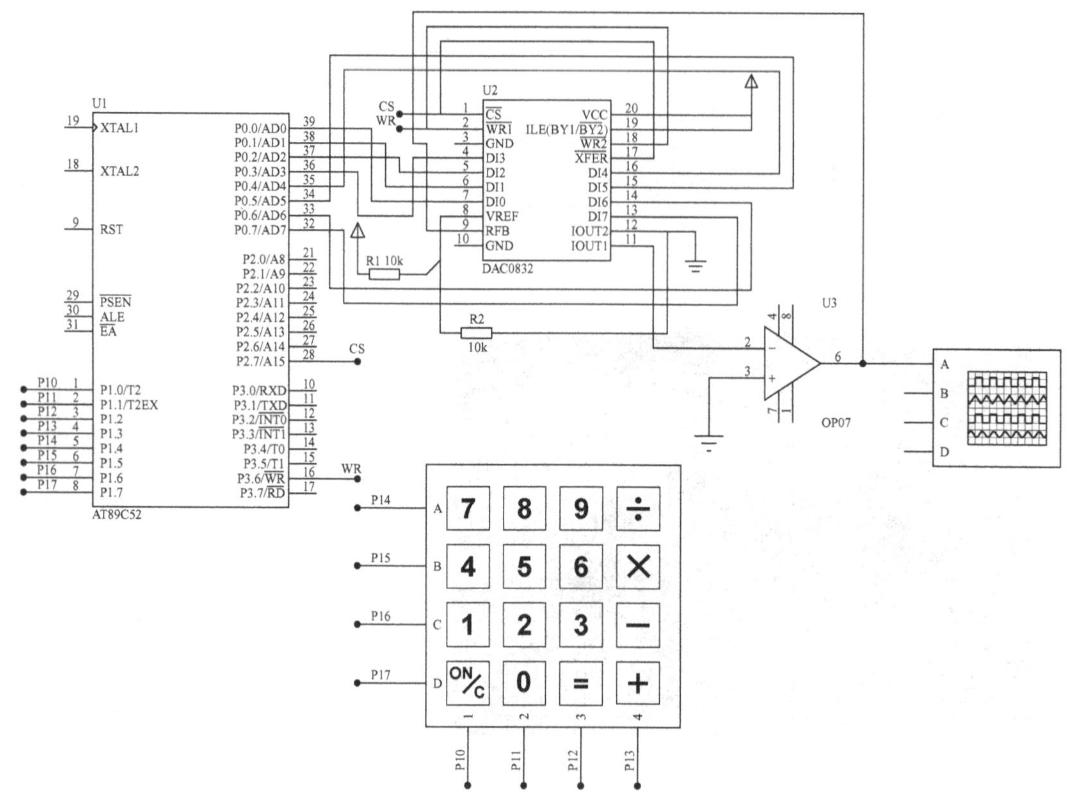

图 3-17　多功能信号源发生器

（1）使用 Proteus 软件元器件库中自带的 4 ×4 键盘进行波形变换控制，能产生三角波、锯齿波、正弦波。周期为 $T=2.28\text{ms}$。

按键 7——实现三角波；按键 4——实现锯齿波；按键 1——实现正弦波。

（2）对正弦波进行控制，要求如下：

按键 7——正弦波频率加倍；按键 4——正弦波频率为原来的 10 倍；按键 ON/C——正弦波频率为原来的 100 倍；按键 8——正弦波频率降为原来的 1/2；按键 5——正弦波频率降为原来的 1/10；按键 2——正弦波频率降为原来的 1/100。

任务 3　测量温度

问题提出

温度是工业、农业乃至人们日常生活中经常要测量的一个物理量，如环境控制、设备或过程控制、智能建筑自控系统、测温类消费电子产品等（图 3-18 为农业大棚温度监测系统，图3-19为汽车自动空调）。但是多数的温度传感器的输出是一个变化的模拟量，不能与计算机采集系统直接接口，需要先进行转换，然后才能输入计算机，比较麻烦。数字温度传感器的产生解决了这个问题，它可以直接将温度转变为相应的数字量。目前市场上常见的数字温度传感器有美国 Dallas 半导体公司的 DS18xx 系列的数字温度传感器和 AD 公司的 AD74xx 系列的数字温度传感器。这里着重介绍 DS18xx 系列的数字温度传感器。

图3-18　农业大棚温度监测系统

图3-19　汽车自动空调

学习目标

【知识目标】

（1）1-wire 单总线的基本工作原理；

（2）单片机 I/O 口实现 1-wire 单总线协议的方式；

（3）单片机通过控制 DS18B20 进行温度测量并进行显示。

【能力目标】

（1）掌握 1-wire 单总线器件 DS18B20 的读写方式；

（2）通过 MCS-51 单片机来控制 DS18B20 进行温度检测并通过数码管进行显示。

任务简介

通过单片机对 1-wire 单总线器件 DS18B20 的控制进行温度的检测，并通过数码管显示当前测量的温度。

任务要求

采用 DS18B20 进行外部温度测量，并通过数码管显示当前的温度测量值，当温度高于100℃时，显示为 XXX℃；当温度低于100℃且高于10℃时，显示为 XX. X℃；当温度低于10℃且高于0℃时，显示为 X. X℃；当温度低于0℃且高于－10℃时，显示为－X. X℃；当温度低于－10℃时，显示为－XX℃。

任务分析

跟以往采用 A-D 转换器进行温度测量所不同的是，本任务中采用的是 1-wire 单总线协议器件 DS18B20 进行温度测量，测温的方法不同，温度的采集也不同。所以首先得了解单总线协议器件 DS18B20 的工作原理，然后学习和掌握 DS18B20 进行测温时的工作时序。

相关知识

1. 单总线的基本概念

1-wire 单总线是 Maxim 全资子公司 Dallas 的一项专有技术，与目前多数标准串行数据通信方式（如 SPI/I^2C/MICROWIRE）不同，它采用单根信号线，既传输时钟，又传输数据，而且数据传输是双向的。它具有节省 I/O 口线资源、结构简单、成本低廉、便于总线扩展和维护等诸多优点。

1-wire 总线系统由一个总线主节点、一个或多个从节点组成，通过一根信号线对从芯片进行数据的读取。每一个符合 1-wire 协议的从芯片都有一个唯一的地址，包括 48 位的序列号、8 位的家族代码和 8 位的 CRC 代码。主芯片对各个从芯片的寻址依据这 64 位的不同来进行。1-wire 总线利用一根线实现双向通信，因此其协议对时序的要求较严格，如应答等时序都有明确的时间要求。基本的时序包括复位及应答时序、写一位时序、读一位时序。在复位及应答时序中，主器件发出复位信号后，要求从器件在规定的时间内送回应答信号；在位读和位写时序中，主器件要在规定的时间内读回或写出数据。1-wire 单总线适用于单个主机系统，能够控制一个或多个从机设备。主机可以是微控制器，从机可以是单总线器件，它们之间的数据交换只通过一条信号线进行。当只有一个从机位于总线上时，系统可按照单节点系统操作；而当多个从机位于总线上时，系统则按照多节点系统操作。

2. 单总线温度传感器 DS18B20

DS18xx 系列的数字温度传感器采用的是 Dallas 的 1-wire 单总线专项技术，主要包括 DS18B20、DS1820、DS1822 等，其中 DS18B20 和 DS1822 是继 DS1820 的后续产品，在使用上与后者兼容，只是在精度上有所差异。DS18B20 提供 9～12 位精度的温度测量，电源供电电压范围为 3.0～5.5V，测量温度范围为 -55～+125℃。在 -10～+85℃ 范围内，测量准确度是 ±0.5℃，增量值最小可以为 0.0625℃，可以分别在 93.75ms 和 750ms 内完成 9 位和 12 位数字量的转换。DS18B20 可以采用信号线寄生供电，不需要额外的外部供电。每个 DS18B20 有唯一的 64 位的序列码，这使得多个 DS18B20 可以在一条单总线上工作。

（1）DS18B20 特性和引脚介绍　DS18B20 数字温度计以 9～12 位数字量的形式反映器件的温度值。DS18B20 通过一个单线接口发送或接收信息，因此在中央微处理器和 DS18B20 之间仅需一条连接线（加上地线）。用于读写和温度转换的电源可以从数据线本身获得，无需外部电源。因为每个 DS18B20 都有一个独特的片序列号，所以多只 DS18B20 可以同时连在一根单线总线上，这样就可以把温度传感器放在许多不同的地方。这一特性在 HVAC 环境控制，探测建筑物、仪器或机器的温度以及过程监测和控制等方面非常有用。DS18B20

引脚排列及说明如图 3-20 所示。

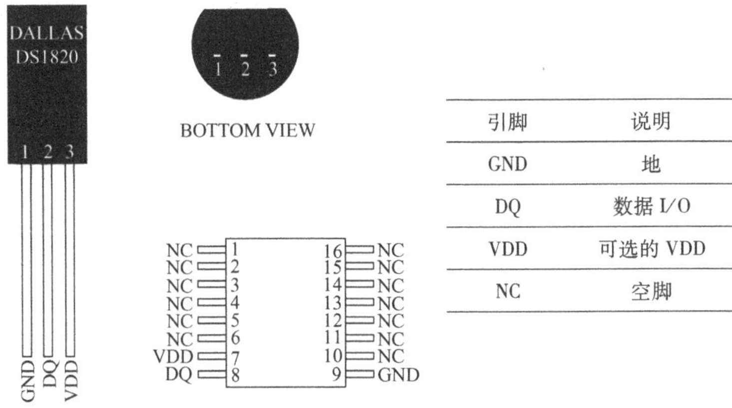

引脚	说明
GND	地
DQ	数据 I/O
VDD	可选的 VDD
NC	空脚

图 3-20　DS18B20 引脚排列及说明

(2) DS18B20 的主要部件及测温原理介绍　DS18B20 的主要内部框图如图 3-21 所示，它有三个主要数字部件：①64 位（激）光刻 ROM；②温度传感器；③非易失性温度报警触发器 TH 和 TL。器件通过如下方式从单线通信线上汲取能量：在信号线处于高电平期间把能量储存在内部电容里，在信号线处于低电平期间消耗电容上的电能工作，直到高电平到来再给寄生电源（电容）充电。DS18B20 也可用外部 5V 电源供电。

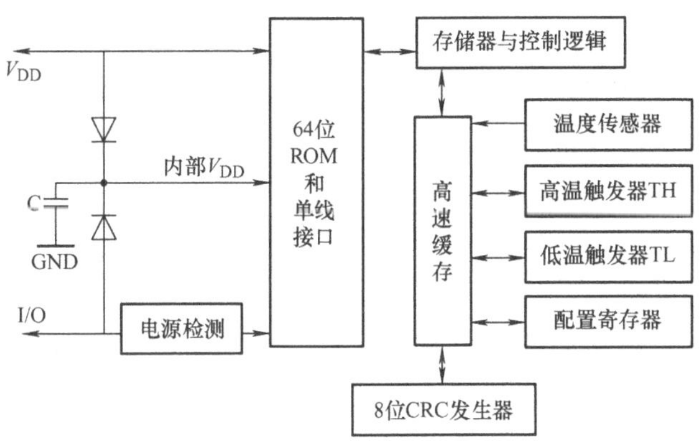

图 3-21　DS18B20 内部结构框图

1) 64 位（激）光刻 ROM。光刻 ROM 中的 64 位序列号是出厂前被光刻好的，它可以看作是该 DS18B20 的地址序列码。64 位光刻 ROM 的排列是：开始 8 位（28H）是产品类型标号，接着的 48 位是该 DS18B20 自身的序列号，最后 8 位是前面 56 位的循环冗余校验码（$CRC = X^8 + X^5 + X^4 + 1$）。光刻 ROM 的作用是使每一个 DS18B20 都各不相同，这样就可以实现一根总线上挂接多个 DS18B20 的目的。64 位光刻 ROM 见表 3-4。

表 3-4　64 位光刻 ROM

8 位 CRC 编号		48 位序列号		8 位产品系列编码	
MSB	LSB	MSB	LSE	MSB	LSB

DS18B20 中有 8 位 CRC 存储在 64 位 ROM 的最高有效字节中。总线控制器可以用 64 位 ROM 中的前 56 位计算出一个 CRC 值，再用这个值和存储在 DS18B20 中的值进行比较，以确定 ROM 数据是否被总线控制器接收无误。CRC 计算等式如下：

$$CRC = X^8 + X^5 + X^4 + 1$$

DS18B20 同样用上面的公式产生一个 8 位 CRC 值，把这个值提供给总线控制器用来校验传输的数据。在任何使用 CRC 进行数据传输校验的情况下，总线控制器必须用上面的公式计算出一个 CRC 值，和存储在 DS18B20 的 64 位 ROM 中的值或 DS18B20 内部计算出的 8 位 CRC 值（当读暂存器时，作为第 9 个字节读出来）进行比较。CRC 值的比较以及是否进行下一步操作完全由总线控制器决定。

单线 CRC 可以用一个由移位寄存器和 XOR 门构成的多项式发生器来产生，如图 3-22 所示。

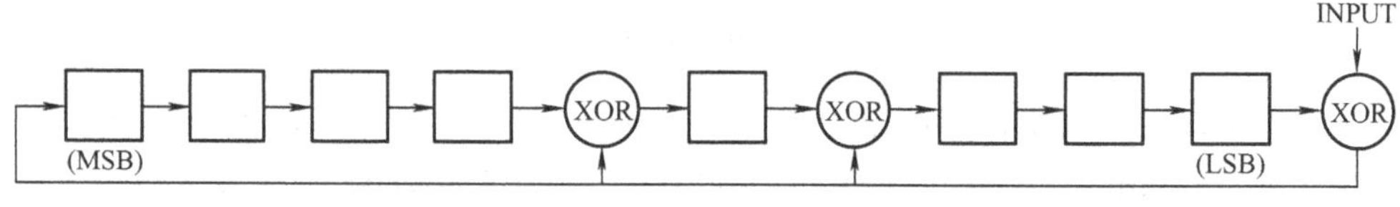

图 3-22　CRC 编码

移位寄存器的各位都被初始化为 0，然后从系列编号的最低有效位开始，一次一位移入寄存器，8 位系列编码都进入以后，序列号再进入，48 位序列号都进入后，移位寄存器中就存储了 CRC 值。移入 8 位 CRC 会使移位寄存器复 0。

2）温度传感器。DS18B20 通过一种片上温度测量技术来测量温度。温度测量电路框图如图 3-23 所示。

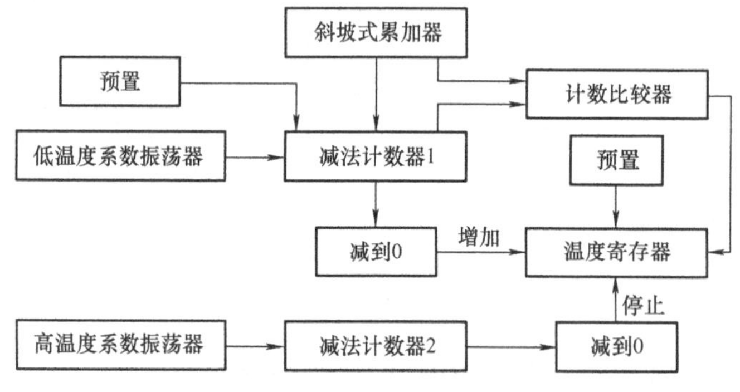

图 3-23　温度测量电路框图

DS18B20 是这样测温的：用一个高温度系数振荡器确定一个门周期，内部计数器在这个门周期内对一个低温度系数振荡器的脉冲进行计数来得到温度值。计数器被预置到对应于 -55℃的一个值。如果计数器在门周期结束前到达 0，则温度寄存器（同样被预置到 -55℃）的值增加，表明所测温度大于 -55℃。同时，计数器被复位到一个值，这个值由斜坡式累加器电路确定，斜坡式累加器电路用来补偿感温振荡器的抛物线特性。然后计数器又开始计数直到 0，如果门周期仍未结束，将重复这一过程。

斜坡式累加器用来补偿感温振荡器的非线性，以期在测温时获得比较高的分辨力，这是通过改变计数器对温度每增加一度所需计数的值来实现的。因此，要想获得所需的分辨力，必须同时知道在给定温度下计数器的值和每1℃的计数值。DS18B20内部对此计算的结果可提供0.5℃的分辨力。温度以16bit带符号位扩展的二进制补码形式读出，表3-5给出了温度值和输出数据的关系。数据通过单线接口以串行方式传输。

表3-5 温度值和输出数据的关系

温度/℃	数据输出（二进制）	数据输出（十六进制）
+125	00000000 11111010	00FA
+25	00000000 00110010	0032
+1/2	00000000 00000001	0001
0	00000000 00000000	0000
-1/2	11111111 11111111	FFFF
-25	11111111 11001110	FFCE
-55	11111111 10010010	FF92

DS18B20测温范围为-55～+125℃，以0.5℃递增。如用于华氏温度，必须要用一个转换因子查找表。注意：DS18B20内温度表示值为1/2℃LSB，图3-24所示为温度9bit格式。

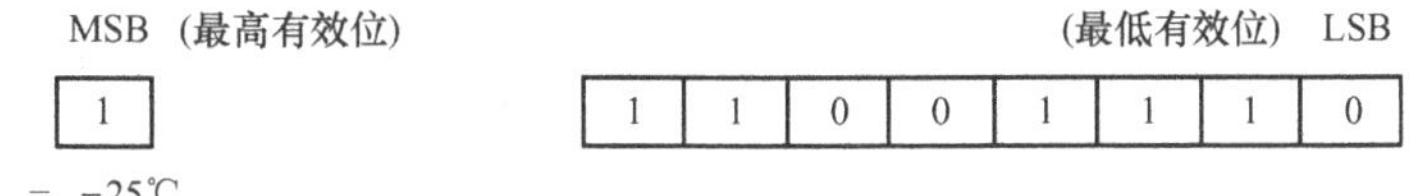

图3-24 温度9bit格式

最高有效（符号）位被复制充满存储器中两字节温度寄存器的高MSB位，由这种“符号位扩展”产生出了示于表3-5的16bit温度读数。

3）存储器。DS18B20的存储器结构如图3-25所示。由一个暂存RAM、一个存储高低温报警触发值TH和TL的非易失性电可擦除E^2RAM组成。当在单线总线上通信时，暂存器帮助确保数据的完整性。数据先被写入暂存器，这里的数据可被读回。数据经过校验后，用一个复制暂存器命令会把数据传到非易失性E^2RAM中。这一过程确保更改存储器时数据的完整性。

暂存器的结构为8个字节的存储器：头两个字节包含测得的温度信息；第三和第四个字节是TH和TL的复制，是易失性的，每次上电复位时被刷新；下面两个字节没有使用，但是在读回数据时，它们全部表现为逻辑1，可以被用来获得更高的温度分辨力。还有一个第9字节，可以用读暂存器命令读出，这个字节是以上八个字节的CRC码。

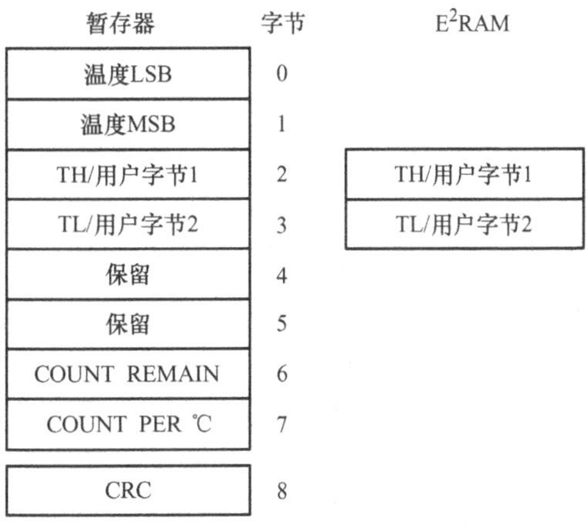

图3-25 DS18B20存储器结构示意图

3. DS18B20的工作过程

单线总线系统包括一个总线控制器和一个或多个从机，DS18B20是从机。关于这种总线要考虑以下三个方面：硬件结构、执行序列和单线信号（信号类型和时序）。

单线总线只有一条定义的信号线，重要的是每一个挂在总线上的器件都能在适当的时间驱动它，为此每一个总线上的器件都必须是漏极开路或三态输出。DS18B20 的单总线端口（I/O 引脚）是漏极开路式的，内部等效电路如图 3-26 所示。一个多点总线由一个单线总线和多个挂于其上的从机构成，单线总线需要一个约 5kΩ 的上拉电阻。

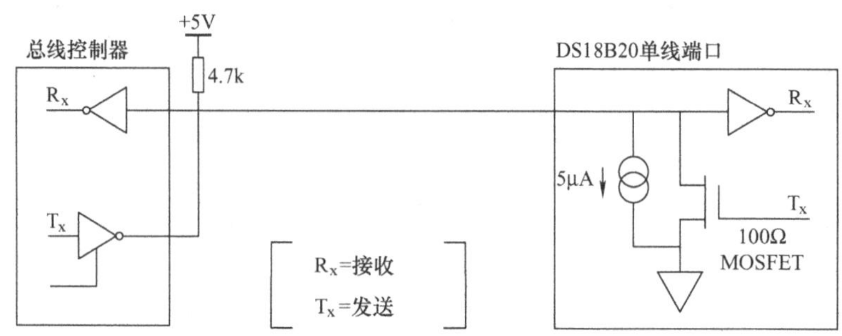

图 3-26　DS18B20 总线硬件结构

单线总线的空闲状态是高电平。无论任何理由需要暂停某一执行过程时，如果还想恢复执行的话，总线就必须停留在空闲状态。在恢复期间，如果单线总线处于非活动（高电平）状态，位与位间的恢复时间可以无限长；如果总线停留在低电平超过 480μs，总线上的所有器件都将被复位。

通过单线总线端口访问 DS18B20 的协议如下：初始化、ROM 操作命令、存储器操作命令、执行/数据。

（1）初始化　通过单总线的所有执行（处理）都从一个初始化序列开始。初始化序列包括一个由总线控制器发出的复位脉冲和跟在其后由从机发出的存在脉冲。存在脉冲让总线控制器知道 DS18B20 在总线上且已准备好操作。

（2）ROM 操作命令　总线主机检测到 DSl8B20 的存在，便可以发出 ROM 操作命令之一，这些命令如下：

Read ROM（读 ROM）[33H]：这个命令允许总线控制器读到 DS18B20 的 8 位系列编码、唯一的序列号和 8 位 CRC 码。只有在总线上存在单只 DS18B20 的时候才能使用这个命令。如果总线上有不止一个从机，当所有从机试图同时传输信号时就会发生数据冲突（漏极开路连在一起形成相与的效果）。

Match ROM（匹配 ROM）[55H]：匹配 ROM 命令，后跟 64 位 ROM 序列，让总线控制器在多点总线上定位一只特定的 DS18B20。只有和 64 位 ROM 序列完全匹配的 DS18B20 才能响应随后的存储器操作命令，所有和 64 位 ROM 序列不匹配的从机都将等待复位脉冲。这条命令在总线上有单个或多个器件时都可以使用。

Skip ROM（跳过 ROM）[CCH]：这条命令允许总线控制器不用提供 64 位 ROM 编码就使用存储器操作命令，在单个器件作为从机的情况下可以节省时间。如果总线上不止一个从机，在 Skip ROM 命令之后跟着发一条读命令，由于多个从机同时传输信号，总线上就会发生数据冲突（漏极开路下拉效果相当于相与）。

Search ROM（搜索 ROM）[F0H]：当一个系统初次启动时，总线控制器可能并不知道单线总线上有多少器件或它们的64位ROM编码。搜索ROM命令允许总线控制器用排除法识别总线上的所有从机的64位编码。

Alarm search（报警搜索）[ECH]：这条命令的流程和Search ROM相同。然而，只有在最近一次测温后遇到符合报警条件的情况时，DS18B20才会响应这条命令。报警条件定义为温度高于TH或低于TL。只要DS18B20不掉电，报警状态将一直保持，直到再一次测得的温度值达不到报警条件为止。

（3）存储器操作命令 Write Scratchpad [4EH]：这个命令向DS18B20的暂存器中写入数据，开始位置在地址2；接下来写入的两个字节将被存放到暂存器中的地址2和3。可以在任何时刻发出复位命令来中止写入。

Read Scratchpad [BEH]：这个命令读取暂存器的内容。读取将从字节0开始，一直进行下去，直到第9字节（字节8，CRC）读完。如果不想读完所有字节，控制器可以在任何时间发出复位命令来中止读取。

Copy Scratchpad [48H]：这条命令把暂存器的内容复制到DS18B20的E2存储器里，即把温度报警触发字节存入非易失性存储器里。如果总线控制器在这条命令之后跟着发出读时间隙，而DS18B20又正在忙于把暂存器复制到E2存储器，DS18B20就会输出一个“0”；如果复制结束的话，DS18B20则输出“1”。如果使用寄生电源，总线控制器必须在这条命令发出后立即启动强上拉并最少保持10ms。

Convert T [44H]：这条命令启动一次温度转换而无需其他数据。温度转换命令被执行，而后DS18B20保持等待状态。如果总线控制器在这条命令之后跟着发出读时间隙，而DS18B20又忙于做时间转换的话，DS18B20将在总线上输出“0”；若温度转换完成，则输出“1”。如果使用寄生电源，总线控制器必须在发出这条命令后立即启动强上拉，并保持500ms。

Recall E2 [B8H]：这条命令把报警触发器里的值复制回暂存器。这种操作在DS18B20上电时自动执行，这样器件一上电暂存器里马上就存在有效的数据了。若在这条命令发出之后发出读时间隙，器件会输出温度转换忙的标识：“0”=忙，“1”=完成。

Read Power Supply [B4H]：若把这条命令发给DS18B20后发出读时间隙，器件会返回它的电源模式：“0”=寄生电源，“1”=外部电源。

（4）执行/数据 DS18B20需要严格的协议以确保数据的完整性。协议包括几种单线信号类型：复位脉冲、存在脉冲、写0、写1、读0和读1。所有这些信号，除存在脉冲外，都是由总线控制器发出的。

和DS18B20间的任何通信都需要以初始化序列开始，初始化序列如图3-27所示。一个复位脉冲跟着一个存在脉冲，表明DS18B20已经准备好发送和接收数据（适当的ROM命令和存储器操作命令）。

4. DS18B20的工作时序

（1）初始化 工作时序图如图3-27所示，主机总线t_0时刻发送一复位脉冲（t_{RSTL}最短为480μs的低电平信号），接着在t_1时刻释放总线并进入接收状态，DS18B20在检测到总线的上升沿之后等待15~60μs，接着DS18B20在t_2时刻发出存在脉冲（t_{PDLOE}低电平持续60~240μs），如图3-27中虚线所示，以判断是否有应答信号。

（2）读/写时间隙 DS18B20的数据读写是通过时间隙处理位和命令字来确认信息交换。

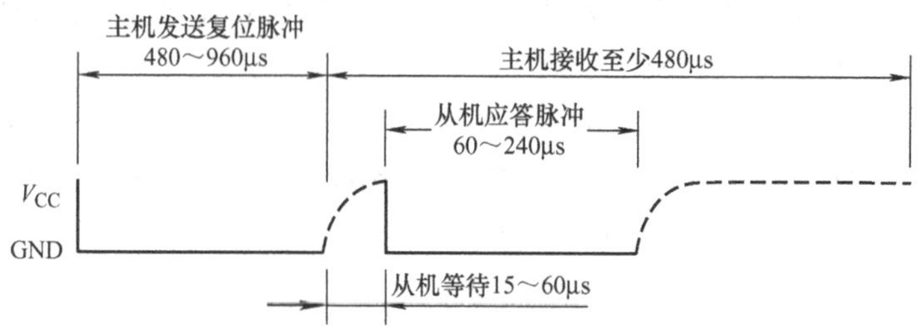

图 3-27　初始化过程“复位脉冲和存在脉冲”图

1）写时间隙。当主机把数据线从逻辑高电平拉到逻辑低电平的时候，写时间隙开始。有两种写时间隙：写 1 时间隙和写 0 时间隙。所有写时间隙必须最少持续 60μs，包括两个写周期间至少 1μs 的恢复时间。

I/O 线电平变低后，DS18B20 在一个 15～60μs 的窗口内对 I/O 线采样。如果线上是高电平，就是写 1；如果线上是低电平，就是写 0（见图 3-28a 所示的读写时序图）。

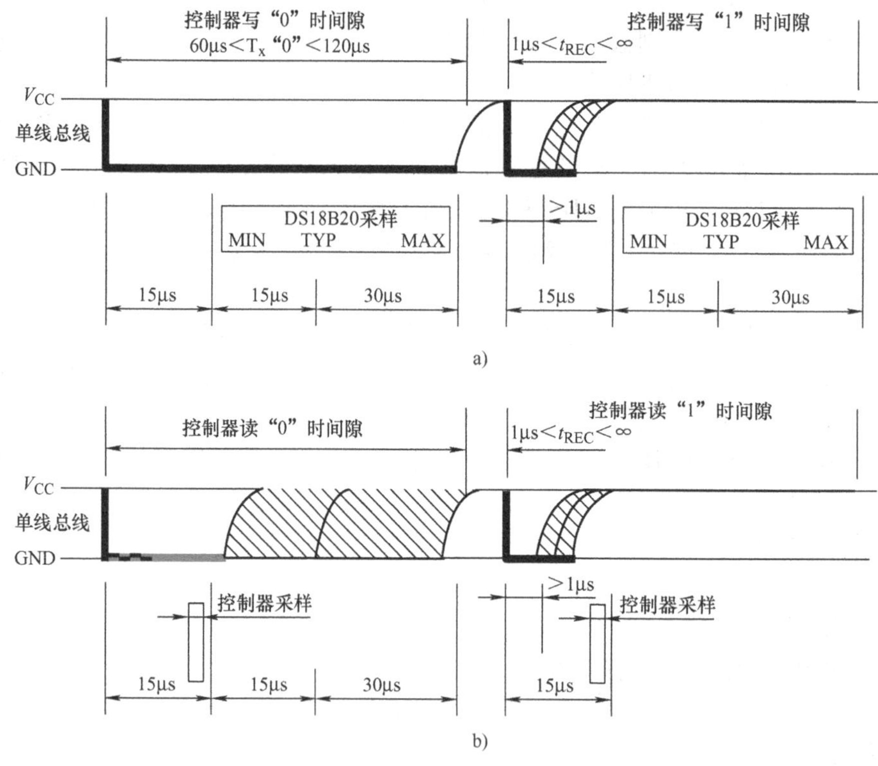

图 3-28　读写时序图

主机要生成一个写时间隙，必须把数据线拉到低电平然后释放，在写时间隙开始后的 15μs 内允许数据线拉到高电平。主机要生成一个写 0 时间隙，必须把数据线拉到低电平并保持 60μs。

2）读时间隙。当从 DS18B20 读取数据时，主机生成读时间隙。当主机把数据线从高电平拉到低电平时，写时间隙开始。数据线必须保持至少1μs，从DS18B20输出的数据在读时间隙的下降沿出现后15μs内有效。因此，主机在读时间隙开始后必须停止把I/O脚驱动为低电平15μs，以读取I/O脚状态（见图3-28b所示的读写时序图）。在读时间隙的结尾，I/O引脚将被外部上拉电阻拉到高电平。所有读时间隙必须保持最少60μs，包括两个读周期间至少1μs的恢复时间。

任务实施

1. 硬件设计

（1）仿真原理图　温度测控模块主要电路原理图如图3-29所示。

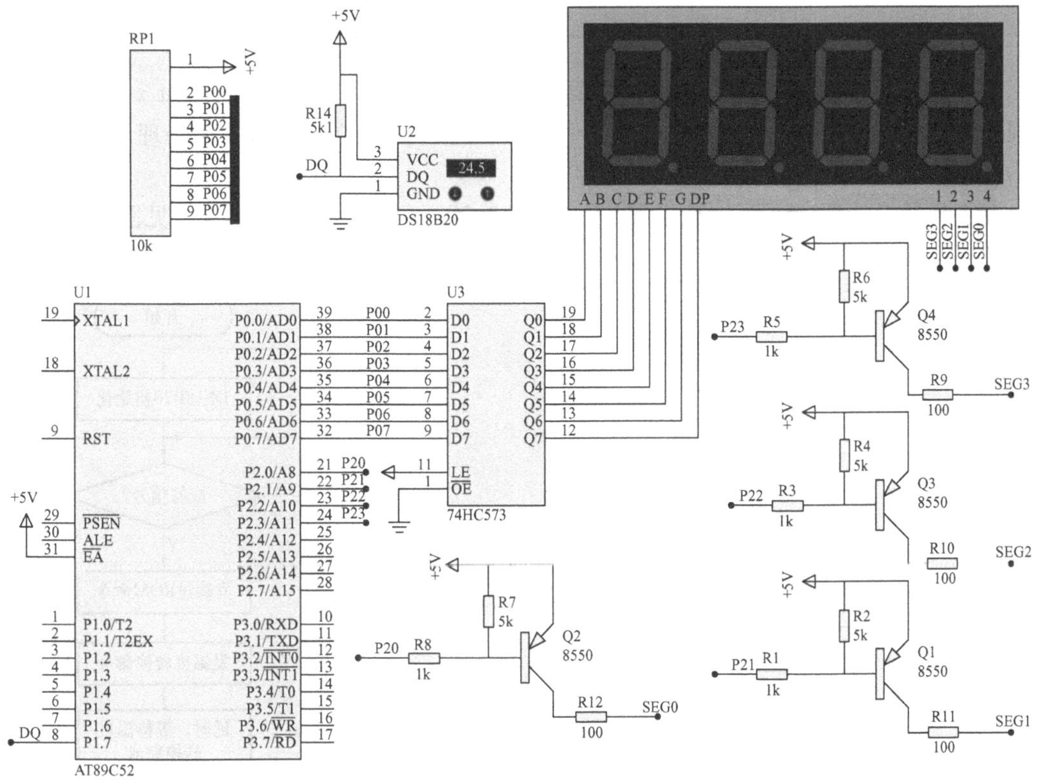

图3-29　温度测控模块主要电路原理图

设计中通过单片机的P1.7口作为DS18B20的数据读/写端口，为了保证在有效的时钟周期内提供足够的电流，该端口需要加一个5.1kΩ的上拉电阻；采用4位共阳数码管动态显示当前测量的温度值，P0口作为段码输出，P2.3~P2.0口作为数码管的位选，用晶体管驱动来增强端口的驱动能力，当P2口低4位中的某一位为低电平时，送至相应的晶体管8550的基极，该8550饱和导通，从而选通该位数码管，4位数码管前3位显示温度数值，最后1位数码管倒置后为温度的单位“℃”。

（2）元器件清单　温度测控模块主要元器件清单见表3-6。

2. 软件编程

（1）端口分配　如图3-30所示，DS18B20的数据I/O口与单片机的P1.7口相连；P0

口为数码管段选信号，P2 口的低 4 位为数码管位选信号。

表 3-6 温度测控模块主要元器件清单

元器件名称	参 数	数 量	元器件名称	参 数	数 量
单片机	AT89C52	1	电阻	100Ω	4
晶振	12MHz	1	电阻	200Ω	1
电解电容	100μF/16V	1	电阻	1kΩ	1
瓷片电容	30pF	2	电阻	2kΩ	4
温度传感器	DS18B20	1	电阻	5.1kΩ	5
二极管	1N4148	1	9 芯排阻	10kΩ	1
晶体管	8550	4	数码管	共阳	4
IC	74HC573	1	按钮	—	1

（2）程序流程图 程序中子函数主要有毫秒级延时子程序 delaynms(int x)、读温度值子程序 Read_Temperature()、数据显示子程序 Data_Display()、显示数据处理子程序 Data_Process()、DS18B20 检测出错显示子程序等。

温度测量设计程序主要包括主程序（见图 3-30）、温度读取子程序（见图 3-31）等，具体如下：

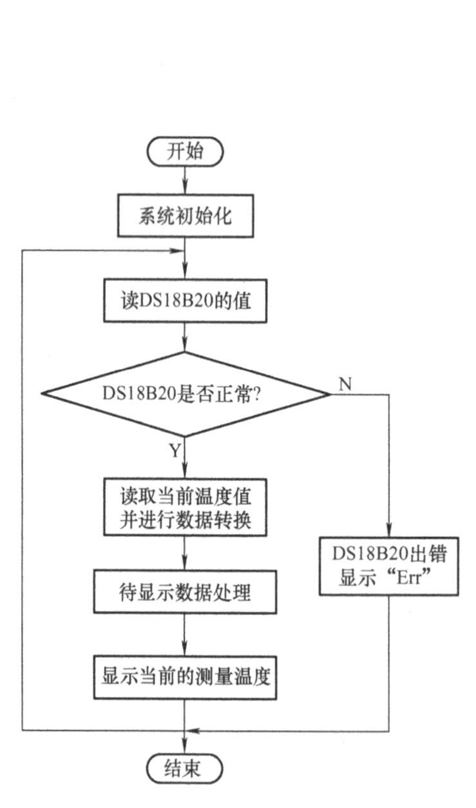

图 3-30 主程序流程图

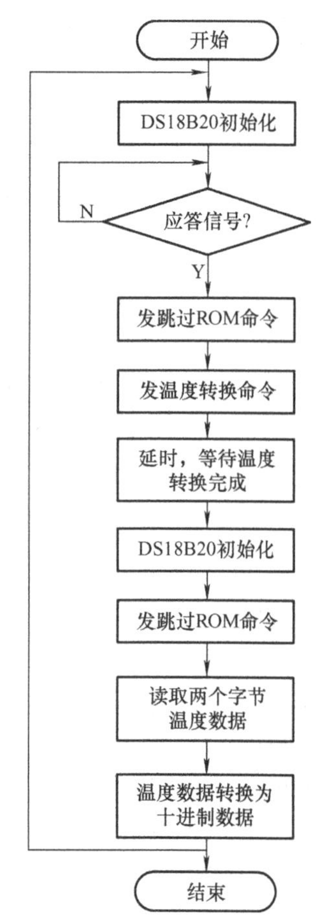

图 3-31 温度读取子程序流程图

(3) 具体程序

```
#include <reg51.h>                          //包含单片机寄存器的头文件
#include <intrins.h>                        //包含_nop_()函数定义的头文件
#define uchar unsigned char
#define uint unsigned int
sbit DQ = P1^7;                             //定义 P1.7 为 DS18B20 数据端
bit DS18B20_IS_OK = 1;                      //传感器正常标志位
bit Plus_Minus = 0;                         //温度值正负标志位
bit Point = 0;                              //小数点显示标志位
uchar time;                                 //用于延时
uchar Number, Decimal;                      //温度计算的整数、小数
uchar Temp_Value[] = {0,0};                 //读取温度值寄存器
uchar Display_Digit[] = {0,0,0,0x0c};       //暂存待显示的各温度数位
uchar Error[] = {0x86,0xaf,0xaf,0x0ff};     //没有检测到 DS18B20 出错显示 Err
uchar code Num_Tab[] = {0xc0,0xf9,0xa4,0xb0,0x99,0x92,0x82,0xf8,0x80,
0x90,0xff,0xbf,0x70};
/************ 函数功能:延时若干毫秒    入口参数:x    ****************/
void delaynms(int x)
{
uchar i;
while(x--)
for(i=0;i<123;i++);
}
/******** 函数功能:初始化 DS18B20,返回 status,1:不存在;0:存在 ********/
bit Init_DS18B20()                          //初始化 DS18B20
{
bit status;
                                            //判断 DS18B20 是否存在的标志,status = 0,表
                                              示存在;status = 1,表示不存在
DQ = 1;                                     //先将数据线拉高
for(time=0;time<3;time++);                  //略微延时,约 6μs
DQ = 0;                                     //再将数据线从高拉低,要求保持 480 ~ 960μs
for(time=0;time<150;time++);                //略微延时,约 600μs
                                            //向 DS18B20 发出一持续 480 ~ 960μs 的低电
                                              平复位脉冲
DQ = 1;                                     //释放数据线(将数据线拉高)
for(time=0;time<15;time++);
                                            //延时约 30μs(释放总线后需等待 15 ~ 60μs 让
```

```
                                        DS18B20 输出存在脉冲)
status = DQ;                            //让单片机检测是否输出了存在脉冲(DQ = 0
                                          表示存在)
for(time = 0;time < 100;time ++ );      //延时足够长时间,等待存在脉冲输出完毕
DQ = 1;
return status;
}
/ ********* 函数功能:从 DS18B20 读取一个字节数据  出口参数:dat *********** /
unsigned char ReadOnebyte( )
{
unsigned char i,dat;                    //储存读出的一个字节数据
for(i = 0;i < 8;i ++ )
{   DQ = 1;                             //先将数据线拉高
    _nop_( );                           //等待一个机器周期
    DQ = 0;                             //单片机从 DS18B20 读数据时,将数据线从高
                                          拉低即启动读时序
    dat >> = 1;
    _nop_( );                           //等待一个机器周期
    DQ = 1;                             //将数据线"人为"拉高,为单片机检测
                                          DS18B20 的输出电平做准备
    for(time = 0;time < 2;time ++ );    //延时约 6μs,使主机在 15μs 内采样
    if(DQ == 1)
    dat| = 0x80;                        //如果读到的数据是 1,则将 1 存入 dat
    else
    dat| = 0x00;                        //如果读到的数据是 0,则将 0 存入 dat
    for(time = 0;time < 15;time ++ );   //延时 30μs,两个读时序之间必须有大于 1μs
                                          的恢复期
}
return dat;                             //返回读出的十进制数据
}
/ ********* 函数功能:向 DS18B20 写入一个字节数据  入口参数:dat *********** /
uchar WriteOnebyte( uchar dat)
{
unsigned char i = 0;
for (i = 0; i < 8; i ++ )
{
    DQ = 1;                             //先将数据线拉高
    _nop_( );                           //等待一个机器周期
```

```
    DQ = 0;                               //将数据线从高拉低时即启动写时序
    DQ = dat&0x01;
                                          //利用与运算取出要写的某位二进制数据,并
                                            将其送到数据线上等待 DS18B20 采样
    for(time = 0;time < 10;time ++ )
    ;                                     //延时约 30μs,DS18B20 在拉低后的 15 ~ 60μs
                                            期间从数据线上采样
    DQ = 1;                               //释放数据线
    for(time = 0;time < 2;time ++ );      //延时 3μs,两个写时序间至少需要 1μs 的恢复期
    dat >> = 1;                           //将 dat 中的各二进制位数据右移 1 位
}
for(time = 0;time < 15;time ++ );         //稍作延时,给硬件一点儿反应时间
}
/ ****************** 函数功能:做读温度的准备 ********************** /
void ReadyReadTemp(void)
{
Init_DS18B20();                           //将 DS18B20 初始化
WriteOnebyte(0xCC);                       //跳过读序列号的操作
WriteOnebyte(0x44);                       //启动温度转换
for(time = 0;time < 100;time ++ )    ;    //温度转换需要一点儿时间
Init_DS18B20();                           //将 DS18B20 初始化
WriteOnebyte(0xCC);                       //跳过读序列号的操作
WriteOnebyte(0xBE);                       //写读取温度寄存器命令,前两个分别是温度
                                          //的低位和高位
}
/ ******** 函数功能:从 DS18B20 读取温度值并转换为十进制数 ************** /
void Read_Temperature()
{
if(Init_DS18B20() == 1)
DS18B20_IS_OK = 0;                        //DS18B20 不存在
else
{
    DS18B20_IS_OK = 1;                    //DS18B20 存在
    ReadyReadTemp();                      //准备读数据
    Temp_Value[0] = ReadOnebyte();        //准备读低 8 位数据
    Temp_Value[1] = ReadOnebyte();        //准备读高 8 位数据
    Plus_Minus = 0;
```

```
        if((Temp_Value[1]&0xF8)==0xF8)  //判断正负温度,负的
        {
          Plus_Minus=1;                 //负温度标志位置1,温度值为取反加1
          Temp_Value[1]=~Temp_Value[1];
          Temp_Value[0]=(~Temp_Value[0])+1;
          if(Temp_Value[0]==0x00)
          Temp_Value[1]++;
        }
        Number=Temp_Value[1]*16+Temp_Value[0]/16;
                                        //实际温度值=(TH*256+TL)/16, 得出温度
                                          的整数部分
        Decimal=(Temp_Value[0]%16)*10/16;
                                        //将余数乘以10再除以16取整,得到小数部分
                                          的第一位数字(保留1位小数)
    }
    }
    /***************函数功能:显示前的数据处理******************/
    void Data_Process()
    {
    if(Plus_Minus==1)                   //判断所读温度数据是否为负温度
    {
        Display_Digit[0]=0x0b;          //首位显示"-"
        if(Number>9)                    //判断整数部分是否大于9
        {
        Display_Digit[1]=Number/10;     //取十位
        Display_Digit[2]=Number%10;     //取个位
        Point=0;                        //小数点标志位置0,不显示
        }
        else
        {
        Display_Digit[1]=Number;        //整数部分小于10,取整数部分(个位)
        Display_Digit[2]=Decimal;       //取小数部分
        Point=1;                        //小数点标志位置1,显示
        }
    }
    else                                //所读温度数据为正
    {
```

```
    if(Number>99)                          //整数部分大于99
    {
    Display_Digit[0]=Number/100;           //取百位
    Display_Digit[1]=(Number/10)%10;       //取十位
    Display_Digit[2]=Number%10;            //取个位
    Point=0;                               //小数点标志位置0,不显示
    }
    else if(Number>9)                      //整数部分大于9
    {
    Display_Digit[0]=Number/10;            //取十位
    Display_Digit[1]=Number%10;            //取个位
    Display_Digit[2]=Decimal;              //取小数部分
    Point=1;                               //小数点标志位置1,显示
    }
    else
    {                                      //整数部分小于9
    Display_Digit[0]=0x0a;                 //高位不显示
    Display_Digit[1]=Number;               //取个位
    Display_Digit[2]=Decimal;              //取小数部分
    Point=1;                               //小数点标志位置1,显示
    }
}
}
/***************函数功能:数据显示******************/
void Data_Display(void)
{
P2=0xf7;                                   //开第四位数码管
P0=Num_Tab[Display_Digit[0]];              //取第四位要显示数据的代码
delaynms(2);                               //显示延时2ms
P0=0xff;
P2=0xfb;                                   //开第三位数码管
if(Point==1)                               //判断是不是要显示小数点
{
P0=Num_Tab[Display_Digit[1]]&0x7f;         //取第三位要显示数据的代码,显示小数点
}
else
{
```

```
P0 = Num_Tab[Display_Digit[1]];             //取第三位要显示数据的代码,不显示小数点
}
delaynms(2);                                //显示延时 2ms
P0 = 0xff;
P2 = 0xfd;                                  //开第二位数码管
P0 = Num_Tab[Display_Digit[2]];             //取第二位要显示数据的代码
delaynms(2);
P0 = 0xff;
P2 = 0xfe;                                  //开第一位数码管
P0 = Num_Tab[Display_Digit[3]];             //取第一位要显示数据的代码
delaynms(2);
P0 = 0xff;
P2 = 0xff;
}
/********* 函数功能:检测不到 DS18B20,显示"Err" **********/
void Error_Display(void)
{
uchar i;
P2 = 0xf7;
for(i = 0;i < 4;i ++)
{
P0 = Error[i];
delaynms(3);
P2 = P2 >> 1;
}
}
/*********** 函数功能:主函数 ************/
void main(void)
{
delaynms(5);                                //延时 5ms 给硬件一点儿反应时间
while(1)
{
    Read_Temperature();                     //读取温度值,主要用于判断 DS18B20 是否正常
    if(DS18B20_IS_OK == 1)                  //判断 DS18B20 是否正常
    {
      Read_Temperature();                   //读取温度值,并转换成十进制
      Data_Process();                       //显示数据处理
```

```
        Data_Display( );                    //显示当前测量温度值
    }
    else                                    //DS18B20 不正常
    {
        Error_Display( );                   //显示“Err”,表示出错
    }
}
}
```

3. 仿真效果

DS18B20 正常测量时的仿真效果图如图 3-32 所示，为了绘图以及连线方便，在仿真时用四位一起的数码管代替四位独立的数码管。

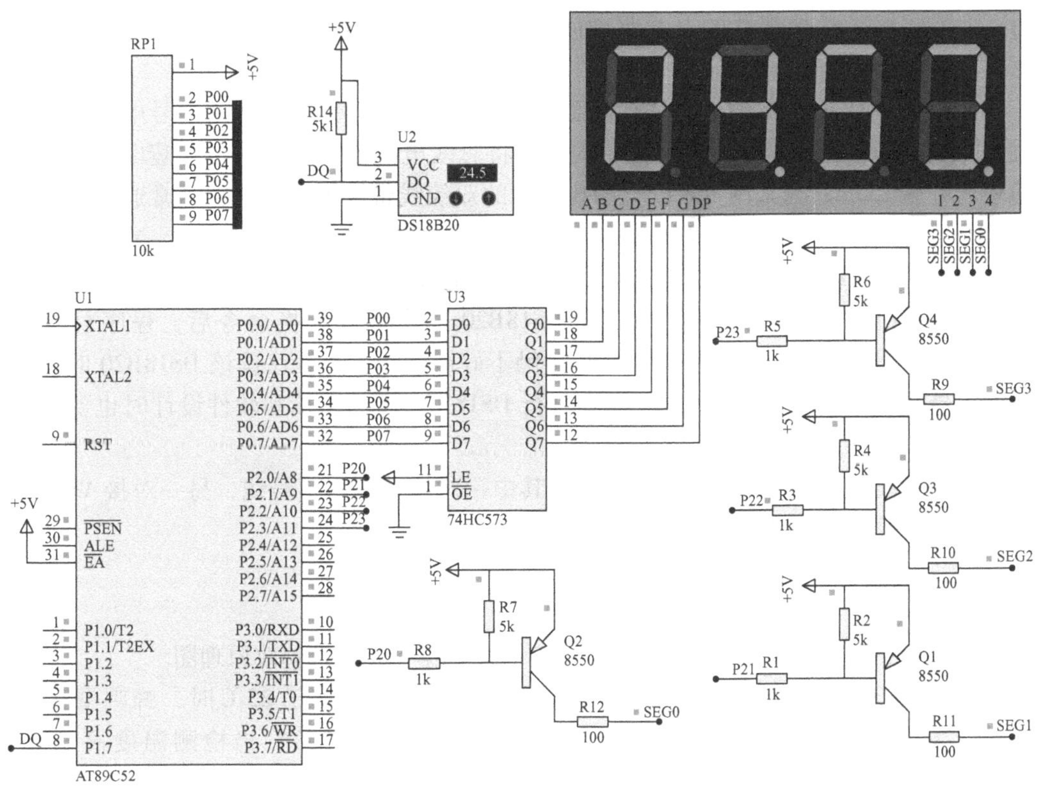

图 3-32　DS18B20 的仿真效果图

4. 安装与调试

内容讲解：

图 1-91　温度测量模块实物调试结果展示视频：

任务小结

DS18B20 虽然具有测温系统简单、测温精度高、连接方便、占用口线少等优点，但在实际应用中也应注意以下几方面的问题：

1. 较小的硬件开销需要相对复杂的软件进行补偿，由于 DS18B20 与微处理器间采用串行数据传输，因此，在对 DS18B20 进行读写编程时，要严格注意其协议以及对时序的要求，必须严格保证读/写时序，否则将无法读取测温结果。

2. 在 DS18B20 的有关资料中均未提及单总线上所挂 DS18B20 的数量问题，容易使人误认为可以挂任意多个 DS18B20，在实际应用中并非如此。当单总线上所挂 DS18B20 超过 8 个时，就需要解决微处理器的总线驱动问题，这一点在进行多点测温系统设计时要加以注意。

3. 连接 DS18B20 的总线电缆是有长度限制的。试验中，当采用普通信号电缆传输长度超过 50m 时，读取的测温数据将发生错误。当将总线电缆改为双绞线带屏蔽电缆时，正常通信距离可达 150m；当采用每米绞合次数更多的双绞线带屏蔽电缆时，正常通信距离进一步加长。这种情况主要是由总线分布电容使信号波形产生畸变造成的，因此，在用 DS18B20 进行长距离测温系统设计时，要充分考虑总线分布电容和阻抗匹配问题。

4. 在 DS18B20 测温程序设计中，向 DS18B20 发出温度转换命令后，程序总要等待 DS18B20 的返回信号，一旦某个 DS18B20 接触不好或断线，当程序读该 DS18B20 时，将没有返回信号，程序进入死循环。这一点在进行 DS18B20 硬件连接和软件设计时也要给予一定的重视。

测温电缆线建议采用屏蔽 4 芯双绞线，其中一对接地线与信号线，另一对接 VCC 和地线，屏蔽层在源端单点接地。

课后习题

按照下列要求完成温度测控模块的设计，可以根据需要设计修改原理图。

1. 参照图 3-33，设计一个温度控制程序，当检测温度低于 25℃时，蜂鸣器开始慢速“滴”声报警，并且 P1.6 口发光二极管点亮（模拟制热）；当检测温度高于 30℃时，蜂鸣器开始快速“滴”声报警，并且 P1.4 口控制继电器吸合起动直流电动机（模拟制冷）。

2. 参照图 3-33，采用 DS18B20 进行外部温度测量，通过按键进行温度的设定，并通过 1602 液晶显示当前的温度测量值和已设定的温度值；当外部温度大于设定温度值时起动电动机，同时声音报警，正常工作指示灯熄灭；当外部温度大于设定温度值时正常工作指示灯点亮，同时关闭电动机和声音报警。

3. 参照图 3-34，通过按键设定两个温度值（下限、上限），当测量温度高于上限时电动机高速运转；当测量温度低于下限时电动机停止运转；当测量温度处于上、下限之间时电动机低速运转，同时在液晶上显示当前电动机的状态。

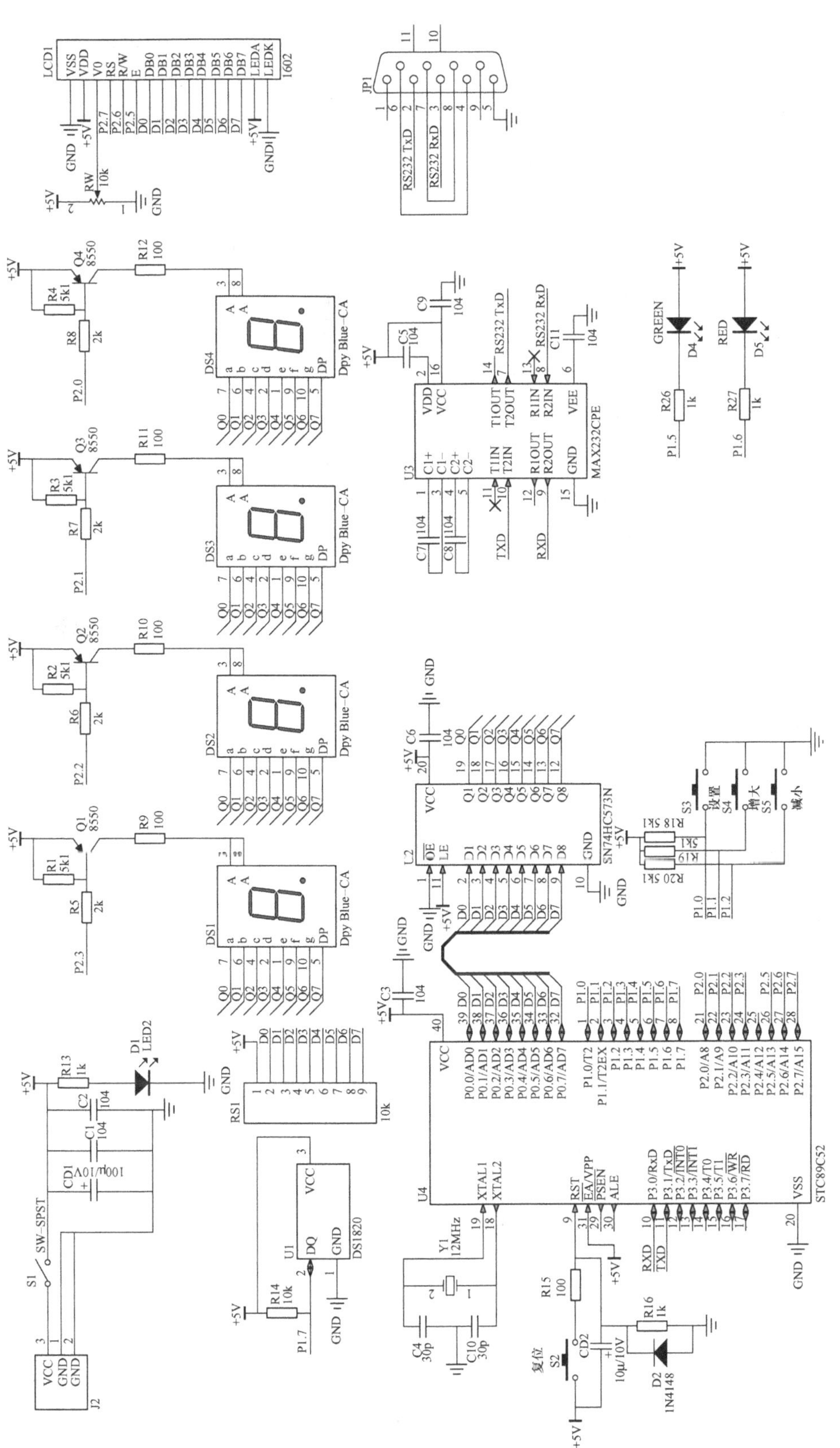

图3-33　DS18B20温度测量原理图

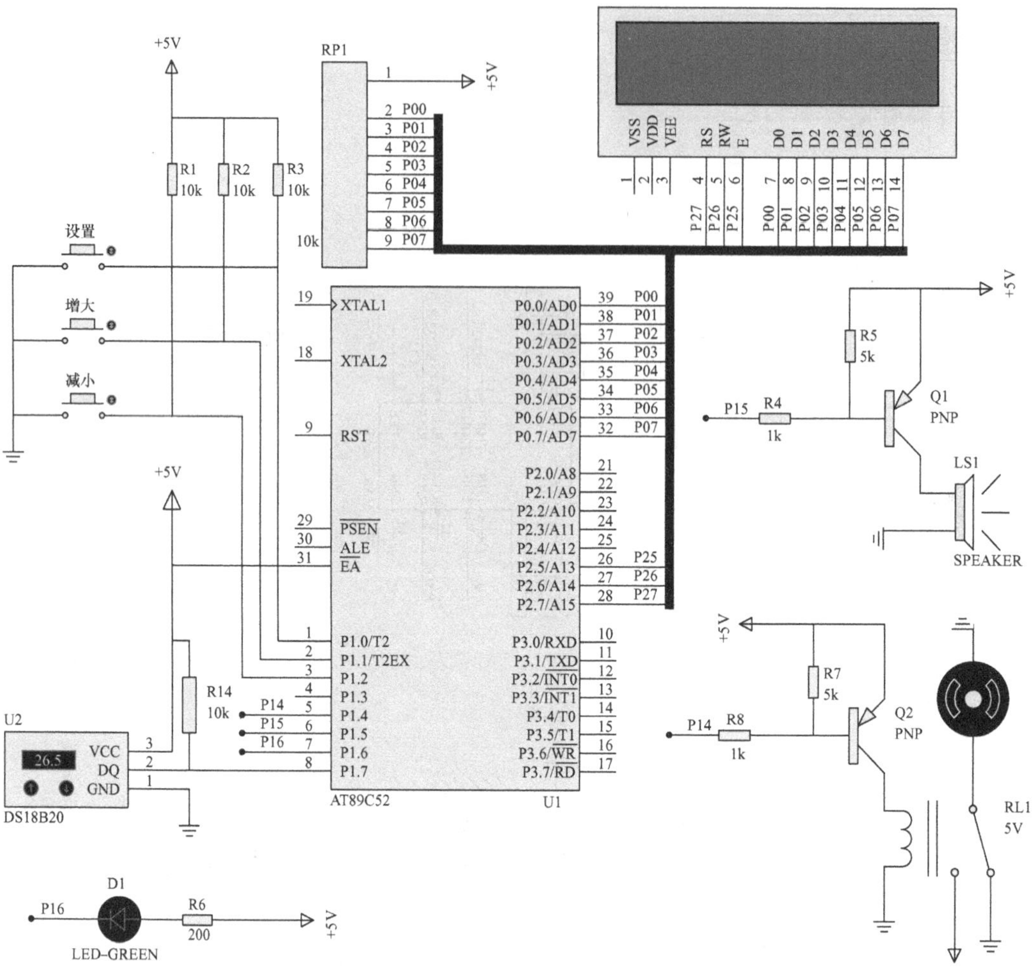

图 3-34　DS18B20 温控电路原理图

任务 4　设计单片机双机通信

问题提出

随着计算机网络技术和互联网的快速发展与普及，计算机的通信功能在社会生活中的作用越发重要，现在串行通信方式已经较为广泛地应用于多微机系统以及现代测控系统当中，并且取得了不错的效果。计算机工业控制串行通信示意图如图 3-35 所示。

在串行通信的应用中，必须将串行通信、数据信息、控制信息在一条线上发送，并按照事先约定的通信协议对数据与控制信息进行明确的区分。

学习目标

【知识目标】

（1）学习串行通信的基本知识；

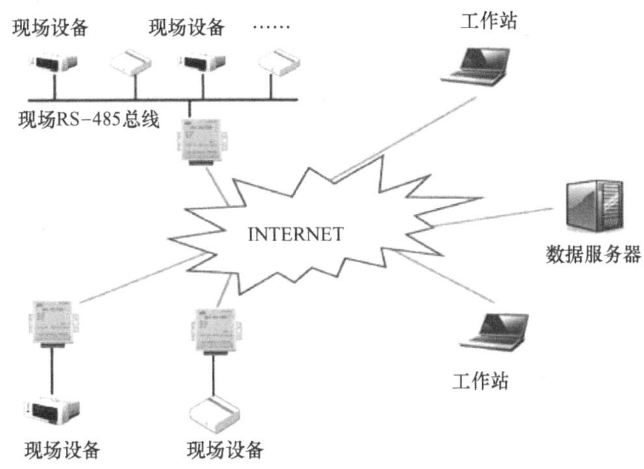

图 3-35　计算机工业控制串行通信示意图

(2) 了解串行通信波特率的知识；
(3) 学习串行通信控制字的意义。

【能力目标】

(1) 能根据波特率计算定时参数；
(2) 能根据要求设置串行通信控制字；
(3) 能进行双机通信硬件与软件设计。

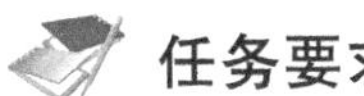

任务要求

系统中有甲、乙两个单片机系统，在每个单片机的 P1.0 和 P1.1 口均有两个按键，其中按下 P1.0 键时数字增加，按下 P1.1 键时数字减小，甲单片机的 TXD 引脚和乙单片机的 RXD 相连，同时乙单片机的 TXD 引脚和甲单片机的 RXD 相接，甲、乙两个单片机的 P2 口都接了一个共阴数码管。设两个单片机采用方式 1 的异步通信方式进行通信，甲单片机上的两个按键可以控制乙单片机上数码管进行“0”到“9”之间的正反计数，同样乙单片机上的两个按键可以控制甲单片机上数码管进行“0”到“9”之间的正反计数，设初始状态两个数码管均不显示，通信波特率约定为 9600bit/s。

任务分析

通过任务要求可以得知，甲、乙两个单片机系统均具有接收和发送功能，可通过查询的方式知道各自单片机系统按下的是“计数增加”还是“计数减少”的按键，用中断方式接收对方单片机发过来的数据并显示。

相关知识

通信有并行通信和串行通信两种方式。在多微机系统以及现代测控系统中信息的交换多采用串行通信方式。

计算机通信是将计算机技术和通信技术相结合，完成计算机与外部设备或计算机与计算机之间的信息交换。计算机通信可以分为两大类：并行通信与串行通信。

并行通信通常是将数据字节的各位用多条数据线同时进行传输，并行通信方式如图 3-36所示。

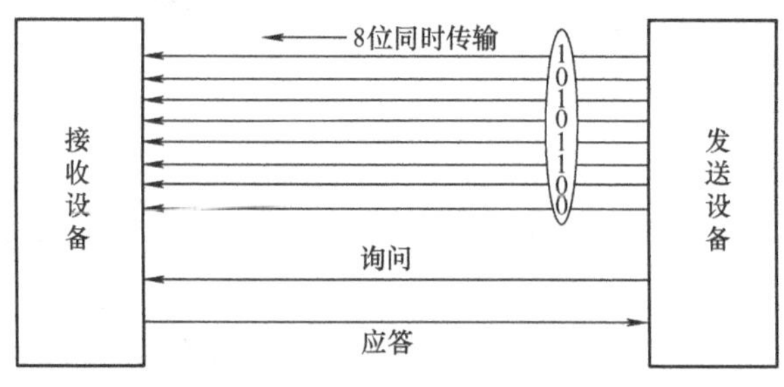

图 3-36　并行通信方式

并行通信控制简单、传输速度快；由于传输线较多，长距离传输时成本高且接收方的各位同时接收存在困难。

串行通信是将数据字节分成一位一位的形式在一条传输线上逐个传输，串行通信方式如图 3-37 所示。

图 3-37　串行通信方式

串行通信的特点：传输线少，长距离传输时成本低，且可以利用电话网等现成的设备，但数据的传输控制比并行通信复杂。

4.1　串行通信的数据传输

1. 串行通信的传输方向

在串行通信中数据是在两个站之间进行传输的，按照数据传输方向，串行通信可分为单工（Simplex）、半双工（Half Duplex）和全双工（Full Duplex）三种制式。单工、半双工和全双工三种制式示意图如图 3-38 所示。

在单工制式下，通信线的一端接发送器，另一端接接收器，数据只能按照一个固定的方向传输，不能实现反向传输，单工方式如图 3-38a 所示。

在半双工制式下，系统的每个通信设备都由一个发送器和一个接收器组成，数据传输可以沿两个方向，但需要分时进行，不能同时在两个方向上传输，即只能一端发送，一端接收。其收发开关一般是由软件控制的电子开关，半双工方式如图 3-38b所示。

全双工通信系统的每端都有发送器和接收器，可以同时发送和接收，即数据可以在两个方向上同时传输，全双工方式如图 3-38c 所示。

在实际应用中，尽管多数串行通信接口电路具有全双工功能，但一般情况下只工作于半双工制式下，这种用法简单、实用。

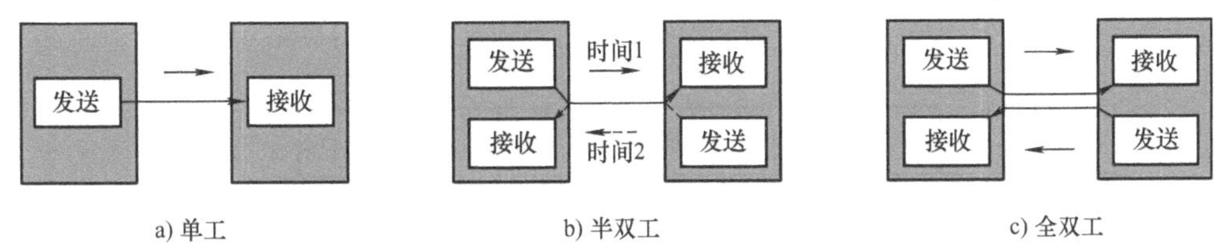

图 3-38　单工、半双工和全双工三种制式示意图

2. 串行通信的数据传输速率（波特率）

波特率为每秒钟传输二进制数码的位数，也叫比特数，单位为 bit/s，即位/秒。波特率用于表征数据传输的速度，波特率越高，数据传输速率越快。但波特率和字符的实际传输速率不同，字符的实际传输速率是每秒内所传字符帧的帧数，和字符帧格式有关。

与波特率相对应的是传送每位二进制数所用的时间，它是波特率的倒数。在进行串行通信中的发送端和接收端的波特率设置时，必须采用相同的波特率，才能保证串行通信的正确性。通常，异步通信的波特率为 50～9600bit/s。

4.2　串行通信的分类

串行接口电路的种类和型号很多。能够完成异步通信的硬件电路称为 UART，即通用异步接收器/发送器（Universal Asynchronous Receiver/Transmitter）；能够完成同步通信的硬件电路称为 USRT（Universal Synchronous Receiver/Transmitter）；既能够完成异步通信又能够完成同步通信的硬件电路称为 USART（Universal Synchronous Asynchronous Receiver/Transmitter）。

从本质上说，所有的串行接口电路都是以并行数据形式与 CPU 接口，以串行数据形式与外部逻辑接口。它们的基本功能多是从外部逻辑接收串行数据，转换成并行数据后传输给 CPU，或从 CPU 接收并行数据，转换成串行数据后输出到外部逻辑。

按照串行数据的时钟控制方式，串行通信可分为同步通信和异步通信两类。

1. 异步通信（Asynchronous Communication）

在异步通信中，数据通常是以字符为单位组成字符帧传输的。字符帧由发送端一帧一帧地发送，每一帧数据均是低位在前，高位在后，被接收端通过传输线一帧一帧地接收。发送端和接收端可以由各自独立的时钟来控制数据的发送和接收，这两个时钟彼此独立，互不同步。

在异步通信中，接收端是依靠字符帧格式来判断发送端是何时开始发送，何时结束发送的。字符帧格式是异步通信的一个重要指标。

（1）字符帧（Character Frame）　字符帧也叫数据帧，由起始位、数据位、奇偶校验位和停止位 4 部分组成，异步通信的字符帧格式如图 3-39 所示。

1）起始位：位于字符帧开头，只占一位，为逻辑 0 低电平，用于向接收设备表示发送端开始发送一帧信息。

2）数据位：紧跟起始位之后，用户根据情况可取 5 位、6 位、7 位或 8 位，低位在前、高位在后。

3）奇偶校验位：位于数据位之后，仅占一位，用来表征串行通信中采用奇校验还是偶

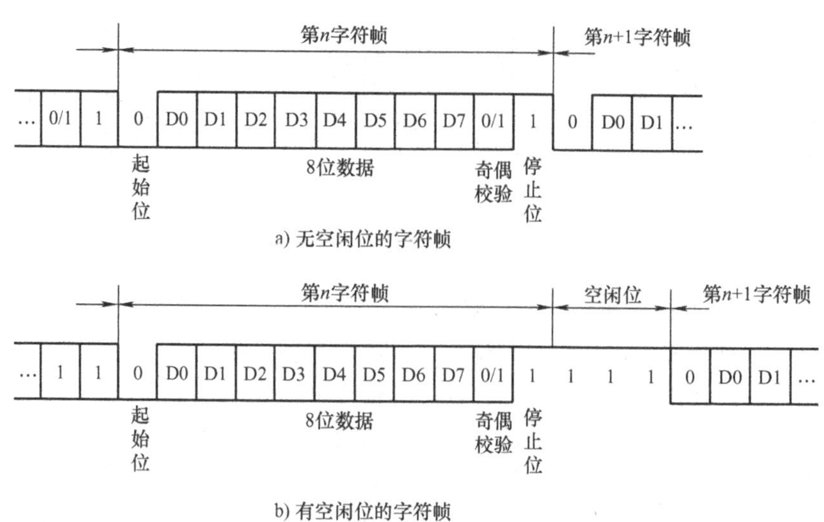

图 3-39　异步通信的字符帧格式

校验，由用户决定。

4）停止位：位于字符帧最后，为逻辑 1 高电平。通常可取 1 位、1.5 位或 2 位，用于向接收端表示一帧字符信息已经发送完，也为发送下一帧做好准备。

在串行通信中，两相邻字符帧之间可以没有空闲位，如图 3-39a 所示；也可以有若干空闲位，这由用户来决定，图 3-39b 表示有 3 个空闲位的字符帧格式。

（2）波特率（Baud Rate）异步通信的另一个重要指标为波特率。波特率是每秒钟传输二进制代码的位数，单位是位/秒（bit/s）。如每秒钟传输 240 个字符，而每个字符格式包含 10 位（1 个起始位、1 个停止位、8 个数据位），这时的比特率为 10bit ×240/s =2400bit/s。

异步通信的优点是不需要传输同步时钟，字符帧长度不受限制，故设备简单。缺点是字符帧中因包含起始位和停止位而降低了有效数据的传输速率。

2. 同步通信（Synchronous Communication）

同步通信是一种连续串行传输数据的通信方式，一次通信只传输一帧信息。这里的信息帧和异步通信的字符帧不同，通常有若干个数据字符，同步通信的字符帧格式如图 3-40 所示。图 3-40a 为单同步字符帧格式，图 3-40b 为双同步字符帧格式，但它们均由同步字符、数据字符和校验字符 CRC 三部分组成。在同步通信中，同步字符可以采用统一的标准格式，也可以由用户约定。

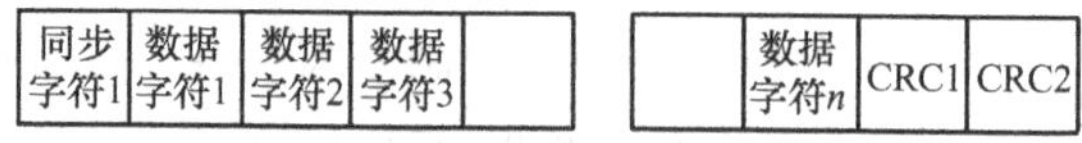

a) 单同步字符帧格式

b) 双同步字符帧格式

图 3-40　同步通信的字符帧格式

4.3　MCS-51 串行口的结构

MCS-51 内部有两个独立的接收、发送缓冲器 SBUF，SBUF 属于特殊功能寄存器。发送缓冲器只能写入不能读出，接收缓冲器只能读出不能写入，二者共用一个字节地址（99H）。串行口的结构示意图如图 3-41 所示。

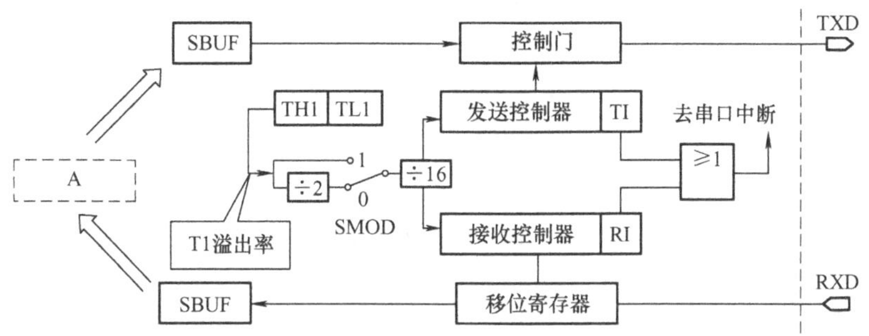

图3-41　串行口结构示意图

与MCS-51串行口有关的特殊功能寄存器有SBUF、SCON、PCON，下面对它们分别做详细说明。

1. 串行口数据缓冲器SBUF

SBUF是两个在物理上独立的接收、发送寄存器，一个用于存放接收到的数据，另一个用于存放欲发送的数据，可同时发送和接收数据。两个缓冲器共用一个地址99H，通过对SBUF的读、写指令来区别是对接收缓冲器还是发送缓冲器进行操作。CPU在写SBUF时，就是修改发送缓冲器；读SBUF，就是读接收缓冲器的内容。接收或发送数据，是通过串行口对外的两条独立收发信号线RXD（P3.0）、TXD（P3.1）来实现的，因此可以同时发送、接收数据，其工作方式为全双工制式。

2. 串行口控制寄存器SCON

在串行口的实际运用中，收发双方都有对SCON的编程，SCON用来控制串行口的工作方式和状态，可以位寻址，字节地址为98H。单片机复位时，所有位全为0。SCON的各位定义见表3-7。

表3-7　SCON的各位定义

SCON	9FH	9EH	9DH	9CH	9BH	9AH	99H	98H
	SM0	SM1	SM2	REN	TB8	RB8	TI	RI

对各位的说明如下：

SM0、SM1：串行方式选择位，其定义见表3-8。

表3-8　串行方式的定义

SM0	SM1	工作方式	功　能	波特率
0	0	方式0	8位同步移位寄存器	$f_{osc}/12$
0	1	方式1	10位UART	可变
1	0	方式2	11位UART	$f_{osc}/64$或$f_{osc}/32$
1	1	方式3	11位UART	可变

SM2：多机通信控制位，用于方式 2 和方式 3 中。在方式 2 和方式 3 处于接收方式时，若 SM2 = 1，且接收到的第 9 位数据 RB8 为 0 时，不激活 RI；若 SM2 = 1，且 RB8 = 1 时，则置 RI = 1。在方式 2 和方式 3 处于接收或发送方式时，若 SM2 = 0，不论接收到的第 9 位 RB8 为 0 还是为 1，TI、RI 都以正常方式被激活。在方式 1 处于接收方式时，若 SM2 = 1，则只有收到有效的停止位后，RI 置 1。在方式 0 中，SM2 应为 0。

REN：允许串行接收位。它由软件置位或清 0。REN = 1 时，允许接收；REN = 0 时，禁止接收。

TB8：发送数据的第 9 位。在方式 2 和方式 3 中，由软件置位或复位，可作为奇偶校验位。在多机通信中，可作为区别地址帧或数据帧的标识位，一般约定地址帧时，TB8 为 1，约定数据帧时，TB8 为 0。

RB8：接收数据的第 9 位，功能同 TB8。

TI：发送中断标志位。在方式 0 中，发送完 8 位数据后，由硬件置位；在其他方式中，在发送停止位之初由硬件置位。因此，TI 是发送完一帧数据的标志，可以用查询的方法来判断数据是否发送结束。TI = 1 时，也可向 CPU 申请中断，响应中断后，必须由软件清除 TI。

RI：接收中断标志位。在方式 0 中，接收完 8 位数据后，由硬件置位；在其他方式中，在接收停止位的中间由硬件置位。同 TI 一样，也可以通过查询的方法来判断一帧数据是否接收完。RI = 1 时，也可申请中断，响应中断后，必须由软件清除 RI。

在实际运用中，SCON = 0X40，使单片机工作在串行通信的方式 1 下。

3. 电源及波特率选择寄存器 PCON

PCON 主要是为 CHMOS 型单片机的电源控制而设置的专用寄存器，不可以位寻址，字节地址为 87H。在 HMOS 的 8051 单片机中，PCON 除了最高位以外，其他位都是虚设的。PCON 的各位定义见表 3-9。

表 3-9　PCON 的各位定义

D7	D6 ~ D0
SMOD	

当 SMOD 为 1 时使波特率加倍，SMOD 为 0 时波特率不变。PCON 的其他位为掉电方式控制位。

4.4　MCS-51 串行口的工作方式

1. 方式 0

在方式 0 下，串行口作同步移位寄存器用，其波特率固定为 $f_{osc}/12$。串行数据从 RXD（P3.0）端输入或输出，同步移位脉冲由 TXD（P3.1）送出。这种方式常用于扩展 I/O 口。

（1）发送　当一个数据写入串行口发送缓冲器 SBUF 时，串行口将 8 位数据以 $f_{osc}/12$ 的波特率从 RXD 引脚输出（低位在前），发送完置中断标志 TI 为 1，请求中断。在再次发送数据之前，必须由软件清 TI 为 0。方式 0 用于扩展 I/O 口输出及时序图如图 3-42 所示。其中，74LS164 为串入并出移位寄存器。

（2）接收　在满足 REN = 1 和 RI = 0 的条件下，串行口即开始从 RXD 端以 $f_{osc}/12$ 的波

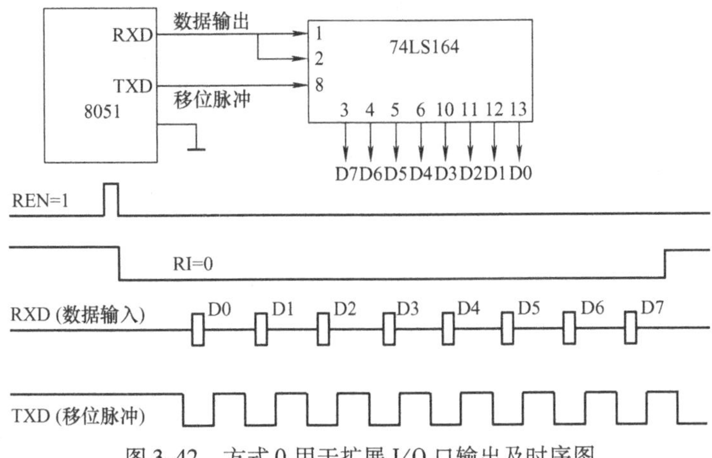

图3-42　方式0用于扩展I/O口输出及时序图

特率输入数据（低位在前），当接收完8位数据后，置中断标志RI为1，请求中断。在再次接收数据之前，必须由软件清RI为0。方式0用于扩展I/O口输入及时序图如图3-43所示。其中，74LS165为并入串出移位寄存器。

串行控制寄存器SCON中的TB8和RB8在方式0中未用。值得注意的是，每当发送或接收完8位数据后，硬件会自动置TI或RI为1，CPU响应TI或RI中断后，必须由用户用软件清0。方式0时，SM2必须为0。

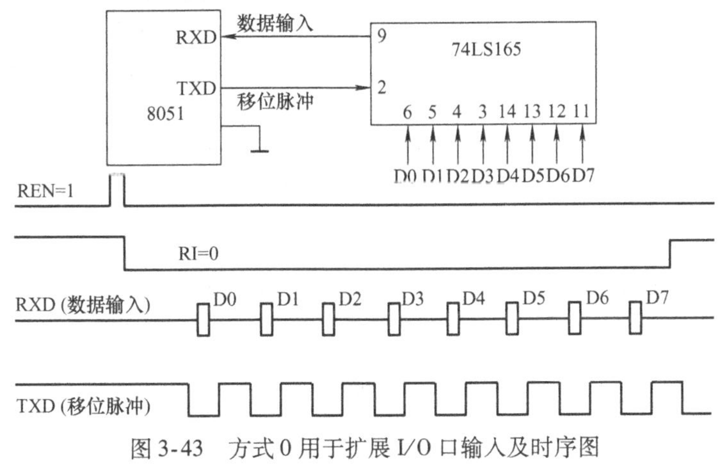

图3-43　方式0用于扩展I/O口输入及时序图

2. 方式1

如果收发双方都是工作在方式1下，此时，串行口为波特率可调的10位通用异步接口UART。发送或接收一帧信息，包括1位起始位0、8位数据位和1位停止位1。方式1一帧数据格式如图3-44所示。

（1）发送　发送时，数据从TXD端输出，当数据写入发送缓冲器SBUF后，启动发送器发送。当发送完一帧数据后，置中断标志TI为1。方式1所传输的波特率取决于定时器1的溢出率和PCON中的SMOD位。方式1发送时序图如图3-45所示。

（2）接收　用软件置REN为1时，接收器以所选择波特率的16倍速率采样RXD引脚电平，检测到RXD引脚输入电平发生负跳变时，则说明起始位有效，将其移入输入移位寄

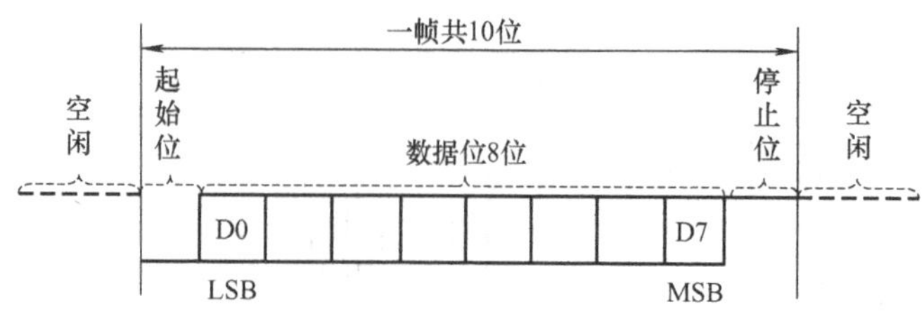

图 3-44　方式 1 一帧数据格式

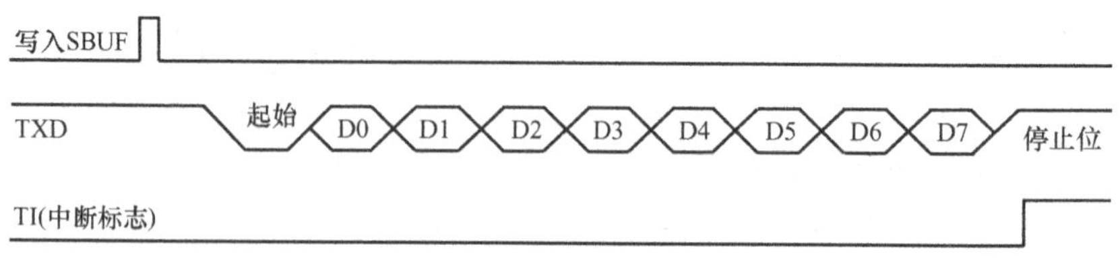

图 3-45　方式 1 发送时序图

存器，并开始接收这一帧信息的其余位。接收过程中，数据从输入移位寄存器右边移入，起始位移至输入移位寄存器最左边时，控制电路进行最后一次移位。当 RI = 0，且 SM2 = 0（或接收到的停止位为 1）时，将接收到的 9 位数据的前 8 位数据装入接收 SBUF，第 9 位（停止位）进入 RB8，并置RI = 1，向 CPU 请求中断。方式 1 接收时序图如图 3-46 所示。

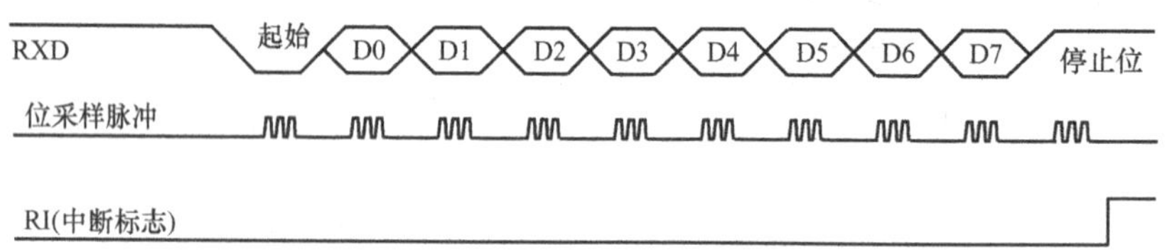

图 3-46　方式 1 接收时序图

3. 方式 2 和方式 3

方式 2 或方式 3 时为 11 位数据的异步通信口。TXD 为数据发送引脚，RXD 为数据接收引脚。方式 2、3 时 11 位的帧格式如图 3-47 所示。

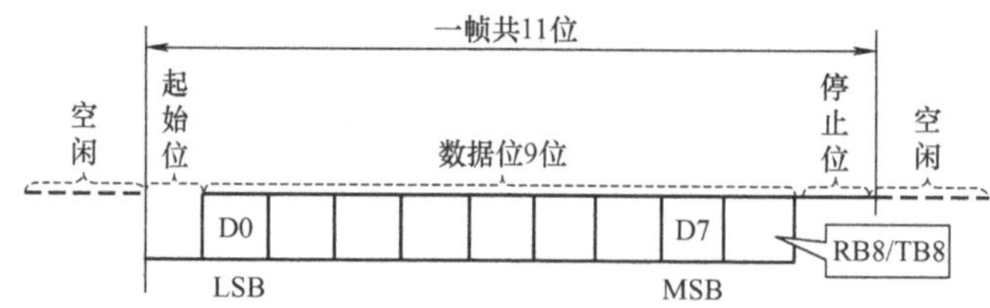

图 3-47　方式 2、3 时 11 位的帧格式

方式 2 和方式 3 时有起始位 1 位、数据位 9 位（含 1 位附加的第 9 位，发送时为 SCON 中的 TB8，接收时为 RB8）、停止位 1 位，一帧数据为 11 位。方式 2 的波特率为晶振频率的 1/64 或 1/32，方式 3 的波特率由定时器 T1 的溢出率决定，所以除了波特率设置有不同以外，方式 3 和方式 2 完全相同。

（1）发送　方式 2、3 发送时序图如图 3-48 所示。

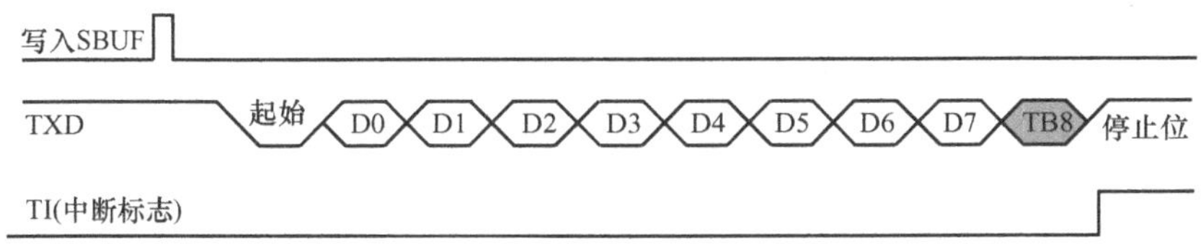

图 3-48　方式 2、3 发送时序图

发送时，先根据通信协议由软件设置 TB8，然后用指令将要发送的数据写入 SBUF，启动发送器。写 SBUF 的指令，除了将 8 位数据送入 SBUF 外，同时还将 TB8 装入发送移位寄存器的第 9 位，并通知发送控制器进行一次发送，一帧信息即从 TXD 发送，在送完一帧信息后，TI 被自动置 1。在发送下一帧信息之前，TI 必须由中断服务程序或查询程序清 0。

（2）接收　方式 2、3 接收时序如图 3-49 所示。

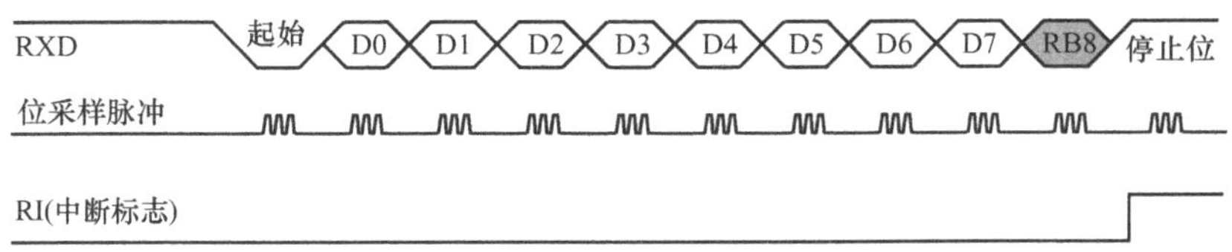

图 3-49　方式 2、3 接收时序图

当 REN = 1 时，允许串行口接收数据。数据由 RXD 端输入，接收 11 位的信息。当接收器采样到 RXD 端的负跳变，并判断起始位有效后，开始接收一帧信息。当接收器接收到第 9 位数据后，若同时满足以下两个条件：RI = 0 和 SM2 = 0 或接收到的第 9 位数据为 1，则接收数据有效，8 位数据送入 SBUF，第 9 位送入 RB8，并置 RI = 1。若不满足上述两个条件，则信息丢失。

4.5　MCS-51 串行口的波特率

在串行通信中，收发双方对传输的数据速率（即波特率）要有一定的约定。MCS-51 单片机的串行口通过编程可以有 4 种工作方式。其中，方式 0 和方式 2 的波特率是固定的，方式 1 和方式 3 的波特率可变，由定时器 1 的溢出率决定，下面加以分析。

1. 方式 0 和方式 2

在方式 0 中，波特率为时钟频率的 1/12，即 $f_{osc}/12$，固定不变。

在方式 2 中，波特率取决于 PCON 中的 SMOD 值，当 SMOD = 0 时，波特率为 $f_{osc}/64$；当 SMOD = 1 时，波特率为 $f_{osc}/32$，即波特率 $= \frac{2^{SMOD}}{64} f_{osc}$。

2. 方式 1 和方式 3

在方式 1 和方式 3 下，波特率由定时器 1 的溢出率和 SMOD 共同决定，即方式 1 和方式 3 的波特率 = 定时器 1 溢出率。

其中，定时器 1 的溢出率取决于单片机定时器 1 的计数速率和定时器的预置值。计数速率与 TMOD 寄存器中的 $C/\overline{T}$ 位有关。当 $C/\overline{T} = 0$ 时，计数速率为 $f_{osc}/12$；当 $C/\overline{T} = 1$ 时，计数速率为外部输入时钟频率。

实际上，当定时器 1 做波特率发生器使用时，通常是工作在方式 2，即自动重装载的 8 位定时器，此时 TL1 作计数用，自动重装载的值在 TH1 内。设计数的预置值（初始值）为 X，那么每过 256-X 个机器周期，定时器溢出一次。为了避免因溢出而产生不必要的中断，此时应禁止 T1 中断。则溢出周期为$\frac{12}{f_{osc}}(256-X)$；溢出率为溢出周期的倒数，所以波特率 = $\frac{2^{SMOD}}{32}\times\frac{f_{osc}}{12(256-X)}$。

定时器 1 各种常用的波特率及获取参数见表 3-10。

表 3-10　定时器 1 各种常用的波特率及获取参数

波特率	f_{osc}/MHz	SMOD	定时器 1		
			$C/\overline{T}$	模式	初始值
方式 0：1	12	×	×	×	×
方式 2：375k bit/s	12	1	×	×	×
方式 1、3：62.5k bit/s	12	1	0	2	FFH
19.2k bit/s	11.059	1	0	2	FDH
9.6k bit/s	11.059	0	0	2	FDH
4.8k bit/s	11.059	0	0	2	FAH
2.4k bit/s	11.059	0	0	2	F4H
1.2k bit/s	11.059	0	0	2	E8H
137.5k bit/s	11.986	0	0	2	1DH
110 bit/s	6	0	0	2	72H

4.6　接口电路介绍

4.7　双机通信设计

1. 双机通信硬件电路

如果两个 MCS-51 单片机系统距离较近，那么就可以将它们的串行口直接相连，实现双机通信，双机异步通信接口电路如图 3-50 所示。

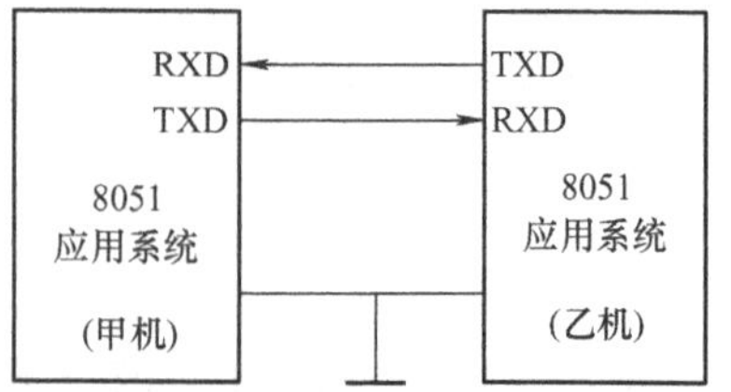

图 3-50　双机异步通信接口电路

为了增加通信距离，减少通道和电源干扰，可以在通信线路上采用光电隔离的方法，利用 RS-422A 标准进行双机通信，RS-422A 双机异步通信接口电路如图 3-51 所示。

发送端的数据由串行口 TXD 端输出，通过 74LS05 反相驱动，经光耦合器送到驱动芯片 SN75174 的输入端。SN75174 将输出的 TTL 信号转换为符合 RS-422A 标准的差动信号输出，经传输线（双绞线）将信号送到接收端。接收芯片 SN75175 将差动信号转换为 TTL 信号，通过反相后，

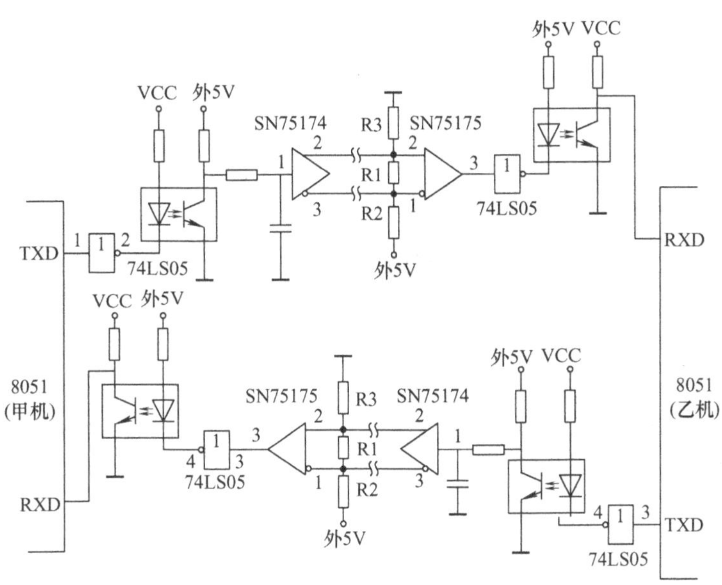

图3-51 RS-422A双机异步通信接口电路

经光耦合器到达接收机串行口的接收端。

每个通道的接收端都有三个电阻：R1、R2、R3。R1为传输线的匹配电阻，取值在100Ω～1kΩ之间，其他两个电阻是为了解决第一个数据的误码而设置的匹配电阻。值得注意的是，光耦合器必须使用两组独立的电源，只有这样才能起到隔离、抗干扰的作用。

2. 双机通信软件编程

对于双机异步通信的程序通常采用两种方法：查询方式和中断方式。下面通过单片机双向通信程序设计穿插介绍这两种方法的具体应用。

任务实施

1. 硬件设计

（1）单片机双向通信仿真原理图 单片机双向通信仿真原理图如图3-52所示。

（2）单片机双向通信材料清单 单片机双向通信材料清单（甲或乙）见表3-11。

表3-11 单片机双向通信材料清单（甲或乙）

元器件名称	参数	数量	元器件名称	参数	数量
IC插座	DIP40	1	电阻	1kΩ	1
单片机	AT89C52	1	电阻	51Ω	1
晶振	6MHz或12MHz	1	瓷片电容	15～30pF	2
发光二极管	—	8	独石电容	0.01μF	2
电解电容	10μF/16V	1	电解电容	1μF/16V	2
集成芯片	MAX232	1	按键	—	3
共阴数码管	（实际使用共阳）	1			

2. 软件设计

（1）端口分配 甲机中K1、K2按键分别连接在P1.0、P1.1端口，当按键按下时为低

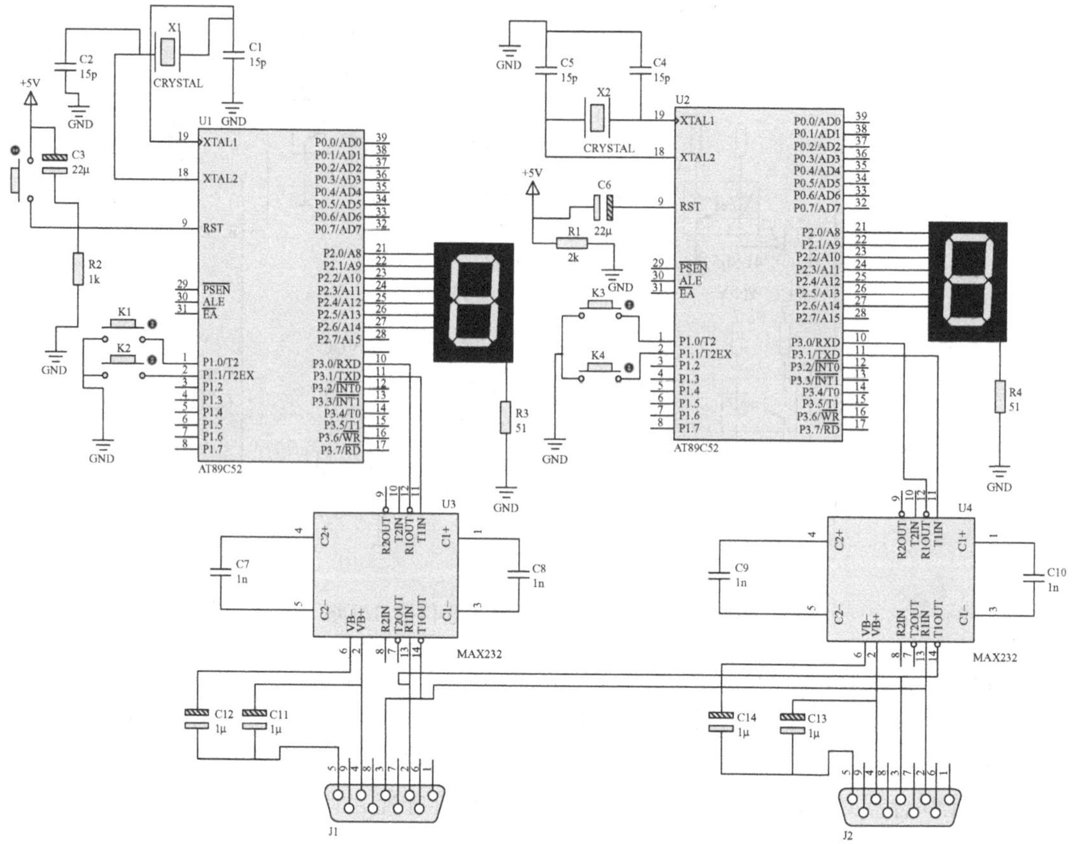

图 3-52　单片机双向通信硬件设计

电平，其中 K1 控制乙机数码管数字增大，K2 使得乙机数码管数字减小。乙机中 K3、K4 按键分别连接在 P1.0、P1.1 端口，当按键按下时为低电平，其中 K3 控制甲机数码管数字增大，K4 使得甲机数码管数字减小。

（2）双机通信主程序流程图　双机通信主程序流程图如图 3-53 所示。

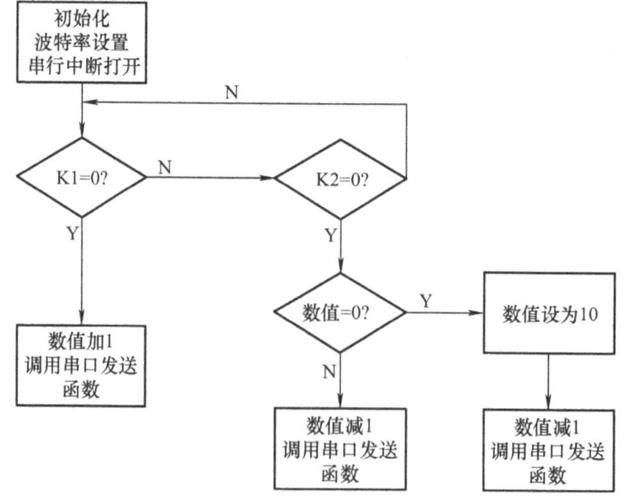

图 3-53　双机通信主程序流程图

双机通信串行中断接收流程图如图3-54所示。

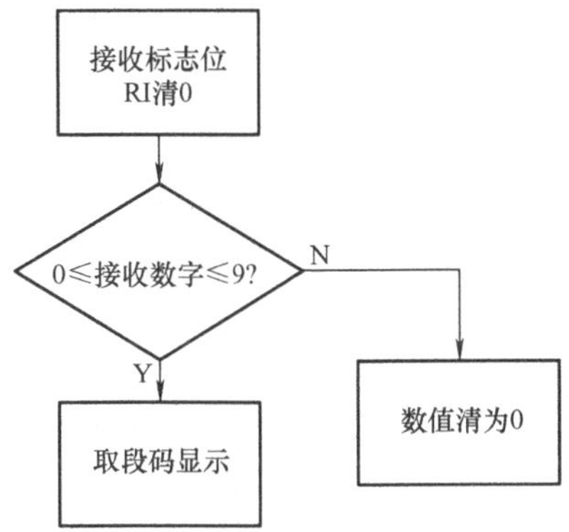

图3-54 双机通信串行中断接收流程图

在整个双机通信中，发送数据采用了查询方式，接收数据采用了串行中断方式。

(3) 双机通信具体程序 甲单片机通信程序如下：

```
//----------------------------------
//名称:甲单片机双机通信程序
//----------------------------------
#include <reg52. h>
#define uint unsigned int
#define uchar unsigned char
sbit K1 = P1^0;                    //声明按键 K1 为 port 1 的第 0 位
sbit K2 = P1^1;                    //声明按键 K2 为 port 1 的第 1 位
uchar NumX - 0x00;
uchar code DSY_CODE[ ] = {0x3f,0x06,0x5b,0x4f,0x66,0x6d,0x7d,0x07,0x7f,0x6f};
void Delay(uint x)                 //延时 xms 子函数
{
uchar i;
  while(x --)
  {
  for(i =0;i <120;i ++);
  }
}
void putc_to_SerialPort(uchar c)   //串行字符发送子函数
{
SBUF = c;
  while(TI ==0);                   //判断是否发送完,当 TI =1 时则发送完,此时将其清 0
TI =0;
}
void main()
```

```
{
P2 = 0x00;                    //数码管共阴接法,送初始值 0x00 将数码管熄灭
SCON = 0x50;                  //串行控制字,其中串行方式为方式 1,并允许串行接收
TMOD = 0x20;                  //选择定时器 1 方式 2 工作
PCON = 0x00;                  //波特率不加倍
TH1 = 0xfd;                   //波特率为 9600
TL1 = 0xfd;                   //波特率为 9600
TI = 0;                       //发送中断标志位清 0
RI = 0;                       //接收中断标志位清 0
TR1 = 1;                      //定时器 1 触发打开
IE = 0x90;                    //总中断和串行中断允许打开
  while(1)
  {
  Delay(100);
    if(K1 == 0)               //判断按键 K1 有无按下
    {
    while(K1 == 0);
    NumX = (NumX + 1)%10;     //将数字加 1,并将数字控制在 0 ~ 9
    putc_to_SerialPort(NumX); //调用串口发送子函数
    }
    if(K2 == 0)
    {
    while(K2 == 0);
      if(NumX == 0)
      {
      NumX = 10;                //当减 1 按键值至 0 时,将其值改为 10
      NumX = (NumX-1)%10;       //将数字减 1,并将数字控制在 0 ~ 9
      putc_to_SerialPort(NumX); //调用串口发送子函数
      }
      else
      NumX = (NumX-1)%10;
      putc_to_SerialPort(NumX);
    }
  }
}
void Serial_INT() interrupt 4
{
  if(RI)
  {
```

```
    RI = 0;
    if(SBUF > =0&&SBUF < =9) //判断接收的数值是否落在 0~9
    P2 = DSY_CODE[SBUF];     //将 0~9 的数值取段码正常显示
    else
    NumX = 0x00;             //将 0~9 以外的数字均清为 0
    }
}
```

乙单片机通信程序将甲单片机通信程序中 K1 替换成 K3，K2 替换成 K4 即可。

3. 双机通信仿真调试

分别按下 K1、K2、K3、K4，双机通信仿真调试效果如图 3-55 所示。

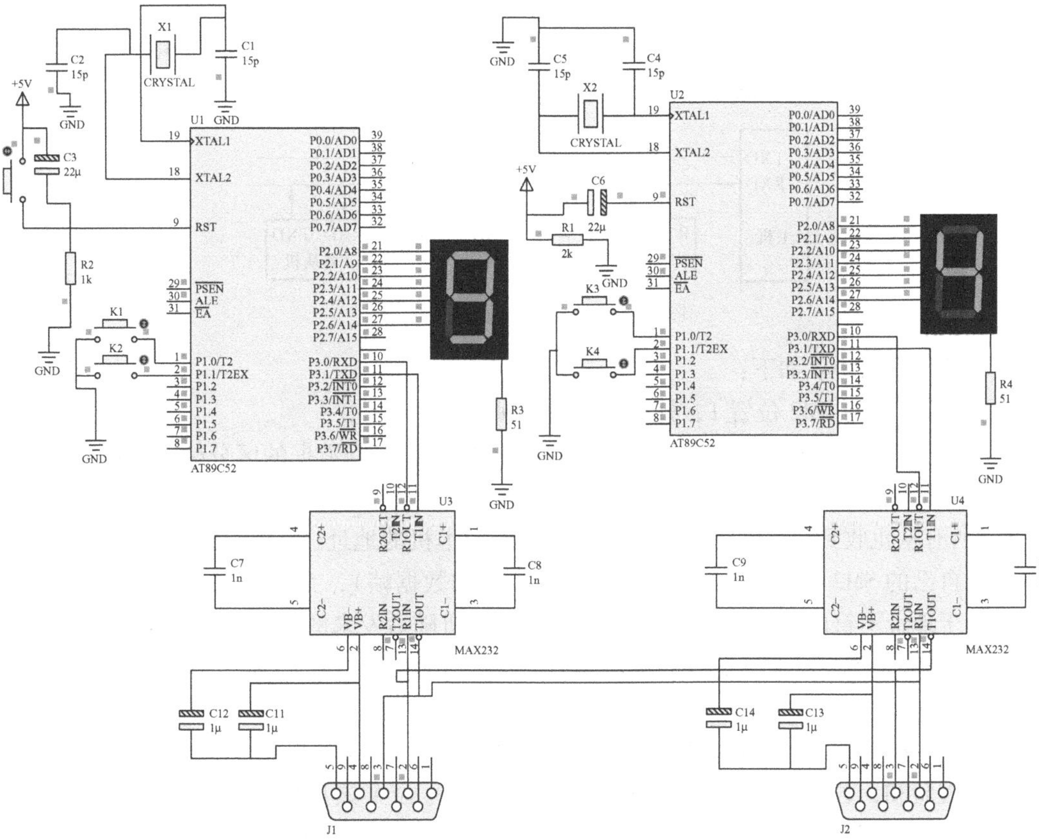

图 3-55 双机通信仿真调试效果图

4. 双机通信实物装调

内容讲解：

图 1-102 双机通信实物效果图展示视频：

任务小结

单片机要进行双机通信，首先两边的通信波特率要一致，这个可以通过选择计数器的初值来实现，另外要根据通信方式选择正确的控制字，正确进行串行通信的初始化。

单片机通信是一种开放式控制系统，随着网络技术的发展而发展，由近程（几米之内）发展至远程（几百米甚至上千米）。控制的外设不同，要求不同，是一对一通信还是一对多通信，是近程通信还是远程通信，要根据具体情况具体分析，选择最佳的方案。具体从两方面考虑，一是选择相应的控制接口电路，制定最佳的硬件设施，二是编制能可靠实施的软件。

单片机构成的多机系统常采用总线型主从式结构。所谓主从式，即在数个单片机中，有一个是主机，其余的是从机，从机要服从主机的调度、支配。80C51 单片机的串行口方式 2 和方式 3 适于这种主从式的通信结构。当然采用不同的通信标准时，还需进行相应的电平转换，有时还要对信号进行光电隔离。在实际的多机应用系统中，常采用 RS-485 串行标准总线进行数据传输。多机通信硬件连接图如图 3-56 所示。

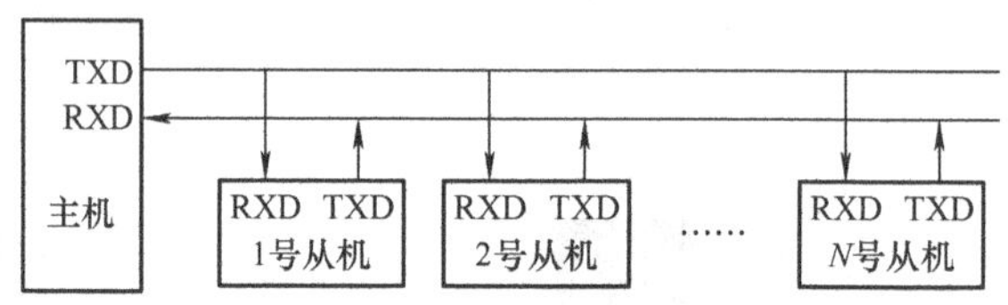

图 3-56　多机通信硬件连接图

具体多机通信协议如下：

1）所有从机的 SM2 位置 1，处于接收地址帧状态。

2）主机发送一地址帧，其中 8 位是地址，第 9 位为地址/数据的区分标志，该位置 1 表示该帧为地址帧。

3）所有从机收到地址帧后，都将接收的地址与本机的地址进行比较。对于地址相符的从机，使自己的 SM2 位置 0（以接收主机随后发来的数据帧），并把本站地址发回主机作为应答；对于地址不符的从机，仍保持 SM2 = 1，对主机随后发来的数据帧不予理睬。

4）从机发送数据结束后，要发送一帧校验和，并置第 9 位（TB8）为 1，作为从机数据传输结束的标志。

5）主机接收数据时先判断数据接收标志（RB8），若 RB8 = 1，表示数据传输结束，并比较此帧校验和，若正确则回送正确信号 00H，此信号命令该从机复位（即重新等待地址帧）；若校验和出错，则发送 0FFH，命令该从机重发数据。若接收帧的 RB8 = 0，则存数据到缓冲区，并准备接收下帧信息。

6）主机收到从机应答地址后，确认地址是否相符，如果地址不符，发复位信号（数据帧中 TB8 = 1）；如果地址相符，则清 TB8，开始发送数据。

从机收到复位命令后回到监听地址状态（SM2 = 1），否则开始接收数据和命令。

课后习题

1. 什么叫串行通信和并行通信？各有什么特点？
2. 什么叫异步通信和同步通信？各有什么特点？

3. 什么叫波特率？串行通信对波特率有什么基本要求？

4. 已知异步通信接口的帧格式由一个起始位、7 个数据位、1 个奇偶校验位和 1 个停止位组成。当该接口每分钟传输 3600 个字符时，试计算其波特率。

5. 串行通信按照数据传输方向有哪几种制式？

6. MCS-51 单片机的串行接口有几种工作方式？各有什么特点和功能？

7. 试述 MCS-51 串行口方式 0 和方式 1 发送与接收的工作过程。

8. 简述 MCS-51 中 SCON 的 SM2、TB8、RB8 有何作用。

9. 试述 MCS-51 四种工作方式波特率的产生方式。

10. 说明多机通信原理。

拓展训练

11. 按照下列要求实现甲、乙单片机的双机通信，具体要求如下：

甲机通过按键 K1 向乙机发送控制命令字符，当 K1 第一次按下时，乙机的 D2（由乙机 P1.0 控制）灯亮；当 K1 第二次按下时，乙机的 D1（由乙机 P1.3 控制）灯亮；当 K1 第三次按下时，乙机的 D1、D2 灯都亮；当 K1 第四次按下时，乙机的 D1、D2 灯都灭。此时乙机两个灯的状态在甲机的 P1.0 和 P1.3 口对应显示，同时甲机接收乙机发送的 0~9 的数字，并在 P0 口段共阴极数码管上显示。

乙机接收到甲机发送的信号后，根据相应信号控制 D2、D1 的点亮与熄灭动作。甲、乙单片机的双机通信硬件接线图如图 3-57 所示。甲乙单片机的双机通信仿真效果图如图 3-58 所示。

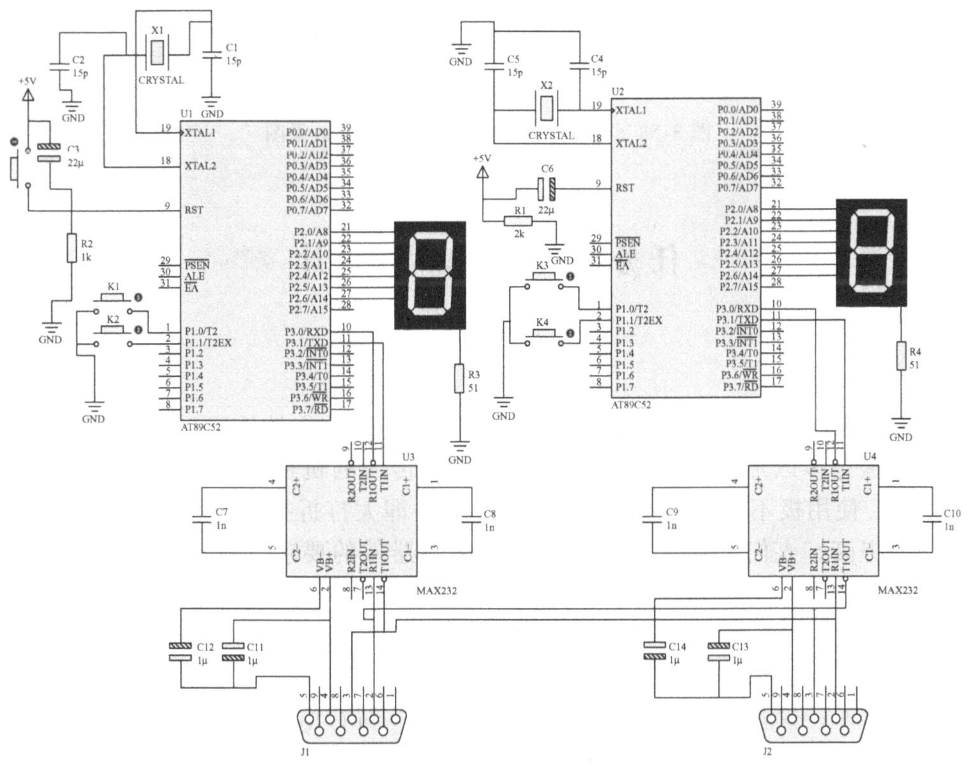

图 3-57　甲、乙单片机的双机通信硬件接线图

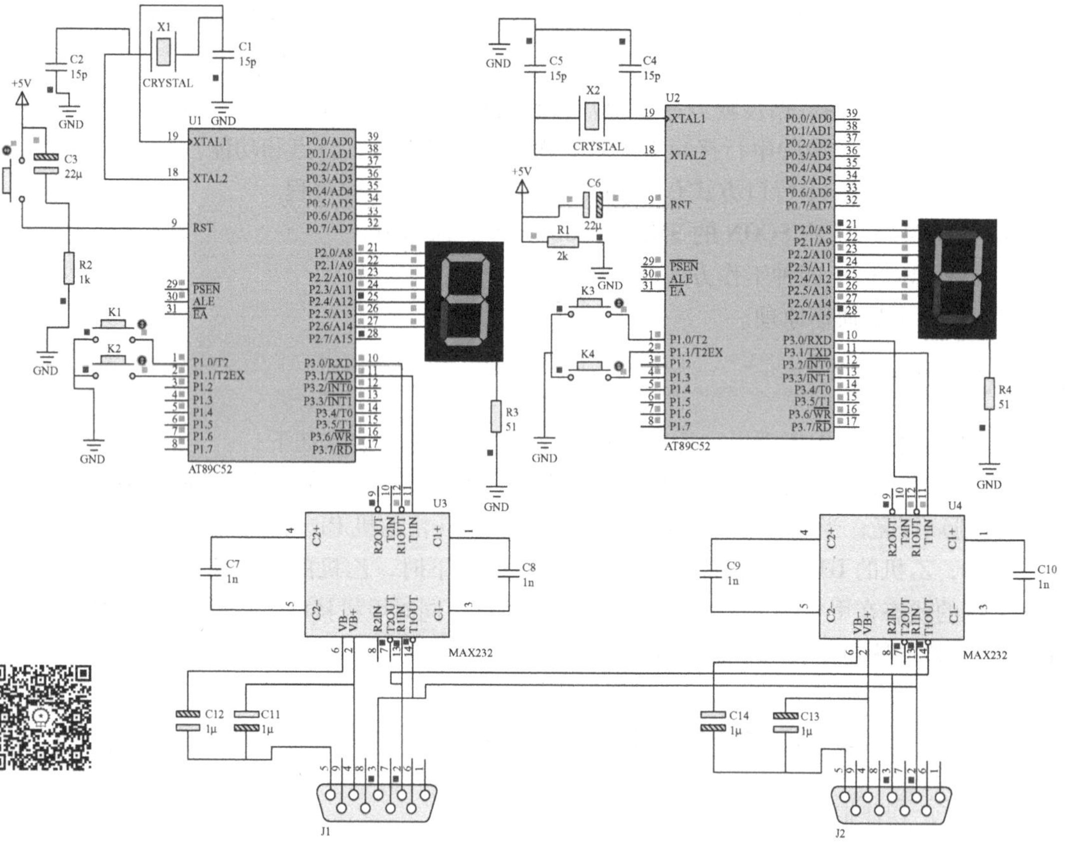

图 3-58　甲乙单片机的双机通信仿真效果图

任务 5　电子密码锁设计

问题提出

日常生活和工作中，住宅与部门的安全防范、单位的文件档案、财务报表以及一些个人资料的保存多以加锁的办法来解决。若使用传统的机械式钥匙开锁，人们常需携带多把钥匙，使用极不方便，且钥匙丢失后安全性即大打折扣。随着科技的发展和社会生活水平的提高，人们对日常生活中的安全保险器件的要求越来越高，电子安全密码锁是基于这一要求的保险器件，用密码代替钥匙。目前使用的密码锁种类繁多，如指纹锁、红外密码锁、GPS 密码锁、卡片锁等，各具特色，其中使用最为广泛的是键盘式电子密码锁（见图 3-59），该产品主要应用于保险箱、保险柜等，还有一部分应用于保管箱和运钞车。键盘式电子密码在键盘上输入，与打电话差不多，因而易于掌握，其突出优点是“密码”是记在被授权人脑子里的数字和字符，既准确又可靠，不会丢失，难以被窃。尽管新式电子防盗锁层出不穷，但键盘式电子密码防盗锁不仅在市场上居于主流地位，而且还经常作为其他类型电子防盗锁的辅助输入手段。在安全技术防范领域，具有防盗报警功能的电子密码锁逐渐代替了传统的机械式密码锁，电子密码锁具有安全性高、成本低、功耗低、易操作等优点。电子门禁系统如图3-60所示。

图3-59　电子密码箱

图3-60　电子门禁系统

学习目标

【知识目标】

（1）了解 I^2C 总线原理；

（2）了解 I^2C 总线的协议规范和操作时序；

（3）理解单片机和 I^2C 总线器件的通信原理。

【能力目标】

（1）掌握 I^2C 总线操作软件的设计方法；

（2）采用 I^2C 技术对 AT24C 系列 EEPROM 实施读写操作；

（3）进一步巩固学习矩阵键盘和 1602 LCD 显示的使用。

任务简介

电子密码锁模块的设计主要是通过 4×4 行列式矩阵键盘进行密码输入，采用 LCD 显示，密码存储于 AT24C02 中。

任务要求

电子密码锁模块在首次开机时进行6位密码初始化；若用户输入密码正确后按开锁键实现开锁，若用户输入密码错误则提示密码错误；用户可以进行6位密码的修改。

任务分析

用户设置的密码存放在 EEPROM 24C02 中，要弄清 AT24C02 的协议规范和操作时序，编写 AT24C02 的多字节读写程序；密码输入采用 4 ×4 行列式矩阵键盘，掌握行列式键盘的扫描处理方法；用户修改密码时要进行用户权限的确认。

相关知识

5.1 I²C 总线的基本原理

I²C 总线是英文“Inter Integrated Circuit Bus”内部集成电路的缩写，是一种串行的数据总线系统，源于计算机技术，是国际上最先进的大规模数字化集成电路，通过时钟和数据总线的双向控制进行数据的读写。现主要用于电视机的各个功能模块（亮度、色度、对比度、音量等）进行有效的跟踪控制，能够提高电视的可靠性，同时方便维修。

5.1.1 I²C 总线结构

I²C 串行总线只有两根信号线，一根是双向的数据线 SDA，另一根是双向的时钟线 SCL。所有连接到 I²C 总线上的芯片的数据引脚 SDA 都连接到总线的 SDA 线，各芯片的时钟引脚 SCL 都连接到总线的 SCL 线。典型 I²C 主/从系统结构图如图 3-61 所示。在信息的传输过程中，I²C 总线上发送数据的设备称为发送器，而接收数据的设备称为接收器。能够初始发送、产生时钟信号、起始信号、停止信号的设备称为主机或主控制器（Multimastering）；而被主机寻址的设备称为从机。主机和从机之间的数据传输，可以由主机发送数据到从机，也可以由从机发送数据到主机。I²C 总线上的每个芯片（例如微控制器、LCD 驱动器、存储器或键盘接口）都有唯一的地址，就像电话机一样都有各自唯一的号码，只有被选址的芯片即从机才和主机（例如单片机）通信，就像电话机只有在被拨通各自的号码时才能通话。

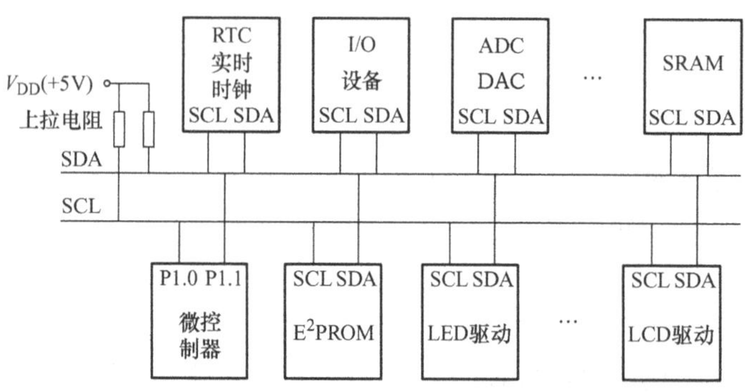

图 3-61 I²C 主/从系统结构图

I²C 器件的数据线 SDA 是双向通信的，既可用于向总线上发送数据，也可以接收总线上的数据。时钟线 SCL 也是双向的，控制总线数据传输的主机通过时钟线 SCL 发送时钟信号，同时也要检测 SCL 上的电平以决定什么时候发送下一个时钟脉冲电平。作为接收主机命令的从机，要按总线上 SCL 的信号发出或接收 SDA 上的信号，也可以向 SCL 线发出低电平信号以延长总线时钟信号的周期。由于 SDA 和 SCL 均通过上拉电阻连接到 5V 电源，所以总线空闲时，SDA 和 SCL 线都保持高电平，任一器件输出的低电平都会使相应的总线信号电平变低，即各器件的 SDA 和 SCL 都是“与”的关系。

I^2C 总线最主要的优点是其简单性和有效性。由于接口直接置于芯片上，因此 I^2C 总线占用的空间非常小，减少了电路板的空间和芯片引脚的数量。I^2C 总线能够以 10kbit/s 的最大传输速率支持 40 个器件，并支持多个主机，任何能够进行发送和接收的设备都可以成为主机，主机能够控制信号的传输和时钟频率。当然，在同一时间段，只能有一个主机。当有多个主机同时向 I^2C 总线发送起始信号，要求控制总线时，将通过仲裁过程决定哪些主机放弃总线控制权，而仅由一台主机控制总线。注意：没有必要在一个系统中指定某个器件作为主机，任何一个发送起始信号和从机地址的器件就成为该次数据传输的主机。

5.1.2　I^2C 总线协议

（1）主机—从机和接收器—发送器　I^2C 总线上的每个器件都可以作为一个发送器或接收器，这由器件的功能决定。很明显 LCD 驱动器只是一个接收器，而存储器则既可以接收又可以发送数据。除了发送器和接收器外，器件在执行数据传输时也可以被看作是主机或从机，见表 3-12。主机是初始化总线的数据传输并产生允许传输的时钟信号的器件。此时，任何被寻址的器件都被认为是从机。

表 3-12　I^2C 总线术语的定义

术　语	描　述
发送器	发送数据到总线的器件
接收器	从总线接收数据的器件
主机	初始发送、产生时钟信号和终止发送的器件
从机	被主机寻址的器件
多主机	同时有多于一个主机尝试控制总线，但不破坏数据

主机—从机、接收器—发送器这些关系不是持久的，只由当时数据传输的方向决定。

1）微控制器 A 要发送信息到微控制器 B 的时序建立情况：首先微控制器 A（主机）寻址微控制器 B（从机），然后微控制器 A（主机—发送器）发送数据到微控制器 B（从机—接收器），最后微控制器 A 终止传输。

2）微控制器 A 想从微控制器 B 接收信息的时序建立情况：首先微控制器 A（主机）寻址微控制器 B（从机），然后微控制器 A（主机—接收器）从微控制器 B（从机—发送器）接收数据，最后微控制器 A 终止传输。

（2）I^2C 总线位的传输　I^2C 总线为同步传输总线，总线数据与时钟完全同步。I^2C 总线规定时钟线 SCL 上一个时钟周期只能传输一位数据。当时钟 SCL 线为高电平时，对应数据线 SDA 线上的电平即为有效数据位（高电平为1，低电平为0）；在数据传输开始后，SCL 为高电平时，SDA 的数据必须保持稳定，只有当 SCL 为低电平时，才允许 SDA 上的数据改变。当 SCL 发出重复的时钟脉冲，每次为高电平时，SDA 线上对应的电平就是一位一位传输的数据，其中最先传输的是字节的最高位数据，其时序如图 3-62 所示。

（3）起始条件和停止条件　在 I^2C 总线中，起始（S）条件和停止（P）条件是根据 SDA 和 SCL 线上的电平状态定义的，如图 3-63 所示。其中一种情况是在 SCL 线保持高电平时，SDA 线从高电平向低电平切换，即 SDA 线上出现一个下降沿，这种情况表示一次数据

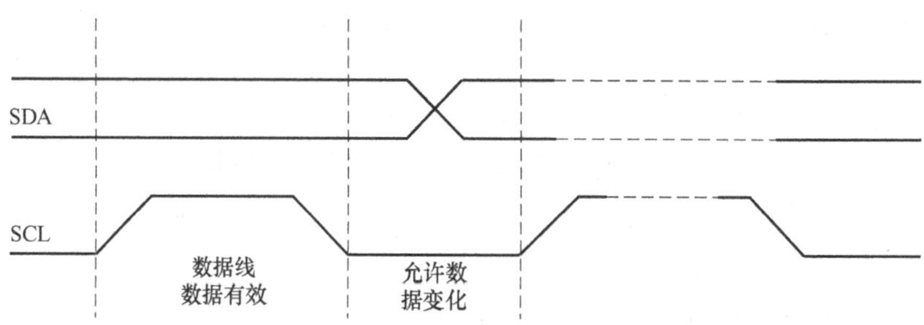

图 3-62 I²C 总线上 SDA 和 SCL 的时序关系

传输的开始。所有操作均必须由起始条件开始，出现起始信号以后，总线被认为“忙”。另一种情况是当 SCL 保持高电平时，SDA 线由低电平向高电平切换，即 SDA 线上出现一个上升沿，表示停止条件。出现停止信号后，总线被认为“空闲”。也就是 SCL 和 SDA 都保持高电平，总线就是空闲的。在连续读写时，如收到一个“停止条件”，则所有读写操作将终止，芯片将进入等待模式。起始条件和停止条件一般由主机产生。

起始条件：当 SCL 线为高电平时，SDA 线由高到低的转换。

停止条件：当 SCL 线为高电平时，SDA 线由低到高的转换。

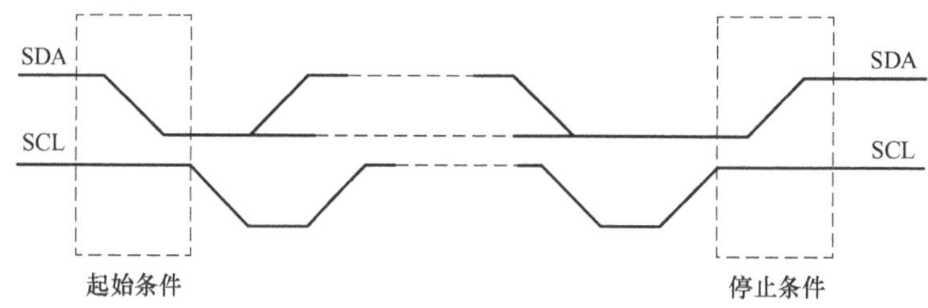

图 3-63 I²C 总线的起始条件和停止条件

（4）应答信号 接收数据的芯片在接收到 8 位数据后，向发送数据的芯片发出特定的低电平脉冲，表示已收到数据。应答位的时钟脉冲也由主机产生。发送器在应答时钟脉冲高电平期间，将 SDA 线拉为高电平，即释放 SDA 线，转由接收器控制。接收器在应答时钟脉冲的高电平期间必须拉低 SDA 线，以使之为稳定的低电平作为有效应答，如图 3-64 所示。若接收器不能拉低 SDA 线，则为非应答信号。

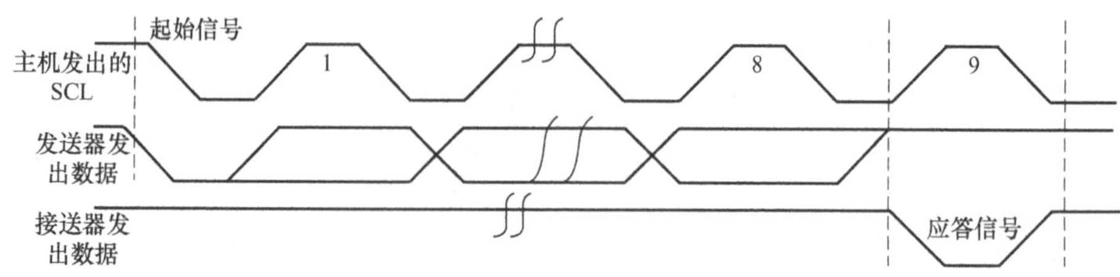

图 3-64 I²C 总线上的应答

发送器向接收器发出一个字节的数据后，等待接收器发出一个应答信号，发送器接收到应答信号后，根据实际情况做出是否继续传递信号的判断。若未收到应答信号，判断为接收器出现故障。

（5）数据字节的传输　发送到SDA线上的每个字节必须为8位。每次传输可以发送的字节数量不受限制，但每个字节后必须跟一个应答位。数据传输的顺序是首先传输数据的最高位MSB，然后在每一个SCL线的时钟周期内，传输一位数据，在8个SCL时钟周期后，SDA线上完成一个字节的数据传输。在传输时，若SCL线为高电平，SDA线上的电平需保持稳定不变，只有SCL为低电平时，SDA线上的电平才能改变。否则，若SCL线为高电平，而SDA线上的电平由高跳变到低，则为起始信号；由低跳变到高，则为停止信号。SDA线上完成一个字节的数据传输后，在第9个SCL时钟周期，接收器需发出一个应答信号，即在SCL线为高电平时，将SDA线拉低，以使之为稳定的低电平作为有效应答，表明正确收到了发送器发送的数据。如果接收器要完成一些其他功能后（例如一个内部中断服务程序）才能接收或发送下一个完整的数据字节，可以使时钟线SCL在应答信号后保持低电平迫使发送器进入等待状态，当接收器准备好接收下一个数据字节并释放时钟线SCL（即SCL为高电平）后，继续数据传输。I^2C的数据字节传输如图3-65所示。

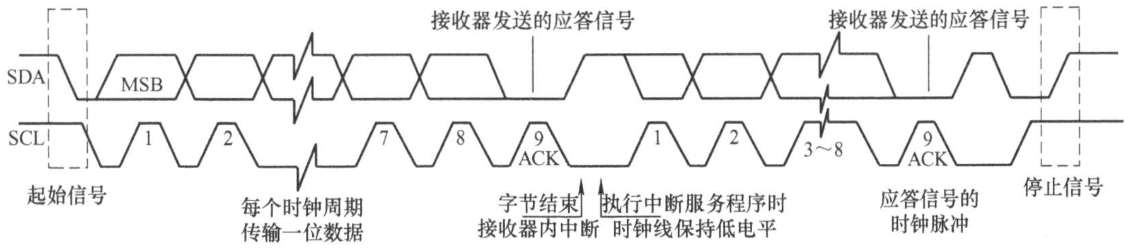

图3-65　I^2C总线上数据的传输

（6）一帧完整数据的传输　一次典型的I^2C总线数据传输包括一个起始条件（START）、一个地址字节（第7位到第1位为7位从机地址，第0位为R/W方向位）、一个或多个字节的数据和一个停止条件（STOP）。每个地址字节和每个数据字节后面都必须用SCL高电平期间的SDA低电平（见图3-65）来应答（ACKNOWLEDGE，简写为ACK）。如果在数据传输了一段时间后，接收器件不能接收更多的数据字节，接收器件将发出一个“非应答”（NACK）信号，这用SCL高电平期间的SDA高电平表示，发送器件读到“非应答”信号后终止传输。方向位占据地址字节的最低位。方向位被设置为逻辑1表示这是一个“读”（READ）操作，即主机接收从机发送的数据；方向位为逻辑0表示这是一个“写”（WRITE）操作，即从机接收主机发送的数据。所有的数据传输都由主器件启动，可以寻址一个或多个目标从机。主机产生一个起始条件，然后发送地址和方向位。如果本次数据传输是一个从主机到从机的写操作，则主机每发送一个数据字节后等待来自从机的确认。如果是一个读操作，则由从机发送数据并等待主机的确认。在数据传输结束时，主机产生一个停止条件，结束数据交换并释放总线。图3-66给出了一次典型的I^2C总线数据传输过程。

5.1.3　I^2C总线的传输格式

前面介绍了I^2C总线的传输格式为主从式，对系统中的某一器件来说有四种可能的工作方式：主发送方式、从发送方式、主接收方式、从接收方式。

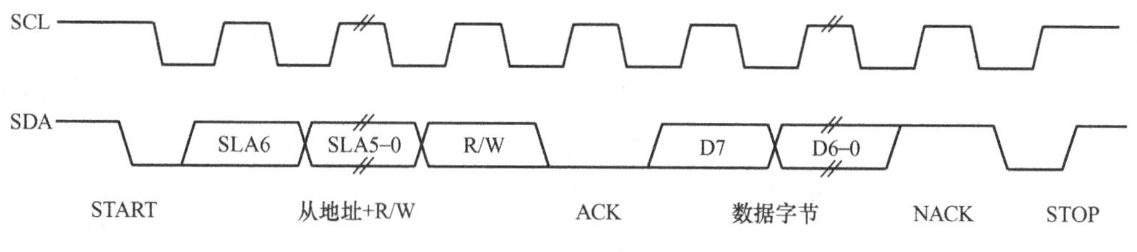

图 3-66　I^2C 总线上完整数据的传输

(1) 主发送从接收　主机在 SDA 上发送串行数据，在 SCL 上输出串行时钟。首先主机产生一个起始条件，然后发送含有目标从机地址和数据方向位的第一个字节。该字节内容见表 3-13。

表 3-13　第一个字节的定义

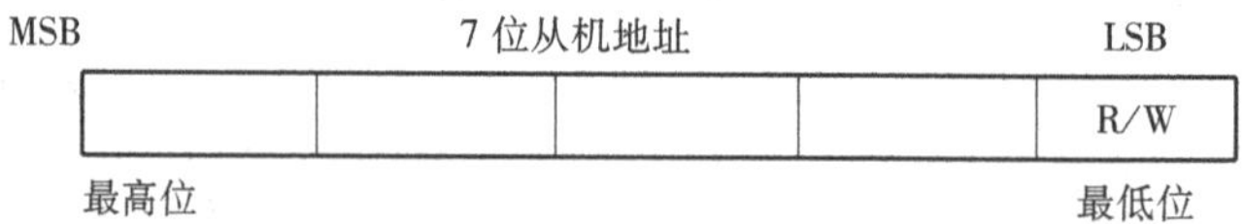

在这种情况下数据方向位（R/W）应为逻辑 0，表示这是一个“写”操作。发送完第一个字节后，主机等待由从机产生的应答信号（ACK）。收到从机的应答信号（ACK）后，主机发送一个或多个字节的串行数据，并在每发送完一个字节后等待由从机产生的应答信号（ACK）。最后，为了指示串行传输的结束，主机产生一个停止条件。典型的主发送从接收时序如图 3-67 所示。

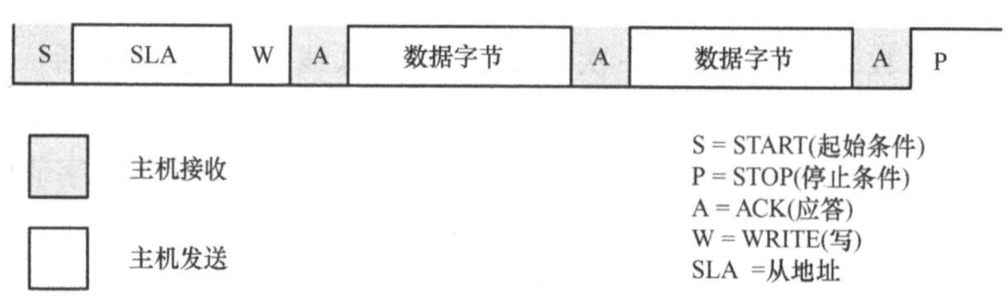

图 3-67　典型的主发送从接收时序

(2) 从发送主接收　主机在 SDA 上接收串行数据，在 SCL 上输出串行时钟。首先主机产生一个起始条件，然后发送含有目标从机地址和数据方向位的第一个字节。在这种情况下数据方向位（R/W）应为逻辑 1，表示这是一个“读”操作。发送完第一个字节后，主机等待由从机产生的应答信号（ACK）。收到从机的应答信号（ACK）后，从机开始发送数据，主机每收到一个字节都要发送一个应答信号 ACK。若从机收到的为 ACK = 0 有效应答，那么从机继续发送；若为 ACK = 1 非有效应答，那么从机停止发送。最后，为了指示串行传输的结束，主机产生一个停止条件。典型的主接收从发送时序如图 3-68 所示。

5.2　I^2C 器件 AT24CXX 介绍

(1) 引脚介绍　AT24CXX 系列 E^2PROM 是支持 I^2C 总线数据传输协议的串行 CMOS

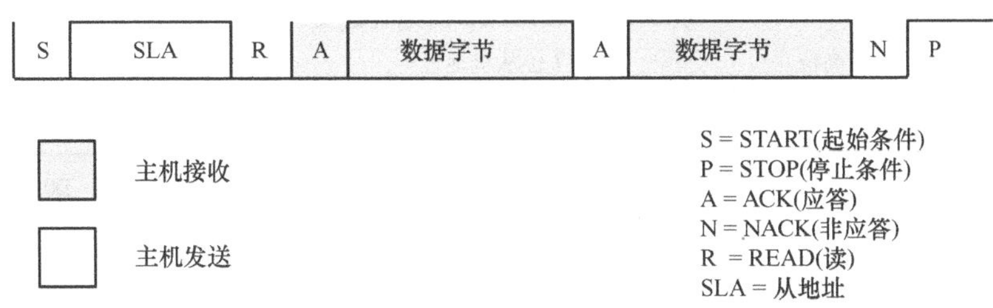

图3-68 典型的主接收从发送时序

E^2PROM，AT24C02的引脚配置如图3-69所示，采用双列直插DIP-8封装，其引脚功能见表3-14。

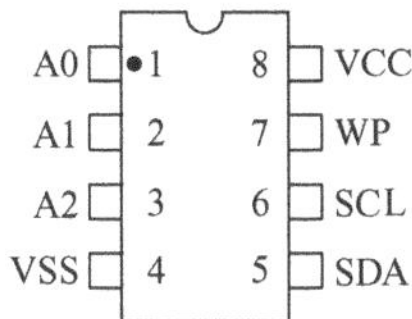

图3-69 AT24C02的引脚配置

表3-14 AT24C02引脚功能描述

引脚名称	功　能
A0、A1、A2	器件地址选择
SDA	串行数据/地址信号线
SCL	串行时钟信号线
WP	写保护
VCC、VSS	+1.8~6.0V工作电源、地

SCL：串行时钟信号线，用于产生器件所有数据发送或接收的时钟，在写方式下，SCL为高电平时，数据必须保持稳定且下降沿送数。

SDA：串行数据信号线，用于传输地址和所有数据的发送和接收，仅仅在SCL为低电平时数据才可以改变。

WP：写保护。如果WP引脚连接到VCC，所有的内容都被写保护，只能读而不能写。此时AT24C02可以接收从机地址和字节地址，但在接收到第一个数据字节后不发送应答信号，从而避免寄存器区域被编程改写。当WP引脚连接到VSS或悬空时，允许AT24C02进行正常的读写操作。

A0、A1、A2：器件地址输入端。这些输入脚用于多个器件级联时设置器件地址，当这些脚悬空时默认值为0。一个微控制器最大可级联8个AT24C02。如果系统只有一个AT24C02被总线寻址，这三个地址输入脚A0、A1、A2可悬空或连接到VSS。AT24C系列E^2PROM的型号地址高4位皆为1010，器件地址中的低3位为引脚地址A2、A1、A0，对应器件寻址字节中的D3、D2、D1位，在硬件设计时由连接的引脚电平给定，见表3-15。

表 3-15 AT24C02 的地址定义

最高位			7 位从机地址			最低位	
1	0	1	0	A2	A1	A0	R/W
D7	D6	D5	D4	D3	D2	D1	D0

(2) AT24C02 的读写操作

1) AT24C02 的写操作。AT24C02 的写操作可分为字节写和页写两类。

① 字节写。在字节写模式下，主机发送起始信号和从机地址信息，R/W 位置 0。在从机产生应答信号后，主机发送 AT24C02 的内部字节地址，该地址表明一个字节的数据要写入 AT24C02 的哪一个字节。主机在收到从机的另一个应答信号后，再发送数据到 AT24C02 内部字节地址表明的存储单元。AT24C02 再次应答，并在主机产生停止信号后开始内部数据的擦写。在内部擦写过程中，AT24C02 不再应答主机的任何请求。字节写时序如图 3-70 所示。

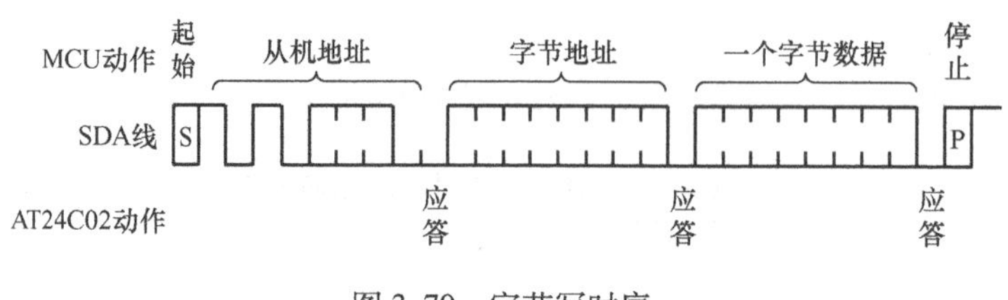

图 3-70 字节写时序

② 页写。用页写 AT24C02 可以一次写入 8 个字节的数据。页写操作的启动和字节写一样，不同之处在于传输了一字节数据后并不产生停止信号。主机被允许再发送 7 个额外的字节，每发送一个字节数据后，AT24C02 产生一个应答信号，并将内部字节地址自动加 1。如果写到此页的最后一个字节，即发送完 8 个字节数据后，主机继续发送数据，数据将从该页的首地址写入，先前写入的数据将被覆盖，造成数据丢失。

接收到 8 字节数据和主机发送的停止信号后，AT24C02 启动内部写周期将数据写到数据区，所有接收的数据在一个内部写周期内写入 AT24C02。页写时序如图 3-71 所示。

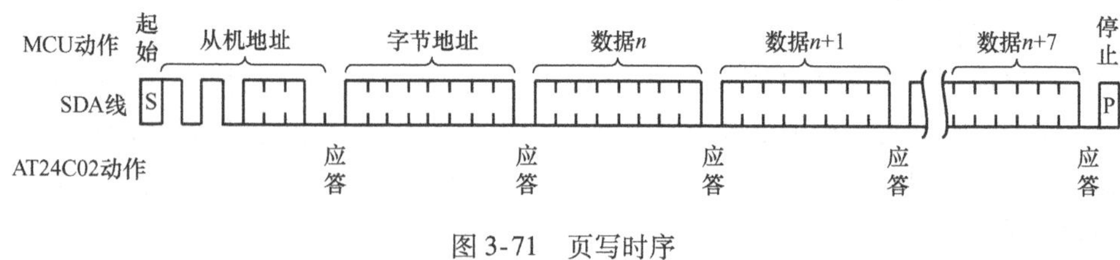

图 3-71 页写时序

2) AT24C02 的读操作。AT24C02 的读操作可分为立即地址读、选择性读和连续读。

① 立即地址读。AT24C02 的地址计数器内容为最后操作字节的地址加 1。也就是说，如果上次读/写的操作地址为 N，则立即读的地址从地址 $N+1$ 开始。如果 $N=255$，则计数器将翻转到 0 且继续输出数据。因为 AT24C02 的存储容量是 256B（B 即字节（byte））。AT24C02 接收到从机地址信号后，R/W 位置 1，它首先发送一个应答信号，然后发送一个 8 位字节数据。主机不需发送一个应答信号，但要产生一个停止信号。立即地址读时序如

图 3-72所示。

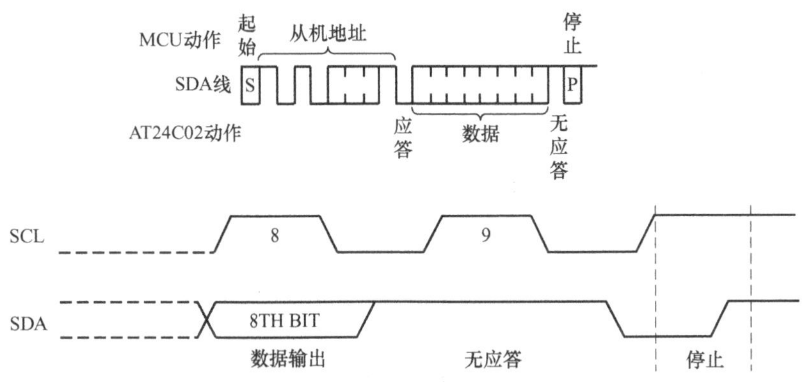

图 3-72　立即地址读时序

② 选择性读。选择性读操作允许主机对 AT24C02 寄存器的任意字节进行读操作。主机首先通过发送起始信号、从机地址和它想读取的字节数据的地址，执行一个伪写操作。在 AT24C02 应答之后，主机重新发送起始信号和从机地址，此时 R/W 位置 1，AT24C02 响应并发送应答信号，然后输出所要求的一个 8 位数据字节，主器件不发送应答信号但产生一个停止信号。选择性读时序如图 3-73 所示。

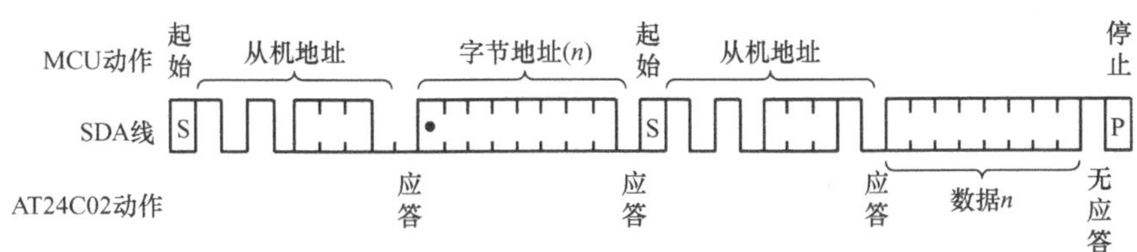

图 3-73　选择性读时序

③ 连续读。连续读操作可通过立即读或选择性读操作启动。在 AT24C02 发送完一个 8 位字节数据后，主机产生一个应答信号来响应，告知 AT24C02 主器件要求更多的数据，对应每个主机产生的应答信号，AT24C02 将发送一个 8 位数据字节。当主机不发送应答信号而发送停止信号时结束此操作。

从 AT24C02 输出的数据按顺序由 N 到 $N+1$ 输出。读操作时地址计数器在 AT24C02 整个地址内增加，这样整个寄存器区域可在一个读操作内全部读出。当读取的字节超过 255 时，计数器将翻转到零并继续输出数据字节。连续读时序如图 3-74 所示。

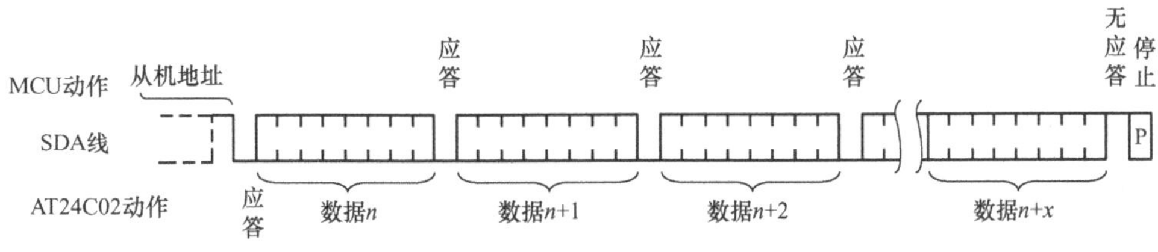

图 3-74　连续读时序

任务实施

1. 硬件设计

(1) 电子密码锁模块仿真原理图　电子密码锁模块仿真原理图如图 3-75 所示。

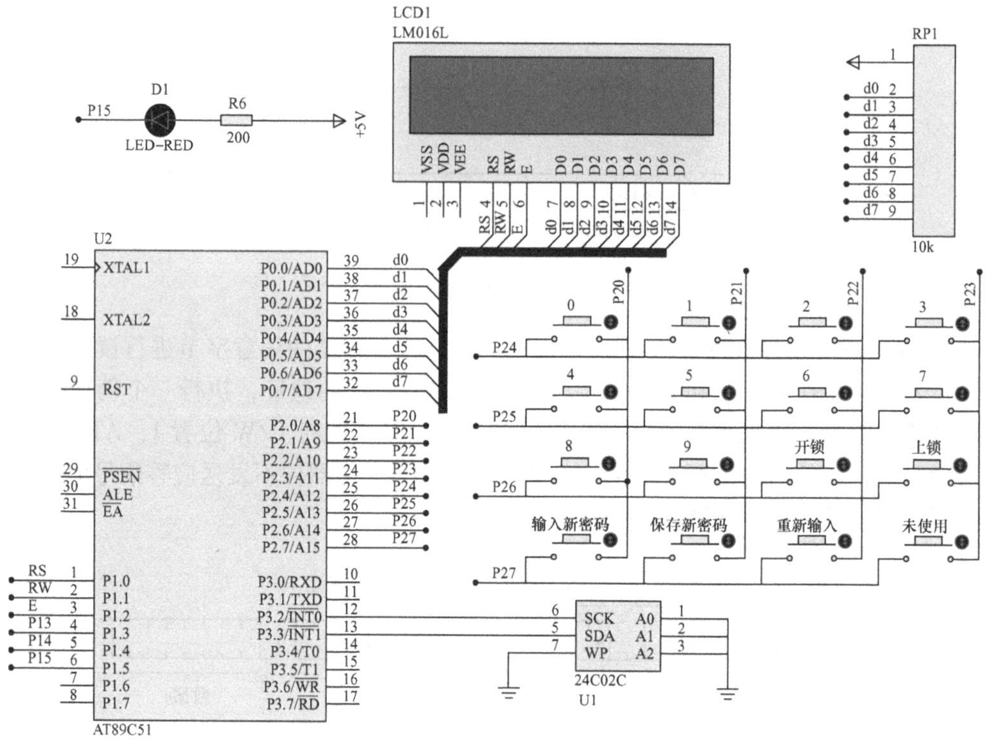

图 3-75　电子密码锁模块仿真原理图

(2) 电子密码锁模块的主要元器件清单　电子密码锁模块主要元器件清单见表 3-16。

表 3-16　电子密码锁模块主要元器件清单

元器件名称	参　数	数　量	元器件名称	参　数	数　量
单片机	AT89C51	1	排阻	10kΩ	1
IC	AT24C02	1	电位器	10kΩ	1
液晶	1602	1	按键	—	17
晶振	12MHz	1	电解电容	10μF/16V	1
LED	—	1	瓷片电容	30pF	2

2. 软件编程

(1) 端口分配　密码输入采用 4×4 行列式键盘，通过单片机 AT89C51 的 P2 口进行键盘的行列扫描；显示采用 1602 字符型液晶，P1.0 接片选端 RS，P1.1 接读写选择端 RW，P1.2 接使能端 E；AT24C02 的 SDA（串行数据线）接 P3.3，SCK（串行时钟线）接 P3.2；

P1.5 口控制 LED（发光二极管）。

（2）程序流程图　电子密码锁模块程序主要包括主程序（见图 3-76）、AT24C02 写多字节数据子程序（见图 3-77）、AT24C02 读多字节数据子程序（见图 3-78），具体如下：

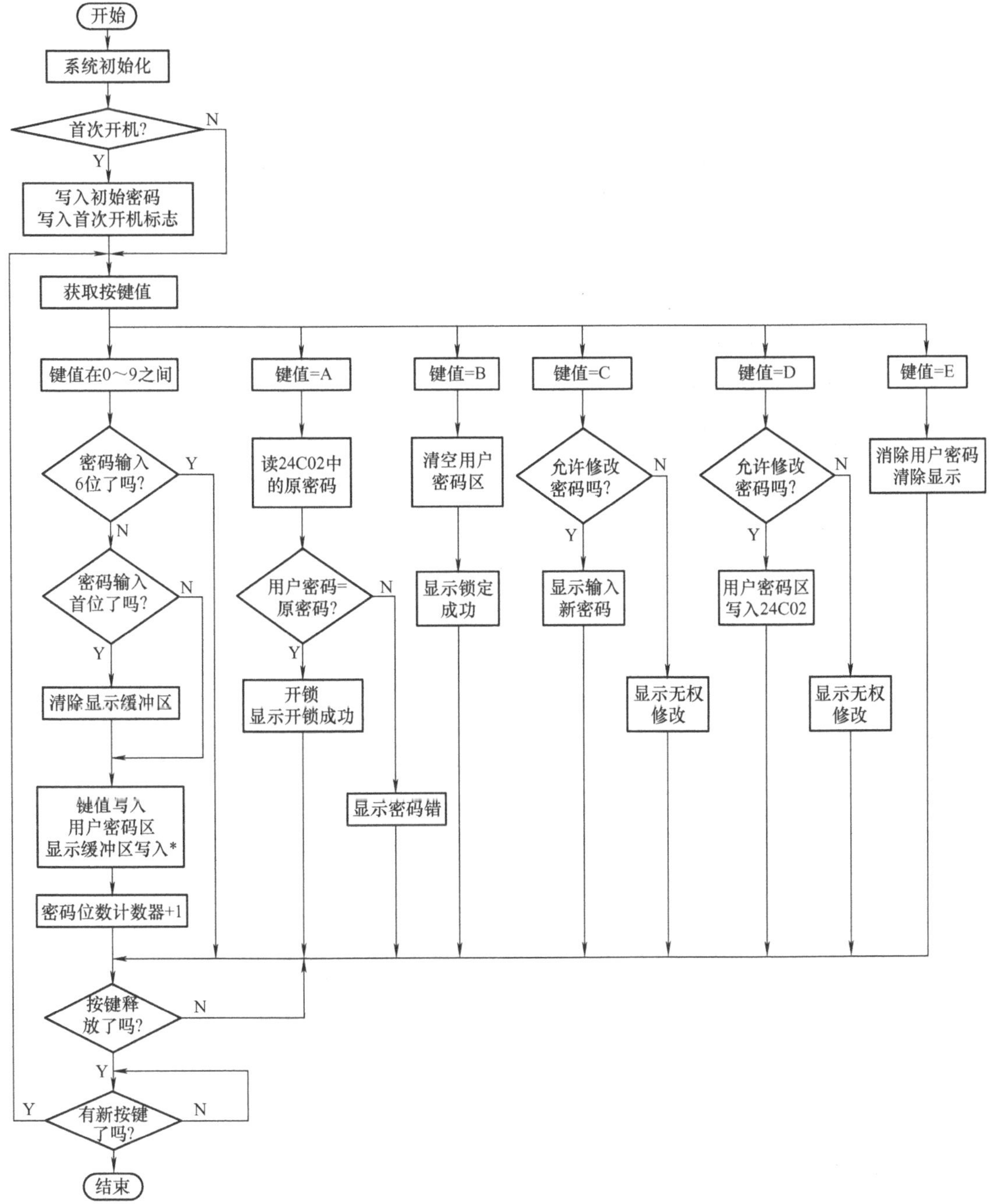

图 3-76　电子密码锁模块主程序流程图

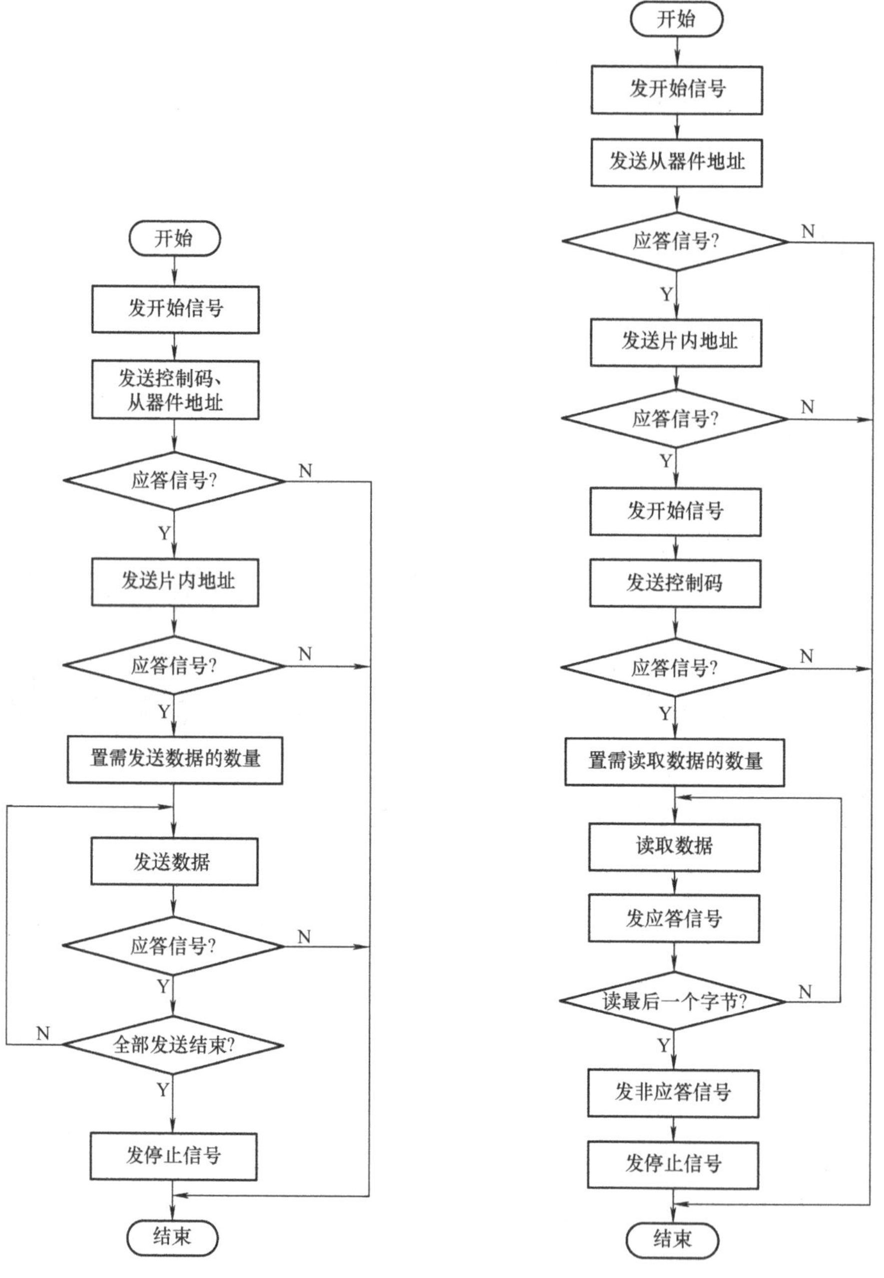

图 3-77　AT24C02 写多字节数据子程序流程图　　　图 3-78　AT24C02 读多字节数据子程序流程图

(3) 具体程序

```
#include <reg52.h>
#include <string.h>
#include <intrins.h>
#define Delay4us();    {_nop_();_nop_();_nop_();_nop_();}
#define uchar unsigned char
#define uint unsigned int
```

```
uchar  Pre_KeyNo = 16, KeyNo = 16;
uchar  code Title_Text[ ] = " Your Password... ";
charDSY_BUFFER[16] = "                ";
charUserPassword[16] = "                ";
sbit LCD_RS = P1^0;
sbit LCD_RW = P1^1;
sbit LCD_EN = P1^2;
sbit LED_OPEN = P1^5;
sbit SCL = P3^2;
sbit SDA = P3^3;
/********* 函数功能:延时若干毫秒  入口参数 x *********/
void Delaynms(uint x)
{
uchar i;
while(x--)
for(i=0;i<123;i++);
}
/*************** 关于24C02 的程序 *******************/
/*************** 24C02 启动信号 *******************/
void Start()
{
SDA=1;
SCL=1;
Delay4us();
SDA=0;
Delay4us();
SCL=0;
}
/*************** 24C02 停止信号 *******************/
void Stop()
{
SDA=0;
SCL=1;
Delay4us();
SDA=1;
Delay4us();
SCL=0;
}
/*************** 24C02 I2C 初始化 ******************/
```

```
void IIC_Init()
{
SCL = 0;
Stop();
}
/***************24C02 发送应答信号*****************/
void ACK()
{
SDA = 0;
SCL = 1;
Delay4us();
SCL = 0;
SDA = 1;
}
/***************24C02 发送非应答信号******************/
void NO_ACK()
{
SDA = 1;
SCL = 1;
Delay4us();
SCL = 0;
SDA = 0;
}
/***************从 24C02 读取 1 字节******************/
uchar RecByte()
{
uchar i,rd;
rd = 0x00;
SDA = 1;
for(i = 0;i < 8;i ++)
{
SCL = 1;
rd <<= 1;
rd| = SDA;
Delay4us();
SCL = 0;
Delay4us();
}
SCL = 0;
```

```
Delay4us();
return rd;
}
/***************向24C02发送1字节*******************/
uchar SendByte(uchar wd)
{
uchar i;
bit ack0;
for(i=0;i<8;i++)
{
SDA=(bit)(wd&0x80);
_nop_();
_nop_();
SCL=1;
Delay4us();
SCL=0;
wd<<=1;
}
Delay4us();
SDA=1;
SCL=1;
Delay4us();
ack0=!SDA;
SCL=0;
Delay4us();
return ack0;
}
/***************向24C02发送多个字节*******************/
uchar SendString(uchar Slave,uchar Subaddr,uchar *Buffer,uchar N)
{
uchar i;
Start();
if(!SendByte(Slave))
return 0;
if(!SendByte(Subaddr))
return 0;
for(i=0;i<N;i++)
{
if(!SendByte(Buffer[i]))
```

```
return 0;
}
Stop();
return 1;
}
/*************** 从 24C02 读取多个字节 *******************/
uchar RecString(uchar Slave,uchar Subaddr,uchar * Buffer,uchar N)
{
uchar i;
Start();
if(! SendByte(Slave))
return 0;
if(! SendByte(Subaddr))
return 0;
Start();
if(! SendByte(Slave +1))
return 0;
for(i =0;i <N-1;i ++)
{
Buffer[i] =RecByte();
ACK();
}
Buffer[N-1] =RecByte();
NO_ACK();
Stop();
return 1;
}
/**** 判断液晶模块的忙碌状态返回值:result =1,忙碌;result =0,不忙 ****/
bit LCD_Busy_Check(void)
{
bit result;
LCD_RS =0;                        //根据规定,RS 为低电平,RW 为高电平时,可以
                                    读状态
LCD_RW =1;
LCD_EN =1;                        //EN =1,才允许读写
Delay4us();
result =(bit)(P0&0x80);           //将忙碌标志电平赋给 result
LCD_EN =0;                        //将 EN 恢复低电平
return result;
```

```
}
/ ***** 将模式设置指令或显示地址写入液晶模块:入口参数 cmd ****** /
void Write_LCD_Command(unsigned char cmd)
{
while(LCD_Busy_Check() ==1);        //如果忙就等待
LCD_RS =0;                          //根据规定,RS 和 RW 同时为低电平时,可以写
                                      入指令
LCD_RW =0;
LCD_EN =0;                          //写指令时,EN 为高脉冲,就是让 EN 从 0 到 1 发
                                      生正跳变,所以应先置 0
_nop_();
_nop_();                            //空操作两个机器周期,给硬件反应时间
P0 = cmd;                           //将数据送入 P0 口,即写入指令或地址
Delay4us();                         //空操作四个机器周期,给硬件反应时间
LCD_EN =1;                          //EN 置高电平
Delay4us();                         //空操作四个机器周期,给硬件反应时间
LCD_EN =0;                          //当 EN 由高电平跳变成低电平时,液晶模块开始
                                      执行命令
}
/ *** 将数据(字符的标准 ASCII 码)写入液晶模块:入口参数 dat(为字符常量) *** /
void Write_LCD_Data(uchar dat)
{
while(LCD_Busy_Check() ==1);
LCD_RS =1;                          //RS 为高电平,RW 为低电平时,可以写入数据
LCD_RW =0;
LCD_EN =0;
//EN 置低电平,写指令时,EN 为高脉冲,就是让 EN 从 0 到 1 发生正跳变,所以应先置 0
P0 = dat;                           //将数据送入 P0 口,即将数据写入液晶模块
Delay4us();                         //空操作四个机器周期,给硬件反应时间
LCD_EN =1;                          //EN 置高电平
Delay4us();                         //空操作四个机器周期,给硬件反应时间
LCD_EN =0;                          //当 EN 由高电平跳变成低电平时,液晶模块开始
                                      执行命令
}
/ ******** 指定字符显示的实际地址:入口参数 pos ********* /
void Set_LCD_POS(uchar pos)
{
Write_LCD_Command(pos|0x80);        //显示位置的确定方法规定为"80H + 地址码 x"
}
```

```
/ ********* 函数功能:对 LCD 的显示模式进行初始化设置 *********** /
void LcdInitiate(void)
{
Delaynms(15);                    //延时 15ms,首次写指令时应给 LCD 一段较长的
                                   反应时间
Write_LCD_Command(0x38);         //显示模式设置:16 ×2 显示,5 ×7 点阵,8 位数据
                                   接口
Delaynms(5);                     //延时 5ms,给硬件一点儿反应时间
Write_LCD_Command(0x38);
Delaynms(5);                     //延时 5ms,给硬件一点儿反应时间
Write_LCD_Command(0x38);         //连续三次,确保初始化成功
Delaynms(5);                     //延时 5ms,给硬件一点儿反应时间
Write_LCD_Command(0x0c);         //显示模式设置:显示开,无光标,光标不闪烁
Delaynms(5);                     //延时 5ms,给硬件一点儿反应时间
Write_LCD_Command(0x06);         //显示模式设置:光标右移,字符不移
Delaynms(5);                     //延时 5ms,给硬件一点儿反应时间
Write_LCD_Command(0x01);         //清屏幕指令,将以前的显示内容清除
Delaynms(5);                     //延时 5ms,给硬件一点儿反应时间
}
/ ********* 函数功能:LCD 显示一行 *********** /
void Display_String(uchar *str,uchar LineNo)
{   uchar k;
Set_LCD_POS(LineNo);
for(k =0;k <16;k ++)
{
if(str[k] =='\0')
break;
Write_LCD_Data(str[k]);
Delaynms(1);
}
}
/ ********* 按键扫描处理带返回键值:出口参数 KeyNo ********** /
uchar Keys_Scan()
{
uchar Tmp,KeyNo =0;
P2 =0x0F;
Delaynms(1);
Tmp = P2^0x0F;
switch(Tmp)
```

```
{
case 1:KeyNo =0;break;                      //首列
case 2:KeyNo =1;break;                      //第二列
case 4:KeyNo =2;break;                      //第三列
case 8:KeyNo =3;break;                      //第四列
default:KeyNo =16;
}
P2 =0xF0;
Delaynms(1);
Tmp = P2 >>4^0x0F;
switch(Tmp)
{
case 1:KeyNo + =0;break;                    //首行
case 2:KeyNo + =4;break;                    //第二行
case 4:KeyNo + =8;break;                    //第三行
case 8:KeyNo + =12;break;                   //第四行
}
return KeyNo;                               //返回键值
}
/************ 清除密码 ******************/
void Clear_Password()
{
uchar i;
for(i =0;i <16;i ++)
{
UserPassword[i] =' ';
DSY_BUFFER[i] =' ';
}
}
/************* 主程序 ***************/
void main()
{
uchar i =0;
uchar IS_Valid_User =0;
uchar temp[1];
uchar Flag[1] =0x55;
uchar IIC_Password[10];
ucharSecrect_code[ ] ="123456";
Delaynms(10);                               //延时,给硬件一点儿反应时间
```

```
LcdInitiate();                                  //初始化 LCD
IIC_Init();                                     //初始化 24C02
Display_String(Title_Text,0x00);                //在第 1 行显示标题
RecString(0xa0,0xff,temp,1);                    //将 24C02 中预先写入的密码标志读
                                                  入 temp
if(temp[0]! =0x55)                              //判断是否是首次开机,是则写入初
                                                  始密码 123456
{
SendString(0xa0,0,Secrect_code,6);              //是,写入初始密码 123456
SendString(0xa0,0xff,Flag,1);                   //写入首次开机标志
}
RecString(0xa0,0,IIC_Password,6);               //将密码读取到暂存区
IIC_Password[6] ='\0';
while(1)
{
 P2 =0xF0;
 if(P2! =0xF0)
 KeyNo = Keys_Scan();                           //扫描键盘获取键序号 KeyNo
 switch(KeyNo)
 {
  case 0:   case 1:case 2:case 3:case 4:
  case 5:   case 6:case 7:case 8:case 9:
  if(i<=5)                                      //密码限制在 6 位以内
  {
    if(i==0)
    Display_String("                 ",0x40);   //如果 i 为 0 则执行一次清屏
    UserPassword[i] =KeyNo +'0';                //键值转换成字符存放到用户存储区
    UserPassword[i+1] ='\0';                    //结束标志符
    DSY_BUFFER[i] ='*';                         //显示缓冲区写入 *
    DSY_BUFFER[i+1] ='\0';                      //结束标志符
    Display_String(DSY_BUFFER,0x40);            //输出显示
    i++;
}
break;
case 10:                                        //按 A 键开锁
RecString(0xa0,0,IIC_Password,6);               //将密码读取到暂存区
IIC_Password[6] ='\0';
if(strcmp(UserPassword,IIC_Password) ==0)       //用户密码和暂存区密码是否相等
{
  LED_OPEN =1;                                  //相等,关 LED
```

```
    Clear_Password();                              //清除用户输入密码
    Display_String("OK!    Unlocked!",0x40);       //显示开锁成功
    IS_Valid_User=1;                               //用户权限为1
  }
  else
  {
    LED_OPEN=0;                                    //不等,点亮LED
    Clear_Password();                              //清除用户输入密码
    Display_String("Input Error!!!",0x40);         //显示开锁成功
    IS_Valid_User=0;                               //用户权限为0
  }
  i=0;                                             //密码输入指向首位
  break;
  case 11:                                         //按B键上锁
  LED_OPEN=1;                                      //关LED
  Clear_Password();                                //清除用户输入密码
  Display_String(Title_Text,0x00);
  Display_String("   Locked OK!     ",0x40);       //显示关锁成功
  i=0;                                             //密码输入指向首位
  IS_Valid_User=0;                                 //用户权限为0
  break;
  case 12:                                         //按C键设置新密码,如果是合法用
                                                     户则提示输入新密码
  if(! IS_Valid_User)                              //用户权限为0,没有权限
  Display_String("   No Rights!     ",0x40);       //显示没有权限
  else
  {
    i=0;                                           //密码输入指向首位
    Display_String("New Password:   ",0x00);       //第一行显示输入新密码
    Display_String("                ",0x40);       //显示第二行
  }
  break;
  case 13:                                         //按D键保存新密码
  if(! IS_Valid_User)                              //用户权限为0,没有权限
  Display_String("   No Rights!     ",0x40);       //显示没有权限
  else
  {
    SendString(0xa0,0,UserPassword,6);             //重新读入6位刚写的密码
    RecString(0xa0,0,IIC_Password,6);              //将密码读取到暂存区
    IIC_Password[6]='\0';                          //结束标志符
```

```
        i =0;                                          //密码输入指向首位
        Display_String(Title_Text,0x00);
        Display_String("Password Saved!",0x40);        //密码保存成功
    }
    break;
    case 14:                                           //按 E 键消除所有输入
    i =0;                                              //密码输入指向首位
    Clear_Password();                                  //清除用户输入密码
    Display_String("                ",0x40);           //第二行清屏
    }
    Delaynms(10);
    P2 =0xF0;
    while(P2! =0xF0);                                  //如果有键未释放则等待
    while(P2 ==0xF0);                                  //如果没有再次按下按键则等待
    }
    }
```

3. 仿真效果

电子密码锁模块的仿真效果如图 3-79 和图 3-80 所示。图 3-79 为输入密码正确仿真效果，图 3-80 为输入密码错误仿真效果。

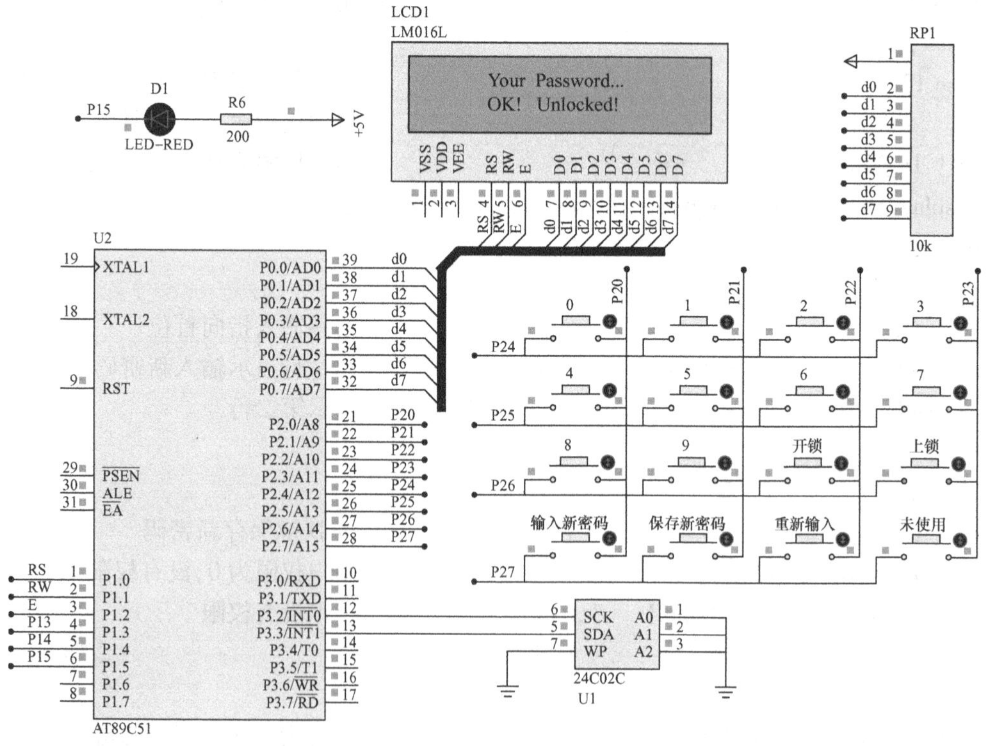

图 3-79　输入密码正确仿真效果

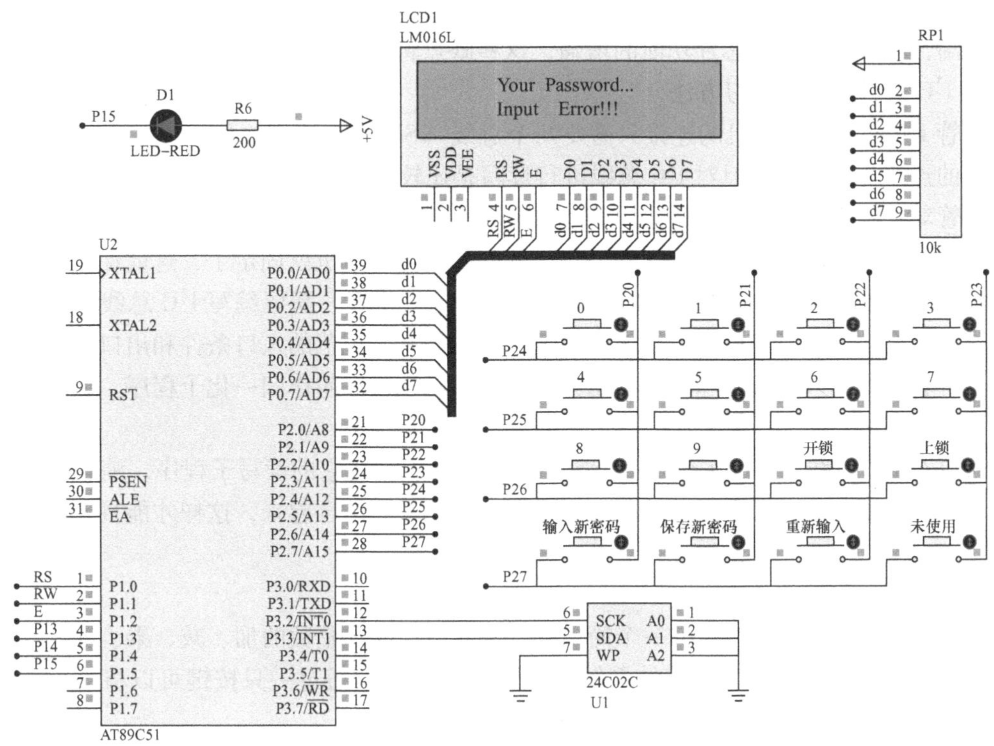

图3-80　输入密码错误仿真效果

4. 电子密码锁实物装调

内容讲解：

图1-105、图1-106　电子密码锁开锁成功与结果错误展示视频：

 任务小结

1. I^2C 总线的扩展特殊性

1）最大程度发挥最小系统的资源功能，可将原来由并行扩展占用的P0口、P2口资源直接用于I/O口。

2）简化连接线路，缩小印制电路板的面积。串行扩展只需要1～4根信号线，器件间连线简单，结构紧凑，可大大缩小系统的尺寸，适用于小型单片机应用系统。

3）扩展性好，可简化系统的设计。串行总线可十分方便地构成由单片机和一些外网元器件组成的单片机系统。

4）串行扩展的缺点是数据吞吐容量较小，信号传输速度较慢，但随着 CPU 芯片工作频率的提高，以及串行扩展芯片功能的增强，这些缺点将逐步淡化。

2. I^2C 总线的扩展学习方法

尽管 I^2C 总线和单片机的连接只需要两个总线（SDA、SCL）连接，比并行的存储器和单片机的连接简单多了，但对 I^2C 总线进行读写是比较复杂的。

尽管对 I^2C 总线进行读写复杂，但对它进行读写的时序是不变的。编写读写程序其实就是编写它的时序，既然时序是不变的，相应编写的读写程序也就固定了，这就使得我们可以将对 I^2C 总线进行读写的功能程序以固定的子程序形式出现，需要编写 I^2C 总线进行读写程序时只需要调用这些子程序即可，这种固定的子程序有着规范的入口条件和出口状态，通常把这种有着规范的入口条件和出口状态并频繁使用的子程序叫作归一化子程序，或者叫通用或标准化子程序。

所以对 I^2C 总线应用的关键是掌握它的读写时序，消化它的读写子程序，消化子程序必须和时序所需要的高、低电平以及各电平需要维持的时间结合起来，这样才能真正消化。

课后习题

参照本单元的原理图，设计一个简单的计算器，能实现整数的加、减、乘、除，并通过 1602 液晶显示器显示，并将计算结果保存在 AT24C02 中，通过一只按键可以将上次的计算结果调出显示。

项目4

单片机综合应用

任务1　显示万年历

问题提出

LCD 的应用很广泛，如手表上的液晶显示屏、仪器仪表上的液晶显示器或者是笔记本式计算机上的液晶显示器，都使用了 LCD。在一般的办公设备上也很常见，如传真机、复印机，以及一些娱乐器材玩具等也常常见到 LCD 的足迹，用 LCD 显示时钟的装置到处可见。

本次任务将用 LCD1602 来实现年、月、日、小时、分、秒、星期等基本计时功能。

总体目标

【知识目标】

（1）学习单片机对 LCD1602 芯片读写控制的时序要求；

（2）学习单片机对时钟芯片 DS1302 读写控制的时序要求。

【能力目标】

（1）掌握单片机对 LCD1602 显示控制的流程与方法；

（2）用 LCD1602 显示常用字符和自定义字符；

（3）掌握单片机对时钟芯片 DS1302 时、分、秒的读与写的方法；

（4）学会用 LCD1602 显示年、月、日、小时、分、秒、星期。

1.1　用 LCD1602 显示常用字符

学习目标

【知识目标】

（1）学习字符型液晶显示模块 LCD1602 的基本特点和特性；

（2）字符型液晶显示模块 LCD1602 指令集；

（3）学习液晶显示 LCD1602 读写操作时序。

【能力目标】

（1）能掌握单片机对字符型液晶显示模块 LCD1602 的读写时序；

（2）能实现单片机对字符型液晶显示模块 LCD1602 常用字符的显示。

任务简介

能根据具体显示位置和显示字符在字符型液晶显示模块 LCD1602 的相应位置进行正确显示。

任务要求

在日常生活中，我们对液晶显示器并不陌生。大到家里用的电视机、笔记本式计算机屏幕，台式计算机液晶显示器，小到手机、电话机、传真机、万用表等各种仪表灯。通过液晶显示器可以清楚地了解设备当前的运行状况，提供良好的用户体验，液晶显示器已经成为信息技术产品显示的一个常见设备。以前常用的显示模块基本都是段码型显示，比如人们用的计算器、电子手表等。现在越来越多地使用点阵型显示模块，点阵型显示模块又包括字符点阵和图形点阵。本任务要求就是显示如图 4-1 所示的常用字符。

图 4-1　LCD1602 显示常用字符

任务分析

LCD1602 主要由液晶面板和控制器构成，要认识 LCD1602，核心是要认识其控制器。LCD1602 的控制器以 Hitachi 公司生产的 HD44780 芯片最为常见，另外还有 SAMSUNG 公司生产的 KS0066 和 Sitronix 公司生产的 ST7066。不管是哪个公司生产的控制器，其基本的工作原理和引脚都是一样的，因此其控制方式也是一样的。本任务以 HD44780 为例说明字符点阵的控制方式。

读者一定很好奇，像图 4-2 所示的字符 A 是如何显示出来的呢？仔细观察图 4-1 中 LCD1602 第一排第一个字符的背景，不难发现是由一个 5×8 的方块组成的点阵，其示意图如图 4-2 所示。

从表象看，图 4-2 中黑色为点亮的部分，白色为熄灭的部分，整体效果显示的就是大写字母 A。仔细观察 LCD1602 的液晶显示面板，一共有两排，每排有 16 个 5×8 的点阵，因此最多可以显示 32 个字符，这也是 LCD1602 命名的来历。

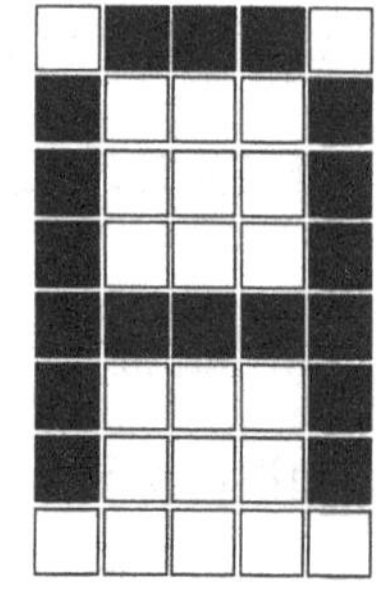

图 4-2　字符 A 点阵显示示意图

读者很自然会问接下来的问题：我们该如何显示如图 4-1 所示的这些字符呢？我们能不能在指定的位置显示需要的字符呢？

相关知识

1. LCD1602 控制器 HD44780 介绍

HD44780 内置了一个字模存储器 CGROM（Character Generator ROM），CGROM 包含了数字 0～9、小写字母 a～z、大写字母 A～Z 等常用的标准 ASCII 码字符。CGROM 支持 0A 和 0B 两种字模表，表 4-1 是 0A 字模表。

表 4-1　CGROM 0A 字模表

	列	0	1	2	3	4	5	6	7	8	9	10	11	12	13	14	15
行	高4位／低4位	0000	0001	0010	0011	0100	0101	0110	0111	1000	1001	1010	1011	1100	1101	1110	1111
0	0000	(1)			0	@	P	`	p				ー	タ	ミ	α	p
1	0001	(2)		!	1	A	Q	a	q			。	ア	チ	ム	ä	q
2	0010	(3)		"	2	B	R	b	r			「	イ	ツ	メ	β	θ
3	0011	(4)		#	3	C	S	c	s			」	ウ	テ	モ	ε	∞
4	0100	(5)		$	4	D	T	d	t			、	エ	ト	ヤ	μ	Ω
5	0101	(6)		%	5	E	U	e	u			・	オ	ナ	ユ	σ	ü
6	0110	(7)		&	6	F	V	f	v			ヲ	カ	ニ	ヨ	ρ	Σ
7	0111	(8)		'	7	G	W	g	w			ァ	キ	ヌ	ラ	g	π
8	1000	(1)		(	8	H	X	h	x			ィ	ク	ネ	リ	√	x̄
9	1001	(2)		)	9	I	Y	i	y			ゥ	ケ	ノ	ル	⁻¹	y
10	1010	(3)		*	:	J	Z	j	z			ェ	コ	ハ	レ	j	千
11	1011	(4)		+	;	K	[	k	{			ォ	サ	ヒ	ロ	ˣ	万
12	1100	(5)		,	<	L	¥	l	|			ャ	シ	フ	ワ	¢	円
13	1101	(6)		-	=	M	]	m	}			ュ	ス	ヘ	ン	£	÷
14	1110	(7)		.	>	N	^	n	→			ョ	セ	ホ	゛	ñ	
15	1111	(8)		/	?	O	_	o	←			ッ	ソ	マ	゜	ö	█

由表 4-1 可以发现，字模类似一本字典，可以理解成某个字符存储的地址，若要显示大写字母 A，只要找到列高 4 位代码 0100 和行低 4 位代码 0001，组合起来就是 01000001，即 0x41，与大写 A 的 ASCII 一致，因此要显示 A，只要指定 A 的字模 0x41 就可以了。

HD44780 的 CGROM 可以提供两种字模：一种是 5×8 点阵的，另一种是 5×10 点阵的。下面以表 4-1 给出的字模为例来说明，从表 4-1 可以看出，从第 1 列到第 13 列均是 5×8 点阵的，共 208 个；第 14、15 列是 5 × 10 点阵的，共 32 个，其中 0x20 ~ 0x7F 为标准的 ASCII 码，0xA0 ~ 0xFF 为日文字符和希腊文字符，其余字符码（0x10 ~ 0x1F 及 0x80 ~ 0x9F）没有定义。需要注意的是，表 4-1 中第 0 列，0x00 ~ 0x0F 为用户自定义的字模 RAM，主要用于显示在 CGROM 中不存在的字模。除了 CGROM 外，HD44780 还有一个 DDRAM（Display Data RAM），如何建立自定义字模，见后文表述。

那么如何显示图 4-1 所示的字符呢？首先要解决的问题是 LCD1602 与 C51 单片机连接的问题。通常 LCD1602 的引脚见表 4-2。

表 4-2　LCD1602 的引脚

引　脚	功能描述
GND	电源地
VCC	一般是 5V
V0	对比度调节，一般连 10kΩ 的电位器
RS	寄存器选择：0—处理命令，1—处理数据
R/W	读写控制：0—write，1—read
E	读写使能控制
D0 ~ D7	8 位数据 I/O 通道，D7 可以作为 LCD1602 的 busy flag 状态位
Backlight +	背景灯光电源 +
Backlight -	背景灯光电源 -

从表 4-2 中可以看出，LCD1602 引脚主要包括三类：第一类是电源；第二类是 8 位数据 I/O 通道，用于读写 LCD1602；第三类是 3 根控制线，即 RS、R/W 和 E，其中，RS 和 R/W 是用于实现 LCD 不同操作的，具体见表 4-3。

表 4-3　LCD1602 控制信号功能表

RS	R/W	实现操作
0	0	向 LCD1602 发送命令（Instruction）
0	1	读 busy flag 位（D7）和地址计数器（D0 ~ D6）
1	0	向 LCD1602 写入数据
1	1	从 LCD1602 读出数据

E 是作为读写的启动信号，有点类似一个时钟信号，数据要写入 LCD1602 或从 LCD1602 读出数据均需要首先置 E 信号为高且至少保持 1μs，然后置低。

V0 引脚是一个用于控制 5 × 8 点阵背景与在该点阵上显示字符对比度的。一般 V0 与一个 10kΩ 的电位器相连。

综上所示，LCD1602 的 D0 ~ D7 和 RS、R/W、E 引脚均与单片机的通用 I/O 连接即可。LCD1602 与 C51 单片机的连接示意图如图 4-3 所示。

2. 单片机对 LCD1602 控制器 HD44780 读写时序的控制

要使得 LCD1602 正常显示，首先必须对 LCD1602 进行配置，其实质是对 HD44780 配置。配置即是通过 C51 单片机写入相关指令到 HD44780，HD44780 一共支持 8 种指令，对

HD44780 写指令的时序图如图 4-4 所示。

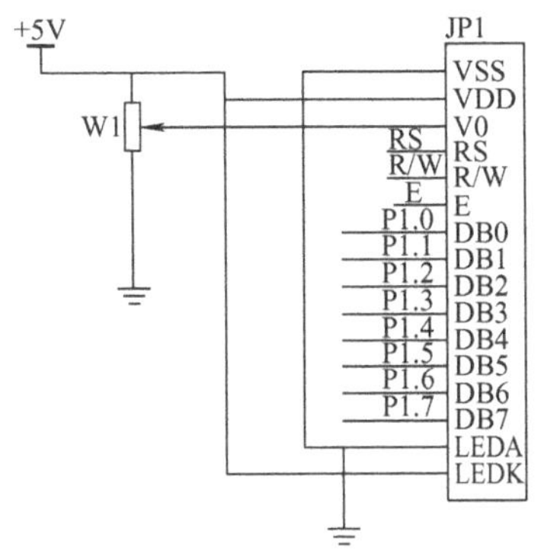

图 4-3 LCD1602 与 C51 连接示意图

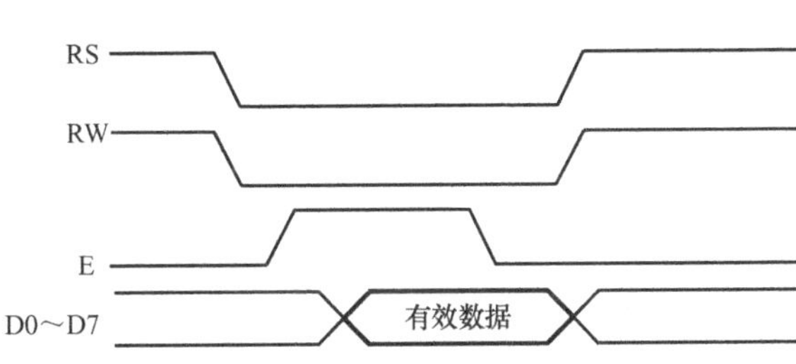

图 4-4 对 HD44780 写指令的时序图

通过观察图 4-4，不难写出写指令的函数，代码如下：

```
void writecmd(unsigned char cmd)
{
    等待液晶显示状态为空闲
    延时
    设置 RW、RS 均为 0
    指令送入 D0 ~ D7 的 8 位 I/O 数据通道
    给 E 一个由高到低的下降沿信号
}
```

细心的读者可能发现了，写指令过程只有一个参数，即要写入的值，既然 HD44780 一共有 8 条指令，写指令的过程又没有提供类似指令号之类的参数，HD44780 如何来区别不同的指令呢？HD44780 的指令见表 4-4，每条指令的具体描述见后文。

表 4-4 HD44780 指令

指　　令	D7	D6	D5	D4	D3	D2	D1	D0
清屏	0	0	0	0	0	0	0	1
光标归位	0	0	0	0	0	0	1	X
进入模式设置	0	0	0	0	0	1	I/D	S
显示开关控制	0	0	0	0	1	D	C	B
光标和显示移动设置	0	0	0	1	S/C	R/L	X	X
功能设定	0	0	1	DL	N	F	X	X
设定 CGRAM 地址	0	1		ACG			ACG	
设定 DDRAM 地址	1				ADD			

从表 4-4 中每行带底纹的单元格可以看出，每条指令中有一个特定比特位是 1，8 个数据通道正好可以区分 8 条指令。由此可知，HD44780 芯片设计者的巧妙架构可见一斑。

写指令是控制 HD44780 的工作方式，如何显示图 4-1 所示的字符呢？还需要实现向 HD44780 写数据，对 HD44780 写数据的时序图如图 4-5 所示。

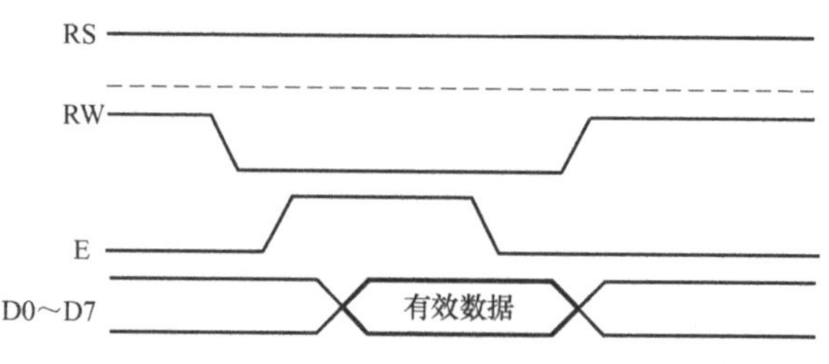

图 4-5 对 HD44780 写数据的时序图

通过观察图 4-5，不难写出写数据的函数，代码如下：

```
void writedata(unsigned char value)
{
等待液晶显示状态为空闲
延时
设置 RW,RS 均为 1
指令送入 D0 ~ D7 的 8 位 I/O 数据通道
给 E 一个由高到低的下降沿信号
}
```

不管是写命令还是写数据，在写入之前均要求液晶显示为空闲状态，由 HD44780 的数据手册得知，当 RS = 0，RW = 1 时，可以读取 busy flag 标志位，具体描述见表 4-5。

表 4-5 读取 HD44780 空闲状态描述

	RS	R/W	D7	D6	D5	D4	D3	D2	D1	D0	描 述
读取 busy flag 或 AC	0	1	BF	AC 读取地址计数器（AC）的内容							BF = 1 表示液晶显示器忙，暂时无法接收单片机送来的数据或指令 BF = 0 时，液晶显示器可以接收单片机送来的数据或指令

检查液晶显示是否空闲的时序图如图 4-6 所示。

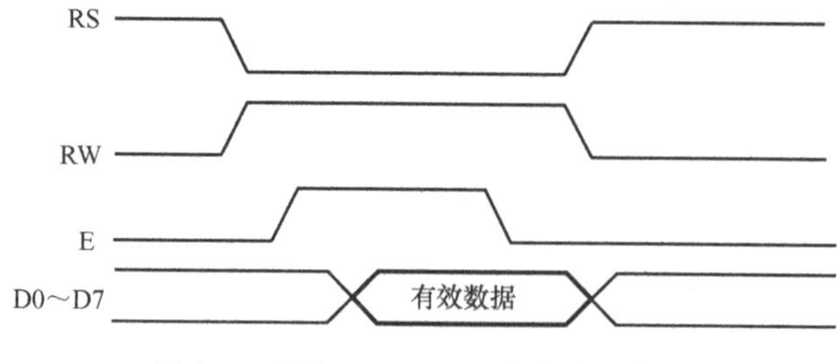

图 4-6 读取 HD44780 空闲状态时序图

通过观察图 4-6，不难写出读取 HD44780 空闲状态的函数，代码如下：

```
void busywait(void)
{
等待液晶显示状态为空闲
```

```
设置 RS 为 0,RW 为 1
设置 E 为高
不断读取 D7 位,判断其是否为 0
设置 E 为低
}
```

掌握了写指令、写数据的方法后，就可以开始编写程序显示图4-1所示的字符了。

第一步就是要对LCD1602进行初始化的工作，初始化工作主要是对LCD1602写命令的过程，主要包括清屏、确定显示行数和点阵、光标移动、有无光标显示等参数。LCD1602初始化代码如下：

```
/*
*****************************************************************
*                    初始化 LCD1602 函数
*描述:写相关指令配置 LCD1602
*参数:void
*返回值:void
*****************************************************************
*/
void initlcd(void)
{
delay_ms(5);
/*8 位数据总线,2 行显示,5×8 点阵显示*/
writecmd(0x38);
delay_ms(5);
writecmd(0x06);/*写入数据后光标右移,AC 递增,数据不移*/
delay_ms(5);
writecmd(0x0c);/*显示开,光标不闪*/
delay_ms(5);
writecmd(0x01);/*清除所有显示;光标归位*/
delay_ms(5);
}
```

初始化用到4条指令，通过阅读HD44780的数据手册，这4条指令的具体描述见表4-6。

初始化完毕后，第二步要做的工作是制定要显示字符的地址。通过阅读HD44780的数据手册，可以发现HD44780是用DDRAM来存放等待显示的字符的，DDRAM一共有80×8bit，即最多可以存放80个待显示的字符。而LCD1602两排最多只有32个显示字符的空间，因此LCD1602一屏是无法显示所有存放在DDRAM中所有待显示的80个字符的。任务1先解决如何用LCD1602显示32个字符的问题。我们在初始化的时候把LCD1602配置成两行显示模式，LCD1602屏幕显示位置与HD44780的DDRAM字符存放地址的关系见表4-7。

表 4-6　HD44780 指令描述

指　　令	D7	D6	D5	D4	D3	D2	D1	D0	描　　述
功能设定	0	0	1	DL	N	F	×	×	DL＝0，数据总线 4 位 DL＝1，数据总线 8 位 N＝0，显示 1 行 N＝1，显示 2 行 F＝0，5×8 点阵/字符 F＝1，5×10 点阵/字符
进入模式设置	0	0	0	0	0	1	I/D	S	I/D＝0，写入新数据后光标左移，AC 递减 I/D＝1，写入新数据后光标右移，AC 递增 S＝0，写入数据后不移动 S＝1，写入数据后移动
显示开关控制	0	0	0	0	1	D	C	B	D＝0，显示关；D＝1，显示开 C＝0，无光标；C＝1，有光标 B＝0，光标不闪；B＝1，光标闪
清屏	0	0	0	0	0	0	0	1	清除所有显示；光标归位，即光标回到屏幕左上方

表 4-7　LCD1602 显示位置图

显示位置	00	01	02	03	04	05	06	07	08	09	0A	0B	0C	0D	0E	0F
DDRAM 地址	40	41	42	43	44	45	46	47	48	49	4A	4B	4C	4D	4E	4F

由表 4-7 可以看出，DDRAM 存放待显示字符的地址并不是连续的，而且这里的地址其实是一个偏移量，要设定 DDRAM 显示地址，还需要设定 DDRAM 指令，见表 4-8。

表 4-8　设定 DDRAM 指令描述

指　　令	D7	D6	D5	D4	D3	D2	D1	D0	描　　述
设定 DDRAM 地址	1	ADD							设定要显示字符存放的 RAM 地址，共 7 位，起始地址是 0x80

由表 4-8 可以看出，DDRAM 的起始地址是 0x80，我们可以理解成基址，因此要真正设定一个待显示字符的地址，需要通过基址＋偏移量来指定。例如要将待显示字符显示在 LCD1602 屏幕第一行第二列，需要写命令：

```
writecmd (0x80 +0x01);
```

要显示第二行第四列，需要写命令：

```
writecmd (0x80 +0x43);
```

显示字符第三步的工作就是写入要显示的字符，由前文得知，实质上是写该字符在 LCD1602 内部 CGROM 字模的地址。比如要在第一行第一列显示大写字母 B，需要先写存放地址，再写数据：

```
writecmd(0x80 +0x01);
writedata('B');
```

如果需要在第一行第二列显示大写字母 C，可以这样写：

```
writecmd(0x80 +0x01);
writedata('B');
writecmd(0x80 +0x02);
writedata('C');
```

像这样要显示在连续的地址存放待显示字符的话，LCD1602 提供了是否自动增加地址的指令，见表 4-6，进入模式设置指令，I/D 置 1 表示写入新数据后 AC 递增，光标右移。AC 即 address counter，地址计数器，因此，配置该指令后，可以这样写：

```
writecmd(0x80 +0x01);
writedata('B');
writedata('C');
```

综上所述，要完成万年历任务就水到渠成了，任务 1.1 代码目录结构如图 4-7 所示。

```
myproject
  Source
    main.c
      stc89c52.h
      lcd1602.h
      delay.h
    lcd1602.c
      intrins.h
      stc89c52.h
      delay.h
    delay.c
      intrins.h
      delay.h
```

图 4-7　任务 1.1 代码目录结构

具体程序：

main. c 主程序如下：

```
#include "stc89c52. h"
#include "lcd1602. h"
#include "delay. h"
int main(void)
{
int i;
initlcd();/*初始化 lcd1602*/
writecmd(0x80);/*设定存放待显示字符的 DDRAM 地址*/
for(i=0;i<16;i++)
{
writedata('A'+i);/*第一行显示 A~P 字符*/
}
writecmd(0x80|0x40);/*设定存放待显示字符的 DDRAM 地址*/
for(i=0;i<10;i++)
{
writedata('Q'+i);/*第二行显示 Q~Z 字符*/
}
for(i=0;i<6;i++)
{
writedata('0'+i);/*第二行显示 0~5 字符*/
}
while(1);
```

```
return 0;
}
```

lcd1602.c 主程序如下：

```
/ * 晶振 22.1184MHz * /
#include < intrins.h >
#include "delay.h"
void delay_10us(void)          //10s 延时函数
{
_nop_();
_nop_();
_nop_();
_nop_();
_nop_();
_nop_();
_nop_();
_nop_();
_nop_();
_nop_();
}
void delay_100us(void)
{
delay_10us();
delay_10us();
delay_10us();
delay_10us();
delay_10us();
delay_10us();
delay_10us();
delay_10us();
delay_10us();
delay_10us();
}
void delay_1000us(void)
{
delay_100us();
delay_100us();
delay_100us();
delay_100us();
delay_100us();
```

```
delay_100us();
delay_100us();
delay_100us();
delay_100us();
}
void delay_ms(unsigned int val)
{
unsigned int i;
for(i=0;i<val;i++)
{
delay_1000us();
}
}
```

lcd1602. h 程序如下：

```
#ifndef_LCD1602_H_H
#define_LCD1602_H_H
void busywait(void);
void writecmd(unsigned char cmd);
void writedata(unsigned char val);
void initlcd(void);
#endif
```

1.2 用 LCD1602 显示自定义字符

学习目标

【知识目标】

(1) 学习字模生成软件生成字模显示代码的方法；

(2) 了解 LCD 控制器 HD44780 写 CGRAM 的命令；

(3) 了解 LCD 控制器 HD44780 存放字模的地址；

(4) 了解要显示字符的地址。

【能力目标】

(1) 掌握字模生成软件生成字模显示代码的方法；

(2) 能将字模生成软件生成的字符编码写入 HD44780 的 CGRAM 中。

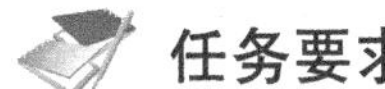

任务要求

由任务 1.1 得知，HD44780 内置的字模存储器 CGROM 最多可以显示 240 种字符，如果要显示的字符在 CGROM 中不存在，比如本任务要显示的“年月日”等字符，如图 4-8 所示。

图 4-8　显示汉字“年月日”

任务分析

该如何显示呢？这就要用到 LCD1602 自定义字模的功能。LCD1602 支持的自定义字模存放在 CGRAM 中，一共可以存放 8 个 5 × 8 点阵的字符或 4 个 5 × 10 点阵的字符。那么该如何生成自定义字模呢？

相关知识

下面以生成 5 × 8 的字模为例来说明自定义字模的生成。

第一步使用字模生成软件生成字模显示代码，下面采用软件“HD44780 Custom Char Generator”来说明字模生成软件的使用方法。打开 HD44780 Custom Char Generator 软件后如图 4-9 所示。

软件窗口出现了空白的 5 × 8 点阵字模背景，默认均为 0，用鼠标单击对应的点阵块，即该块就是字模点亮部分，即为 1。例如，要生成“年”，单击每一行要点亮的区域，如图 4-10 所示，可以得到“年”的 8 行字符编码：0x04、0x0F、0x12、0x0F、0x0A、0x1F、0x02、0x02。

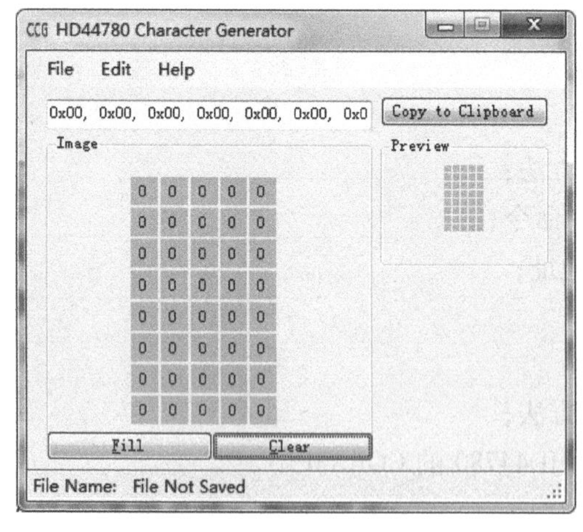

图 4-9　字模软件 HD44780 Custom Char Generator

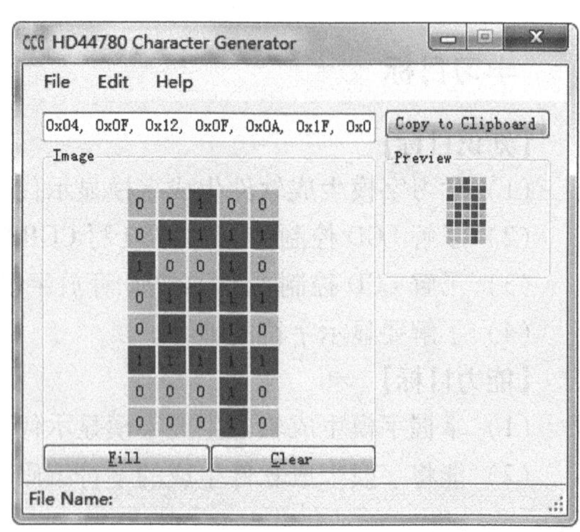

图 4-10　字模“年”

用同样的方法生成“月”和“日”字模的字符编码，如图 4-11 和图 4-12 所示。

第二步，将这 8 行字符编码写入到 HD44780 的 CGRAM。这里要解决三个问题：一是写 CGRAM 的命令是什么？二是存放该字模的地址是什么？三是要显示该字符的地址是什么？

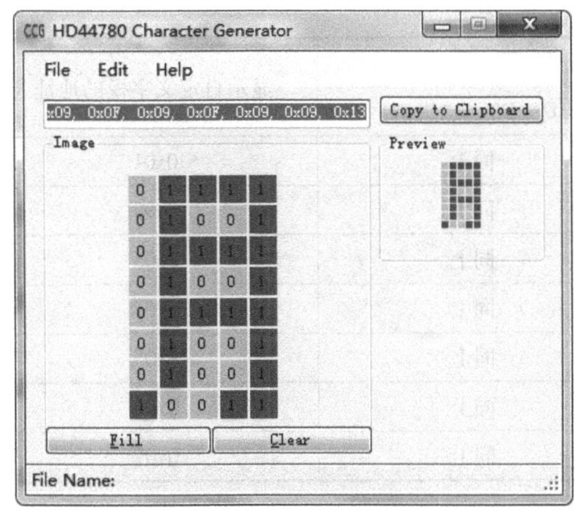

图 4-11　字模“月”

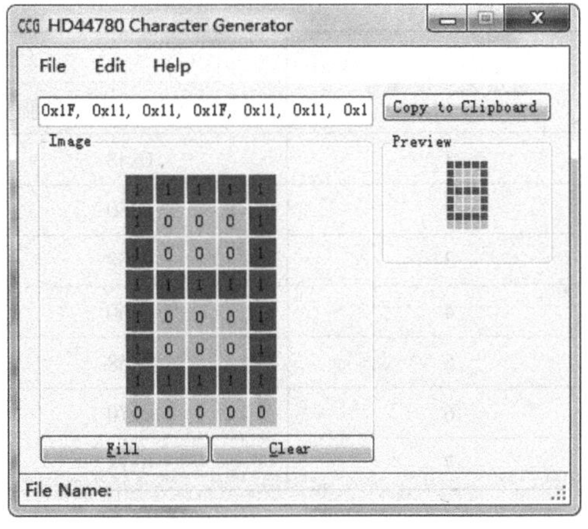

图 4-12　字模“日”

根据 HD44780 的数据手册，CGRAM 地址设定见表 4-9。

表 4-9　CGRAM 地址设定

指　令	RS	R/W	D7	D6	D5	D4	D3	D2	D1	D0	描　述
设定 CGRAM 地址	0	0	0	1	ACG			ACG			5×8 点阵一共定义 8 个自定义字模，D5～D3（000～111）为访问自定义字模的地址 D2～D0 为代码自定义字模的第 0～7 行，共 8 行

存放自定义字模的命令包括 6 位存放字模的地址，其中，D5～D3 共 3 位组成 8 个不同的地址，用于指定访问自定义字模的地址，即最多只能定义 8 个 5×8 的自定义字模；D2～D0 共 3 位指定每个字模从第 0 行到第 7 行的行号。例如字模“年”存放地址为 0，字模编码从第 0 行到第 7 行分别是 0x04、0x0F、0x12、0x0F、0x0A、0x1F、0x02、0x02。具体描述见表 4-10。

表 4-10　自定义字模编码描述

自定义字模编号	CCRAM 地址		显示自定义字模的地址
	（D5～D3）（十六进制）	D2～D0（二进制）	
0	0x40	000	0x00
		001	
		010	
		011	
		100	
		101	
		110	
		111	

（续）

自定义字模编号	CCRAM 地址		显示自定义字模的地址
	（D5 ~ D3）（十六进制）	D2 ~ D0 （二进制）	
1	0x48	同上	0x01
2	0x50	同上	0x02
3	0x58	同上	0x03
4	0x60	同上	0x04
5	0x68	同上	0x05
6	0x70	同上	0x06
7	0x78	同上	0x07

为什么显示自定义字符的地址是 0x00 ~ 0x07 呢？由表 4-1 可知，CGROM 的第 0 列并未使用，而是提供给自定义字模的显示地址使用。因此要显示自定义字模用函数 writedata（addr）即可，addr 的范围是 0x00 ~ 0x07。

根据以上描述，我们首先用字模软件 HD44780 Custom Char Generator 生成“年月日”的字模编码。

```
/* 自定义“年”字模 */
unsigned char code selfchar0[8] = {0x04,0x0F,0x12,0x1F,0x0A,0x0F,0x02,0x02};
/* 自定义“月”字模 */
unsigned char code selfchar1[8] = {0x0F,0x09,0x0F,0x09,0x0F,0x09,0x09,0x13};
/* 自定义“日”字模 */
unsigned char code selfchar2[8] = {0x1F,0x11,0x11,0x1F,0x11,0x11,0x1F,0x00};
```

把字模编码写入到 HD44780 的 CGRAM 的函数代码如下：

```
/*
*****************************************************
*              自定义字模函数
* 描述： 自定义字模,编码存入 CGRAM
* 参数： addr  CGRAM 存放自定义字模的地址
*        ch 存放 8 个自定义字模编码的数组首地址
* 返回值:void
*****************************************************
*/
void selfdefinechar(char addr,unsigned char *ch)
{
int i;
/* 存放自定义字模的基址是 0x40,
 * 存放每个字模需要 8 行,依次写入 8 行字模编码 */
writecmd(0x40 + addr * 8);
for(i =0;i <8;i ++)
```

```
{
writedata(ch[i]);
}
}
```

用 LCD1602 显示自定义字符程序代码目录结构见图 4-7。

delay. c、delay. h 代码与任务 1. 1 一样。lcd1602. c 源代码除了增加了字模编码写入到 HD44780 的 CGRAM 的函数 selfdefinechar 外，其他部分没有改动；lcd1602. h 源代码增加函数声明 void selfdefinechar（char addr，unsigned char *ch）即可。

main. c 主程序：

```
#include "stc89c52.h"
#include "lcd1602.h"
#include "delay.h"
unsigned char code selfchar0[8] = {0x04,0x0F,0x12,0x1F,0x0A,0x0F,0x02,0x02};
                                    /*自定义"年"字模*/
unsigned char code selfchar1[8] = {0x0F,0x09,0x0F,0x09,0x0F,0x09,0x09,0x13};
                                    /*自定义"月"字模*/
unsigned char code selfchar2[8] = {0x1F,0x11,0x11,0x1F,0x11,0x11,0x1F,0x00};
                                    /*自定义"日"字模*/
int main(void)
{
initlcd();
selfdefinechar(0,selfchar0);/*构造"年"*/
selfdefinechar(1,selfchar1);/*构造"月"*/
selfdefinechar(2,selfchar2);/*构造"日"*/
writecmd(0x80);
writedata(0);/*显示"年"*/
writedata(1);/*显示"月"*/
writedata(2);/*显示"日"*/
while(1);
return 0;
}
```

1.3　用 DS1302 和 LCD1602 制作万年历

任务要求

通过任务 1.1 和 1.2 我们解决了 LCD1602 显示的问题，接下来尝试解决万年历的问题。本次任务的目标是实现用 LCD 显示万年历。

任务分析

万年历主要包括单片机控制时钟、显示时钟、调整时钟等功能，因此万年历总体设计方案如图4-13所示。

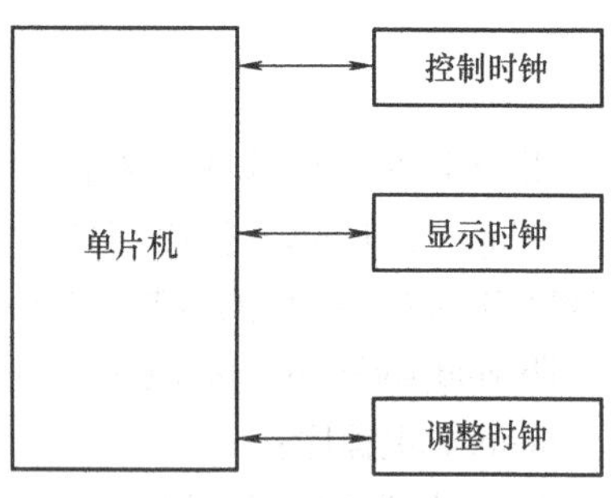

图4-13 万年历总体设计方案

目前我们已有显示模块LCD1602，调整时钟用4个轻触开关即可，现在要选择一款适合C51单片机控制和操作的时钟芯片，要求该时钟芯片具备年、月、日、小时、分、秒、星期等计时功能。通过比较选择，dallas公司生产的时钟芯片DS1302比较符合我们的要求。

相关知识

DS1302是一款支持年、月、日、小时、分、秒、星期和闰年补偿的实时时钟芯片，其简单三线结构可以很方便地与单片机通用I/O相连，进行串行总线读写传输。DS1302引脚图如图4-14所示。

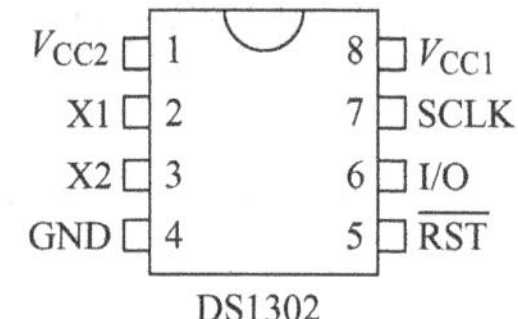

图4-14 DS1302引脚图

DS1302第一类引脚是与单片机通信的数据传输通道，包括SCLK、I/O、$\overline{RST}$。SCLK是同步数据传输的时钟输入引脚，I/O是串行数据传输输入/输出引脚，$\overline{RST}$从名字看像是复位引脚，其实是读写数据的使能引脚。

第二类引脚是提供DS1302工作的时钟源输入引脚X1、X2。一般给DS1302提供一个32.768kHz的晶振作为时钟源，并且连接两个6pF的负载电容。顺便提一下，一般所有的实时时钟芯片都采用32.768kHz的时钟源，原因在于32768是2的15次方，硬件可以很方便地做分频成精确的1Hz，即计时1s。

第三类引脚用于DS1302的电源供应。DS1302有两个电源正输入：V_{CC1}是备用电源输入，主要连接电池；V_{CC2}是主电源供应，在电压V_{CC2}低于V_{CC1}的情况下，V_{CC1}作为备用电源提供给DS1302。

通过阅读DS1302的数据手册可知，DS1302用于时间项控制和读写寄存器如图4-15所示。通过了解DS1302的时间项控制和读写寄存器可以首先解决对DS1302时间项的读写问题。

从图4-15可以看出，DS1302有两类寄存器：一类是时间项读写寄存器，另一类是控制寄存器，与本任务相关的有7个时间项读写寄存器和一个控制寄存器。7个时间项寄存器分别可以读写秒、分、小时、日期、月、星期和年。控制寄存器control，其第7位WP用于对时间项寄存器的写保护，该位为0，允许对年、月、日等时间项寄存器写；该位为1，禁止对其他寄存器写。

掌握了寄存器，接下来就要完成读写寄存器的工作。从图4-15可以看出，DS1302寄存器由寄存器地址号和寄存器值两部分组成，显然读写寄存器的过程需要首先指定寄存器地址号，然后写入或读出相应的值，这个过程与写HD44780寄存器是不一样的。通过阅读DS1302的数据手册，DS1302的寄存器读写时序如图4-16所示。

从图4-15可以看出，DS1302的寄存器号和寄存器值都是8bit，读写数据都是从低位开始，先指定读写地址，然后读出或写入寄存器值。不管是写地址还是写数据，图4-16中虚

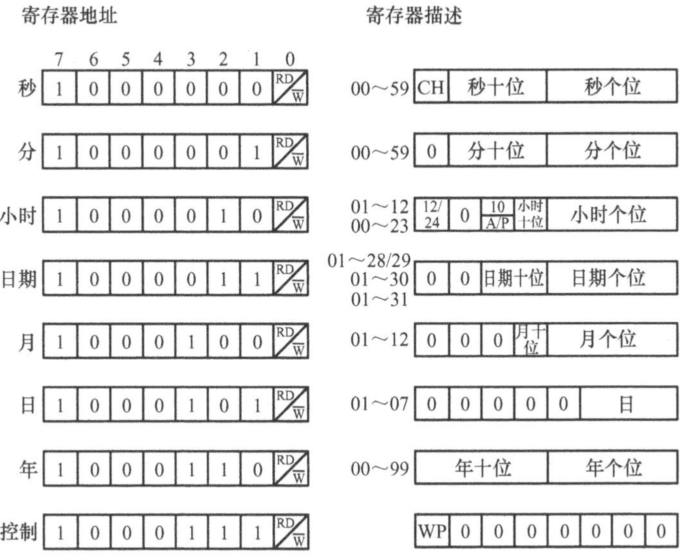

图4-15　DS1302的时间项控制和读写寄存器

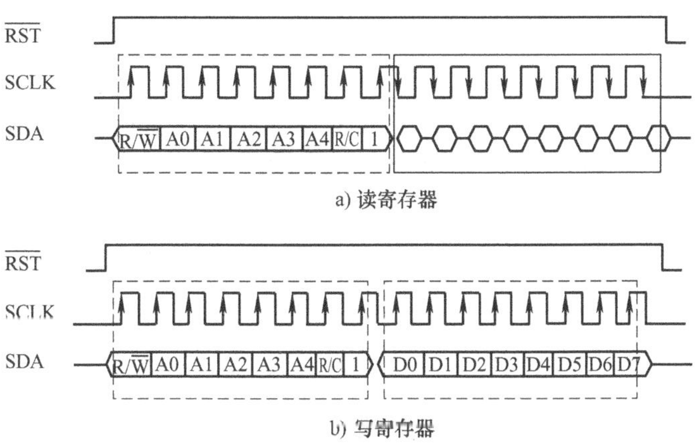

图4-16　DS1302寄存器读写时序图

线框框出的部分数据写入串行数据线SDA的过程是一样的，都是在SCLK上升沿输入数据，不一样的只是参数不同，因此我们首先设计写入一个字节数据的函数writebyte，writebyte实现了并转串的过程，代码如下：

```
/*
************************************************************
*                    writebyte 函数
*描述：  写入一个字节数据到DS1302串行总线,并转串
*参数：  val是要写入的一个字节数据
*返回值:void
************************************************************
*/
```

```
void writebyte(unsigned char val)
{
char i;
SCLK =0;
_nop_();
_nop_();
for(i =0;i <8;i ++)
    {
    SDA = val & 0x01;
    _nop_();
    _nop_();
    SCLK =1;
    _nop_();
    _nop_();
    SCLK =0;
    val >> =1;
    }
}
```

图4-16中实线框框出的部分是从SDA读出一个字节数据的过程，因此我们设计读出一个字节的函数readbyte，readbyte实现串转并，代码如下：

```
/*
**********************************************************
*                    readbyte 函数
*描述:  DS1302 串行总线读出一个字节数据,串转并
*参数:  void
*返回值:unsigned char 类型的一个字节数据
**********************************************************
*/
unsigned char readbyte(void)
{
unsigned char val =0;
char i;
for(i =0;i <8;i ++)
{
val >> =1;
if(SDA ==1)
{
val | =0x80;
}
```

```
SCLK = 1;
_nop_();
_nop_();
SCLK = 0;
_nop_();
_nop_();
}
return val;
}
```

有了读写单个字节的函数，基于图4-16，很容易得出实现读写DS1302寄存器的函数。分别是writeds1302和readds1302。writeds1302程序如下：

```
/*
*********************************************************
*                    writeds1302 函数
*描述：  DS1302 写一配置值到指定的寄存器
*参数：  addr   寄存器号
*          val     要写入的值
*返回值:void
*********************************************************
*/
void writeds1302(unsigned char addr,unsigned char val)
{
RST = 0;
SCLK = 0;
RST = 1;
writebyte(addr);
writebyte(val);
SCLK = 1;
RST = 0;
}
```

readds1302代码如下：

```
/*
*********************************************************
*                      readds1302 函数
*描述：  从 DS1302 读出指定的寄存器的值
*参数：  addr 寄存器号
*返回值:读出的寄存器值
*********************************************************
*/
```

```
unsigned char readds1302(unsigned char addr)
{
unsigned char val;
RST =0;
SCLK =0;
RST =1;
writebyte(addr);
val = readbyte();
SCLK =1;
RST =0;
return val;
}
```

任务实施

1. 硬件设计

根据总体设计方案和对 DS1302 的分析，下面设计显示万年历的原理图。

（1）万年历硬件原理图　万年历硬件原理图如图 4-17 所示。

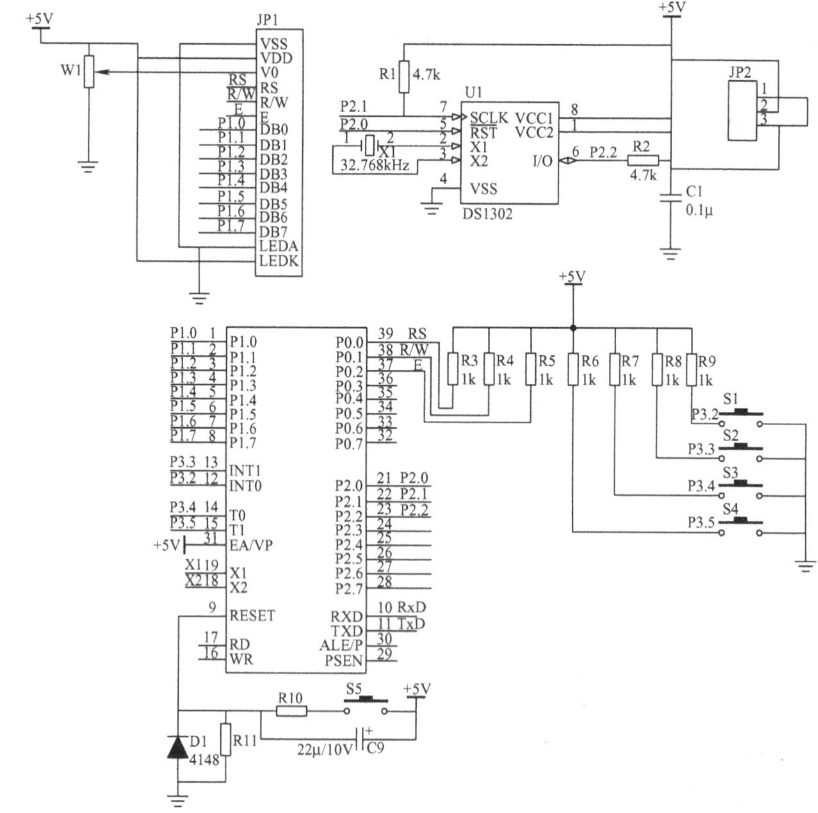

图 4-17　万年历硬件原理图

（2）万年历时钟材料清单　万年历时钟材料清单见表4-11。

表4-11　万年历时钟材料清单

元器件名称	参　数	数　量	元器件名称	参　数	数　量
IC插座	DIP40	1	电阻	1kΩ	7
单片机	AT89C52	1	电阻	4.7kΩ	2
晶振	6MHz或12MHz	1	电阻	10kΩ	1
晶振	32768Hz	1	电位器	10kΩ	1
发光二极管	—	1	瓷片电容	15~30pF	2
电解电容	10μF/16V	1	独石电容	0.1μF/63V	1
二极管	1N4148	1	按键	—	5

2. 软件编程

（1）端口分配　LCD1602与C51单片机的连接与任务1.1和1.2一样，这里不再赘述。DS1302用于串行数据传输的SCLK、I/O、$\overline{RST}$分别与C51单片机的P2.1、P2.2、P2.0相连。另外设计了4个轻触开关的按键，P3.2端口设为万年历年、月、日等时间修改功能设置键S1，P3.3端口设为万年历修改时间项数字上调键S2，P3.4端口设为万年历修改时间项数字下调键S3，P3.5端口设为万年历时间项的修改功能转换键S4。

（2）程序流程图　万年历时钟软件设计的总体流程图如图4-18所示。

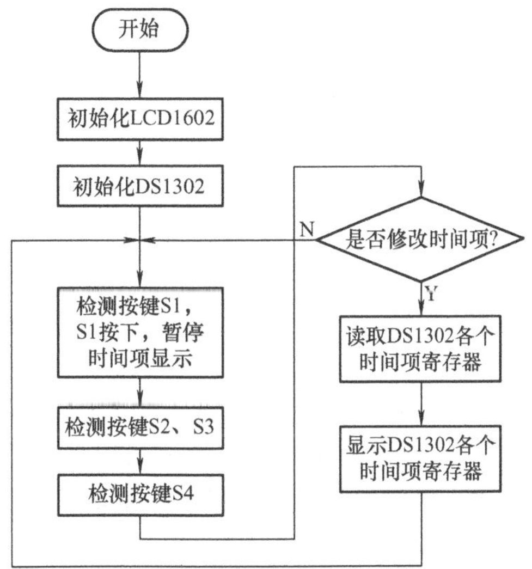

图4-18　万年历时钟软件总体流程图

软件流程设计基于以下考虑：检测按键S1、S2、S3、S4，在没有按键，即没有修改时间项的情况下，不断读取和显示DS1302时间项。一旦需要修改设定时间项，DS1302暂停计时功能，LCD1602显示当前正在设定的时间项值。

基于以上分析，任务1.3主要解决DS1302时间项的读写、显示和设置的问题。显示的问题任务1.1和1.2已经完成。

有了以上基础函数，就可以很顺利地实现图4-18中给出的初始化DS1302的函数。例如设定DS1302时间项的初始值是2014年12月25日14点10分26秒星期三，该如何写初始化函数呢?

初始化DS1302函数的initds1302代码如下：

```
/*
****************************************************************
*                    initds1302 函数
*描述：  为DS1302寄存器设定初始时间项值初始化
*参数：  void
```

```
 * 返回值:void
 *********************************************************
 */
void initds1302(void)
{
writeds1302(CONTROL_W,0x00);
writeds1302(SEC_W,0x26);
writeds1302(MIN_W,0x10);
writeds1302(HR_W,0x14);
writeds1302(DATE_W,0x25);
writeds1302(MONTH_W,0x12);
writeds1302(WEEK_W,0x04);
writeds1302(YEAR_W,0x14);
writeds1302(CONTROL_W,0x80);
}
```

从图 4-15 可以看出，初始化函数需要注意一些要点：

1）所有的时间项寄存器值均采用 BCD 码格式存放。

2）DS1302 时间项寄存器是读还是写由该寄存器号的最后一位决定，最后一位为 0 就是写入，为 1 就是读出。

3）在写入时间项寄存器值之前，需要关闭控制寄存器的写保护 WP，时间设定完毕后打开写保护。

4）秒寄存器最高位 CH 用于控制 DS1302 计时的启停。CH 为 1 计时会中止，DS1302 进入待机模式；CH 为 0 启动计时。在按键设定 DS1302 时间项值的时候该位需置 1。

5）小时寄存器可以设置 12 或 24 小时制，第 7 位为 1 表示选择 12 小时制，在这种制式下，第 5 位为 1 表示 PM，为 0 表示 AM。第 7 位为 0 表示选择 24 小时制。

6）年寄存器值只能存放 4 位年的后两位，从 DS1302 的数据手册看，闰年可以补偿到 2100 年，理论上说 DS1302 最多可以计时到 2100 年，但是可以通过软件的方法来计算闰年以及每月天数的差异性，有余力和兴趣的读者可以尝试用 DS1302 计时任意年份。

初始化 DS1302 并启动计时后，就可以实现读取 DS1302 各个时间项寄存器函数 readcalendar，代码如下：

```
/*
 *********************************************************
 *                  readcalendar 函数
 * 描述:  读取 ds1302 年、月、日等 7 个寄存器的值
 * 参数:   * calh 保存寄存器高 4 位值的数组首地址
 *         * call 保存寄存器低 4 位值的数组首地址
 * 返回值:void
 *********************************************************
 */
```

```
void readcalendar(unsigned char *calh,unsigned char *call)
{
char i;
unsigned char temp, *ph = calh, *pl = call;
for(i =0;i <14;i + =2)
{
temp = readds1302(SEC_R + i);/ * 从秒寄存器开始读,连续读取7个 * /
/ * BCD码转换成ASCII码 * /
*ph = (temp > >4) + '0';
*pl = (temp & 0x0f) + '0';
ph + =1;
pl + =1;
}
}
```

结合任务1.1和1.2,显示时间项函数discalendar,代码如下:

```
/*
*******************************************************
*                discalendar函数
*描述:  在LCD1602显示ds1302年、月、日等7个寄存器的值
*参数:   *calh保存寄存器高4位值的数组首地址
*        *call保存寄存器低4位值的数组首地址
*返回值:void
*******************************************************
*/
void discalendar(unsigned char *calh,unsigned char *call)
{
/*显示年*/
writecmd(0x82);
writedata('2');
writedata('0');
writedata(calh[6]);
writedata(call[6]);
writedata(0);
/*显示月*/
writedata(calh[4]);
writedata(call[4]);
writedata(1);
/*显示日*/
writedata(calh[3]);
```

```
writedata(call[3]);
writedata(2);
/*显示小时*/
writecmd(0x81 +0x40);
writedata(calh[2]);
writedata(call[2]);
writedata(':');
/*显示分*/
writedata(calh[1]);
writedata(call[1]);
writedata(':');
/*显示秒*/
writedata(calh[0] & 0x7F);
writedata(call[0]);
/*显示星期*/
writecmd(0x8b +0x40);
disweek(call[5]-'0');
}
```

最后，解决通过按键设定时间项的任务。按键 S1 的功能有两个：一是按下表示需要设定时间项，中止 DS1302 计时，关闭 DS1302 寄存器写保护；二是再次不断按下选择设定不同的时间项，从年开始，经过月、日，一直到星期，再回到年，在哪个时间项停留，在 LCD1602 上显示的该项目就闪烁，然后就可以按 S2 或 S3 增加或减少该时间项的值。S4 键的功能是确认修改，打开 DS1302 写保护，重新启动 DS1302 计时。

检测按键 S1 函数 setcalendar 代码如下：

```
/*
 *********************************************************
 *                  setcalendar 函数
 *描述：  检测 S1 是否按下,按下则开始选择所要的设定时间项
 *参数：  void
 *返回值:void
 *********************************************************
 */
void setcalendar(void)
{
if(SETKEY ==0)
{
/*延时的主要作用是软件防抖,具体的延时时间可能会不同,这与不同类型的轻触开关
 有关*/
delay_ms(150);
```

```
if(SETKEY ==0)
{
/ * 设定标志位,关闭 DS1302 写保护,中止 DS1302 计时 * /
setflag = 1;
writeds1302(CONTROL_W,0x00);
writeds1302(SEC_W,0x80 | readds1302(SEC_R));
/ * setchoice 存放要修改的时间项,settype 存放确认修改的时间项 * /
switch(setchoice)
{
case 'y':
writecmd(0x85);
settype = 'y';
setchoice = 'm';
break;
case 'm':
      writecmd(0x88);
      settype = 'm';
      setchoice = 'd';
      break;
case 'd':
      writecmd(0x8b);
      settype = 'd';
      setchoice = 'h';
      break;
case 'h':
      writecmd(0x82 +0x40);
      settype = 'h';
      setchoice = 'i';
      break;
case 'i':
      writecmd(0x85 +0x40);
      settype = 'i';
      setchoice = 's';
      break;
case 's':
      writecmd(0x88 +0x40);
      settype = 's';
      setchoice = 'w';
      break;
```

```
case 'w':
    writecmd(0x8b +0x40);
    settype = 'w';
    setchoice = 'y';
    break;
}
}
}
}
```

任务 1.3 代码目录结构如图 4-19 所示。

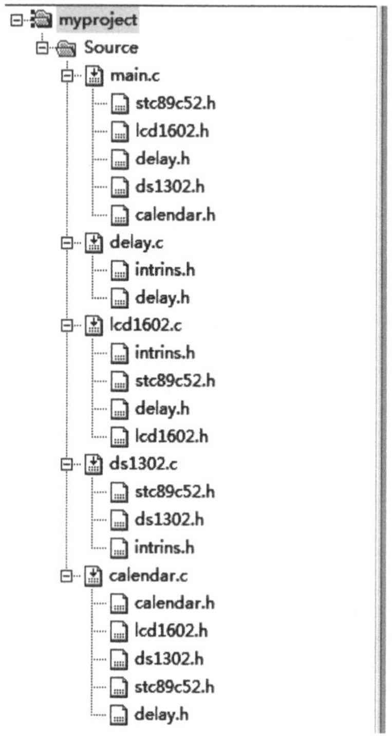

图 4-19　任务 1.3 代码目录结构

delay. c、delay. h、lcd1602. c、lcd1602. h 代码与任务 1.1 一样。

main. c 主程序如下：

```
#include "stc89c52.h"
#include "lcd1602.h"
#include "delay.h"
#include "ds1302.h"
#include "calendar.h"
int main(void)
{
```

```
unsigned char calh[7],call[7];
initlcd();
initds1302();
while(1)
{
/*检测是否需要修改时间项及选择修改时间项*/
setcalendar();
/*修改时间项*/
changecalendar();
/*确认时间项修改*/
entercalendar();
if(setflag==0)
{
/*读取时间项*/
readcalendar(calh,call);
/*显示时间项*/
discalendar(calh,call);
}
}
return 0;
}
```

ds1302.c源代码如下：

```
#include "stc89c52.h"
#include "ds1302.h"
#include <intrins.h>
sbit SCLK = P2^1;
sbit SDA = P2^2;
sbit RST = P2^0;
/*
*************************************************************
*                    writebyte 函数
*描述:   写入一个字节数据到DS1302串行总线,并转串
*参数:   val是要写入的一个字节数据
*返回值: void
*************************************************************
*/
void writebyte(unsigned char val)
{
char i;
```

```
SCLK =0;
_nop_();
_nop_();
for(i =0;i < 8;i + +)
{
SDA = val & 0x01;
_nop_();
_nop_();
SCLK =1;
_nop_();
_nop_();
SCLK =0;
val >> =1;
}
}
/*
*********************************************************
*                  readbyte 函数
*描述:   DS1302 串行总线读出一个字节数据,串转并
*参数:   void
*返回值: unsigned char 类型的一个字节数据
*********************************************************
*/
unsigned char readbyte(void)
{
unsigned char val = 0;
char i;
for(i =0;i < 8;i + +)
{
val >> = 1;
if(SDA ==1)
{
val | = 0x80;
}
SCLK = 1;
_nop_();
_nop_();
SCLK = 0;
_nop_();
```

```
_nop_();
}
return val;
}
/*
*****************************************************
*              writeds1302 函数
*描述:  DS1302 写一配置值到指定的寄存器
*参数:  addr    寄存器号
*       val     要写入的值
*返回值:void
*****************************************************
*/
void writeds1302(unsigned char addr,unsigned char val)
{
RST = 0;
SCLK = 0;
RST = 1;
writebyte(addr);
writebyte(val);
SCLK = 1;
RST = 0;
}
/*
*****************************************************
*              readds1302 函数
*描述:  从 DS1302 读出指定的寄存器的值
*参数:  addr    寄存器号
*返回值:读出的寄存器值
*****************************************************
*/
unsigned char readds1302(unsigned char addr)
{
unsigned char val;
RST=0;
SCLK=0;
RST=1;
writebyte(addr);
val=readbyte();
```

```
RST = 0;
return val;
}
/*
*******************************************************
*                initds1302 函数
* 描述:   为 DS1302 寄存器设定初始时间项值
* 参数:   void
* 返回值: void
*******************************************************
*/
void initds1302(void)
{
writeds1302(CONTROL_W,0x00);
writeds1302(SEC_W,0x26);
writeds1302(MIN_W,0x10);
writeds1302(HR_W,0x14);
writeds1302(DATE_W,0x25);
writeds1302(MONTH_W,0x12);
writeds1302(WEEK_W,0x04);
writeds1302(YEAR_W,0x14);
writeds1302(CONTROL_W,0x80);
}
```

ds1302.h 源代码如下：

```
#ifndef DS1302_H_H
#define DS1302_H_H
#define SEC_W   0x80
#define MIN_W   0x82
#define HR_W 0x84
#define DATE_W 0x86
#define MONTH_W 0x88
#define WEEK_W 0x8a
#define YEAR_W 0x8c
#define CONTROL_W 0x8e
#define SEC_R   0x81
#define MIN_R   0x83
#define HR_R 0x85
#define DATE_R 0x87
#define MONTH_R 0x89
```

```
#define WEEK_R 0x8b
#define YEAR_R 0x8d
void writebyte(unsigned char val);
unsigned char readbyte(void);
void writeds1302(unsigned char addr,unsigned char val);
unsigned char readds1302(unsigned char addr);
void initds1302(void);
#endif
```

calendar. c 源代码如下:

```
#include "calendar.h"
#include "lcd1602.h"
#include "ds1302.h"
#include "stc89c52.h"
#include "delay.h"
sbit SETKEY = P3^2;
sbit ADDKEY = P3^3;
sbit SUBKEY = P3^4;
sbit ENTERKEY = P3^5;
unsigned char setchoice = 'y';
char setflag = 0;
unsigned char settype = 0;
/*
****************************************************
*                    readcalendar 函数
*描述:  读取 ds1302 年、月、日等 7 个寄存器的值
*参数:  *calh 保存寄存器高 4 位值的数组首地址
*        *call 保存寄存器低 4 位值的数组首地址
*返回值:void
****************************************************
*/
void readcalendar(unsigned char *calh,unsigned char *call)
{
char i;
unsigned char temp,*ph = calh,*pl = call;
for(i = 0;i < 14;i += 2)
{
/*从秒寄存器开始读,连续读取 7 个*/
temp = readds1302(SEC_R + i);
/*BCD 码转换成 ASCII 码*/
```

```
*ph = (temp > >4) + '0';
*pl = (temp & 0x0f) + '0';
ph + =1;
pl + =1;
}
}
/*
*************************************************************
*                   discalendar 函数
*描述:   在 LCD1602 显示 ds1302 年、月、日等 7 个寄存器的值
*参数:    *calh 保存寄存器高 4 位值的数组首地址
*         *call 保存寄存器低 4 位值的数组首地址
*返回值:void
*************************************************************
*/
void discalendar(unsigned char *calh,unsigned char *call)
{
/*显示年*/
writecmd(0x82);
writedata('2');
writedata('0');
writedata(calh[6]);
writedata(call[6]);
writedata(0);
/*显示月*/
writedata(calh[4]);
writedata(call[4]);
writedata(1);
/*显示日*/
writedata(calh[3]);
writedata(call[3]);
writedata(2);
/*显示小时*/
writecmd(0x81 +0x40);
writedata(calh[2]);
writedata(call[2]);
writedata(':');
/*显示分*/
writedata(calh[1]);
```

```
writedata(call[1]);
writedata(':');
/*显示秒*/
writedata(calh[0] & 0x7F);
writedata(call[0]);
/*显示星期*/
writecmd(0x8b+0x40);
disweek(call[5]-'0');
}
/*
*********************************************************
*                       setcalendar 函数
*描述:  检测 S1 是否按下,按下则开始选择所要的设定时间项
*参数:  void
*返回值:void
*********************************************************
*/
void setcalendar(void)
{
if(SETKEY==0)
{
delay_ms(150);/*延时的主要作用是软件防抖,具体的延时时间可能会不同,这与不同
                    类型的轻触开关有关*/
if(SETKEY==0)
{
setflag=1;/*设定标志位,关闭 DS1302 写保护,中止 DS1302 计时*/
writeds1302(CONTROL_W,0x00);
writeds1302(SEC_W,0x80 | readds1302(SEC_R));
            /*setchoice 存放要修改的时间项,存放确认修改的时间项*/
switch(setchoice)
{
case 'y':/*首次按下 S1,选择修改年*/
    writecmd(0x85);
    writecmd(0x0f);
    settype='y';
    setchoice='m';
    break;
case 'm':/*再次按下 S1,选择修改月*/
    writecmd(0x88);
```

```
        settype = 'm';
        setchoice = 'd';
        break;
    case 'd':
        writecmd(0x8b);
        settype = 'd';
        setchoice = 'h';
        break;
    case 'h':
        writecmd(0x82 +0x40);
        settype = 'h';
        setchoice = 'i';
        break;
    case 'i':
        writecmd(0x85 +0x40);
        settype = 'i';
        setchoice = 's';
        break;
    case 's':
        writecmd(0x88 +0x40);
        settype = 's';
        setchoice = 'w';
        break;
    case 'w':/ * 多次按下 S1,最后选择星期,下一次选择回到年 * /
        writecmd(0x8b +0x40);
        settype = 'w';
        setchoice = 'y';
        break;
    }
    }
    }
    }
    / *
     ************************************************************
     *                    changecalendar 函数
     * 描述:  检测 S2 或是 S3 是否按下,按下 S2,增加相应时间项
     *          按下 S3,减少相应时间项
     * 参数:  void
     * 返回值:void
```

```
*****************************************************
*/
void changecalendar(void)
{
switch(settype)
{
case 'y':/*修改年*/
    if(ADDKEY==0)
    {
    delay_ms(150);
    if(ADDKEY==0)
    {
    valueup(YEAR_R,0x84);
    }
    }
    if(SUBKEY==0)
    {
    delay_ms(150);
    if(SUBKEY==0)
    {
    valuedown(YEAR_R,0x84);
    }
    }
    break;
case 'm':/*修改月*/
    if(ADDKEY==0)
    {
    delay_ms(150);
    if(ADDKEY==0)
    {
    valueup(MONTH_R,0x87);
    }
    }
    if(SUBKEY==0)
    {
    delay_ms(150);
    if(SUBKEY==0)
    {
    valuedown(MONTH_R,0x87);
```

```
        }
        }
        break;
    case 'd':/ * 修改日 * /
        if( ADDKEY ==0)
        {
        delay_ms(150);
        if( ADDKEY ==0)
        {
        valueup( DATE_R,0x8a);
        }
        }
        if( SUBKEY ==0)
        {
        delay_ms(150);
        if( SUBKEY ==0)
        {
        valuedown( DATE_R,0x8a);
        }
        }
        break;
    case 'h':/ * 修改小时 * /
        if( ADDKEY ==0)
        {
        delay_ms(150);
        if( ADDKEY ==0)
        {
        valueup( HR_R,0x81 +0x40);
        }
        }
        if( SUBKEY ==0)
        {
        delay_ms(150);
        if( SUBKEY ==0)
        {
        valuedown( HR_R,0x81 +0x40);
        }
        }
        break;
```

```
case 'i':/ * 修改分钟 * /
    if( ADDKEY ==0)
    {
    delay_ms(150);
    if( ADDKEY ==0)
    {
    valueup( MIN_R,0x84 +0x40);
    }
    }
    if( SUBKEY ==0)
    {
    delay_ms(150);
    if( SUBKEY ==0)
    {
    valuedown( MIN_R,0x84 +0x40);
    }
    }
    break;
case 's':/ * 修改秒 * /
    if( ADDKEY ==0)
    {
    delay_ms(150);
    if( ADDKEY ==0)
    {
    valueup( SEC_R,0x87 +0x40);
    }
    }
    if( SUBKEY ==0)
    {
    delay_ms(150);
    if( SUBKEY ==0)
    {
    valuedown( SEC_R,0x87 +0x40);
    }
    }
    break;
case 'w':/ * 修改星期 * /
    if( ADDKEY ==0)
    {
```

```
delay_ms(180);
if(ADDKEY ==0)
{
valueup(WEEK_R,0x8b +0x40);
}
}
if(SUBKEY ==0)
{
delay_ms(150);
if(SUBKEY ==0)
{
valuedown(WEEK_R,0x8b +0x40);
}
}
break;
}
}
/*
*****************************************************
*                     entercalendar 函数
*描述：  检测 S3 是否按下,按下则确认修改的时间项,打开写保护,启动 DS1302 计时
*
*参数：  void
*返回值:void
*****************************************************
*/
void entercalendar(void)
{
if(ENTERKEY ==0)
{
delay_ms(150);
if(ENTERKEY ==0)
{
writecmd(0x0c);
writeds1302(SEC_W,readds1302(SEC_R)& 0x7f);
writeds1302(CONTROL_W,0x80);
setflag =0;
setchoice = 'y';
}
```

```
}
}
unsigned char bcd2dec(unsigned char value)
{
return((value >>4) * 10 + (value & 0x0f));
}
void valueup(unsigned char readaddr,unsigned char disaddr)
{
unsigned char value,valuel,valueh;
value = readds1302(readaddr);
if(readaddr == SEC_R)
{
value & =0x7f;
}
value = bcd2dec(value);
value + =1;
switch(readaddr)
{
case YEAR_R:
    if(value == 100) value = 0;break;
case MONTH_R:
    if(value == 13) value = 1;break;
case DATE_R:
    if(value == 32) value = 0;break;
case HR_R:
    if(value == 24) value = 0;break;
case MIN_R:
case SEC_R:
    if(value == 60) value = 0;break;
case WEEK_R:
    if(value == 8) value = 1;break;
}
valueh = value/10;
valuel = value % 10;
if(readaddr == SEC_R)
{
writeds1302(readaddr - 1,0x80|(valueh <<4)| valuel);
}
else
```

```
{
writeds1302(readaddr - 1,(valueh << 4) | valuel);
}
writecmd(disaddr);
if(readaddr == WEEK_R)
{
disweek(value);
writecmd(disaddr);
}
else
{
writedata(valueh + '0');
writedata(valuel + '0');
writecmd(disaddr + 1);
}
}
void valuedown(unsigned char readaddr,unsigned char disaddr)
{
unsigned char value,valuel,valueh;
value = readds1302(readaddr);
if(readaddr == SEC_R)
{
value & =0x7f;
}
value = bcd2dec(value);
value- =1;
switch(readaddr)
{
case YEAR_R:
    if((signed char)value == -1)value =99;break;
case MONTH_R:
    if(value ==0)value =12;break;
case DATE_R:
    if(value ==0)value =31;break;
case HR_R:
    if((signed char)value == -1)value =23;break;
case MIN_R:
case SEC_R:
    if((signed char)value == -1)value =59;break;
```

```
case WEEK_R:
    if(value==0)value=7;break;
}
valueh=value/10;
valuel=value % 10;
if(readaddr==SEC_R)
{
writeds1302(readaddr-1,0x80|(valueh<<4)| valuel);
}
else
{
writeds1302(readaddr-1,(valueh<<4)| valuel);
}
writecmd(disaddr);
if(readaddr==WEEK_R)
{
disweek(value);
writecmd(disaddr);
}
else
{
writedata(valueh+'0');
writedata(valuel+'0');
writecmd(disaddr+1);
}
}
void disweek(unsigned char weekval)
{
switch(weekval)
{
case 1:
    writedata('M');
    writedata('o');
    writedata('n');
    break;
case 2:
    writedata('T');
    writedata('u');
    writedata('e');
```

```
        break;
    case 3:
        writedata('W');
        writedata('e');
        writedata('d');
        break;
    case 4:
        writedata('T');
        writedata('h');
        writedata('u');
        break;
    case 5:
        writedata('F');
        writedata('r');
        writedata('i');
        break;
    case 6:
        writedata('S');
        writedata('a');
        writedata('t');
        break;
    case 7:
        writedata('S');
        writedata('u');
        writedata('n');
        break;
    }
    writedata('.');
    }
```

calendar. h 源代码如下:

```
#ifndef CALENDAR_H_H
#define CALENDAR_H_H
extern char setflag;
void readcalendar(unsigned char *calh,unsigned char *call);
void discalendar(unsigned char *calh,unsigned char *call);
void setcalendar(void);
void changecalendar(void);
void entercalendar(void);
unsigned char bcd2dec(unsigned char value);
```

```
void valueup(unsigned char readaddr,unsigned char disaddr);
void valuedown(unsigned char readaddr,unsigned char disaddr);
void disweek(unsigned char weekval);
#endif
```

3. 万年历时钟实物装调

内容讲解：

图 1-108 万年历时钟实物装调效果展示视频：

任务小结

通过本次任务的学习，掌握单片机与外部器件的连接，其中单片机与 LCD1602 的连接方式为并口方式连接，单片机与 DS1302 的连接为串口方式连接。

单片机与外部器件的数据交流无外乎就是数据的读和写，在单片机与外部器件进行读写操作时，最重要的依据就是外部芯片的读写时序图，在对外部器件进行数据交互时要严格按照外部芯片的读写时序进行，在具体的程序编程中可以将读写程序写成归一化的标准程序结构，方便程序的修改和移植。

针对 LCD1602 字符库中不存在的字符，需要用自定义字符，在实际使用中可利用字模生成软件生成字模显示代码将其写入到 HD44780 的 CGRAM 中，但自定义字符使用量不宜过多（8 个 5×8 点阵的字符或 4 个 5×10 点阵的字符）。

课后习题

1. 编程实现在 LCD1602 的第一行输出字“I Love CZTGI.”。
2. 编程实现显示自定义字符“上午中午下午”。

任务2 步进电动机控制电路设计

问题提出

步进电动机是一种常见的机电转换器件，是一种可以将电脉冲信号转变成角位移或者线位移的电磁机械装置，可以对其旋转角度和旋转速度进行高精度的控制，是工业过程控制和仪表中常用的执行元件之一。随着微电子技术和计算机技术的发展，步进电动机已广泛运用在需要高定位精度、高响应性及依赖性等灵活控制的机械系统中，伴随着不同的数字化技术的发展以及步进电动机本身技术的提高，步进电动机将会在更多的领域中应用。例如，在机电一体化产品中可以用丝杠把角度变成直线位移，也可以用步进电动机带动螺旋电位器，调节电压或电流，从而实现对执行机构的控制。步进电动机可以直接接收数字信号，不必进行模-数转换，使用起来十分方便。在步进电动机负荷不超过它所能提供的动态转矩的情况下，它具有快速起动、精确步进和定位，步进的角距或步进的转速只受输入脉冲的个数和脉冲的频率控制，与电压的波动、负载变化、环境温度和振动等因素无关等优点。因而，步进电动机在数控机床、绘图仪、打印机以及光学仪器中得到了广泛的应用。步进电动机的具体应用情况可参见图 4-20 和图 4-21。

图 4-20　焊接机器人

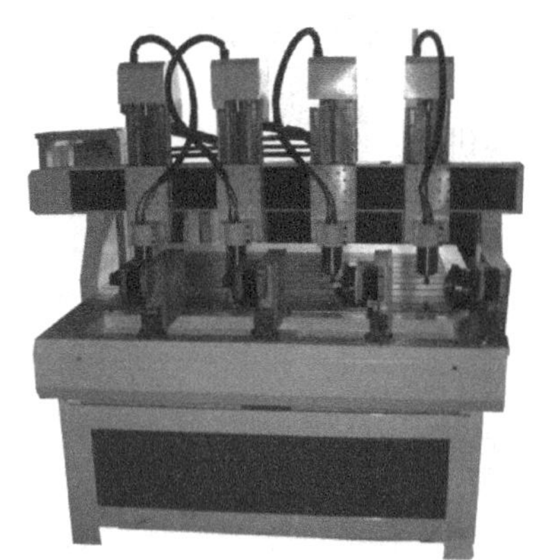

图 4-21　雕刻机

学习目标

【知识目标】

（1）了解步进电动机控制的基本原理和结构；

（2）了解步进电动机的工作原理及特性；

（3）掌握控制步进电动机转动、定位以及速度的计算方法。

【能力目标】

（1）了解步进电动机的驱动方式；

（2）掌握单片机与步进电动机的接口方法；

（3）对步进电动机进行速度调节、转向控制；

（4）掌握步进电动机的 1 相驱动、2 相驱动与 1-2 相驱动程序的设计。

任务简介

本项目中使用小型的步进电动机，直接采用 ULN2003（或 ULN2803）驱动。通过按键实现控制步进电动机的启停、转向和速度，并通过数码管显示当前步进电动机的状态。

任务分析

本项目中步进电动机控制模块采用的是六线四相步进电动机，通过二相励磁法（双四拍）方式驱动。当单片机控制步进电动机时，通过对每组线圈中的电流的顺序切换来使电动机做步进式旋转。切换是通过单片机输出脉冲信号来实现的，所以调节脉冲信号的频率就可以改变步进电动机的转速，改变各相脉冲的先后顺序，就可以改变电动机的转向。步进电动机的转速应由慢到快逐步加速。典型的单片机控制步进电动机系统原理框图如图 4-22 所示。

在这个控制系统中，单片机的主要作用是提供控制步进电动机的时序脉冲，每当步进电

图4-22 单片机控制步进电动机框图

动机从脉冲输入线上得到一个脉冲，便按照时序脉冲所确定的方向进一步。

相关知识

步进电动机（Stepping Motor）又称为脉冲电动机，是将电脉冲信号转换为相应的角位移或直线位移的电磁机械装置，也是一种输出机械位移增量与数字脉冲对应的增量驱动器件。在非超载情况下，步进电动机的转速、停止的位置值取决于脉冲信号的频率和脉冲数，不受负载变化的影响，加之步进电动机只有周期性的误差、无累积误差等特点，使得步进电动机在速度、位置等领域的控制非常简单。虽然步进电动机应用广泛，但它并不像普通的直流和交流电动机那样在常规状态下使用，它必须由双环形脉冲信号、功率驱动电路等组成控制系统方可使用，所以用好步进电动机也非易事，它涉及机械、电气、电子及计算机等较多的专业知识。

1. 步进电动机的分类

步进电动机分为以下三种：

（1）永磁式（PM）电动机　永磁式电动机一般为两相，转矩和体积较小，步进角一般为7.5°或15°。

（2）反应式（VR）电动机　反应式电动机一般为三相，可实现大转矩输出，步进角一般为1.5°，但噪声和振动都很大，在欧美等发达国家20世纪80年代已被淘汰。

（3）混合式（HB）电动机　混合式电动机指混合了永磁式和反应式的优点，它又分为两相和五相，两相步进角一般为1.8°，而五相步进角一般为0.72°，这种步进电动机的应用最为广泛。

2. 步进电动机的技术指标

（1）步进电动机的静态指标

1）相数：电动机内部的线圈组数，产生不同对极N、S磁场的励磁线圈对数，常用m表示。目前常用的有两相、三相、四相、五相步进电动机。

2）拍数：完成一个磁场周期性变化所需脉冲数或导电状态（用n表示），或指电动机转过一个步距角所需脉冲数。以四相电动机为例，有四相四拍运行方式，即AB-BC-CD-DA-AB以及四相八拍运行方式，即A-AB-B-BC-C-CD-D-DA-A。

3）步距角：表示控制系统每发出一个步进脉冲信号，电动机所转动的角度。步进电动机出厂时给出了一个步距角的值，称之为“电动机固有步距角”，它不一定是电动机实际工作时真正的步距角，真正的步距角和驱动器有关。

4）每转步数：电动机每转一转所转过的步数。

5）定位转矩：电动机在不通电状态下，电动机转子自身的锁定力矩（由磁场齿形的谐波以及机械误差造成的）。

6）保持转矩：电动机绕组通电不转动时，定子锁住转子的力矩。由于步进电动机的输出力矩随转速的增大而不断减小，输出的功率也随速度的增大而变化，所以保持转矩就成了衡量步进电动机的最重要参数之一。

7）工作转矩：电动机绕组通电转动时的最大输出扭矩值。注意：保持扭矩比工作扭矩大，选电动机时要以工作扭矩为选择依据。

（2）步进电动机的动态指标

1）步距角精度：步进电动机每转过一个步距角的实际值与理论值的误差，用百分比表示：误差/步距角 ×100%。不同运行拍数其值不同，四拍运行时应在5%之内，八拍运行时应在15%以内。

2）失步：电动机运转时运转的步数不等于理论上的步数，称之为失步。

3）失调角：转子齿轴线偏移定子齿轴线的角度。电动机运转必存在失调角，由失调角产生的误差，采用细分驱动是不能解决的。

4）最大空载起动频率：电动机在某种驱动形式、电压及额定电流下，在不加负载的情况下，能够直接起动的最大频率。

5）最大空载的运行频率：电动机在某种驱动形式、电压及额定电流下，电动机不带负载的最高转速频率，这个速度频率远大于起动频率。

6）运行矩频特性：电动机在某种测试条件下，测得运行中输出力矩与频率关系的曲线称为运行矩频特性，这是电动机诸多动态曲线中最重要的，也是电动机选择的根本依据，如图4-23所示。

电动机一旦选定，电动机的静态力矩就确定了，而动态力矩却不然，电动机的动态力矩取决于电动机运行时的平均电流（而非静态电流），平均电流越大，电动机的输出力矩越大，即电动机的频率特性越硬，如图4-24所示。其中，曲线3电流最大，或电压最高；曲线1电流最小，或电压最低，曲线与负载的交点为负载的最大速度点。要使平均电流大，应尽可能提高驱动电压，采用小电感、大电流的电动机。

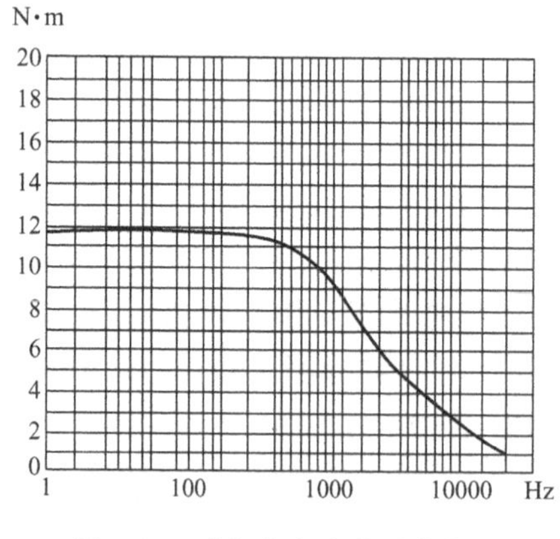

图4-23　力矩与频率关系曲线1

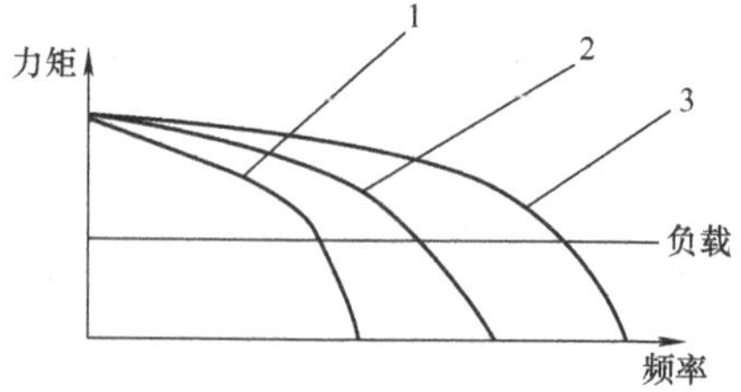

图4-24　力矩与频率关系曲线2

7）电动机的共振点：步进电动机均有固定的共振区域，为使电动机输出力矩大、不失步和整个系统的噪声降低，一般工作点均应远离共振区。

3. 步进电动机的工作原理

步进电动机是一种将电脉冲信号转换成相应的角位移或线位移的电磁机械装置，具有快速起动和停止的能力，当负荷不超过步进电动机所提供的动态转矩值时，就可以通过输入脉冲来控制其在一瞬间实现起动和停止。步进电动机的步距角和转速不受电压波动和负载变化的影响，也不受环境条件如温度、气压、冲击和振动等影响，仅与脉冲频率有关。步进电动机每转一周都有固定的步数，在不丢步的情况下运行，其步距误差不会长期积累。正因为步进电动机具有快速启停、精确步进以及能直接接收数字量的特点，所以在定位场合得到了广泛的应用。

步进电动机有三线式、五线式、六线式三种，但其控制方式均相同，必须以脉冲电流来驱动。若每旋转一圈以200个励磁信号来计算，则每个励磁信号前进1.8°，其旋转角度与脉冲的个数成正比。步进电动机的正、反转由励磁脉冲信号产生的顺序来控制。六线四相步进电动机是比较常见的，它的等效电路如图4-25所示，它有4条励磁信号引线A、B、C、D，通过控制这4条引线上励磁脉冲产生的时刻，即可控制步进电动机的转动。每出现一个脉冲信号，步进电动机就转动一步，因此，只要不断依次送出脉冲信号，步进电动机就能够实现连续转动。

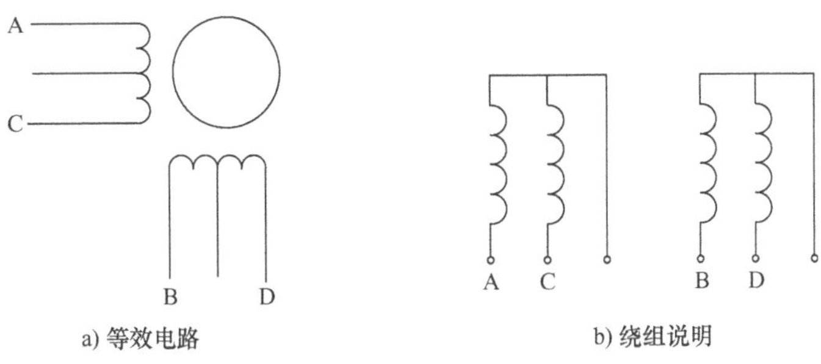

a) 等效电路　　b) 绕组说明

图4-25　步进电动机的控制等效电路

步进电动机的励磁方式可分为全部励磁及半步励磁，其中全步励磁又有一相励磁及二相励磁之分，而半步励磁又称一-二相励磁。图4-25为步进电动机的控制等效电路，适当控制A、B、C、D的励磁信号，即可控制步进电动机的转动。每输出一个脉冲信号，步进电动机只走一步。因此，依序不断送出脉冲信号，即可使步进电动机连续转动。简单分述如下：

(1) 一相励磁法（单四拍）　在每一瞬间步进电动机只有一个线圈导通，每送出一个励磁信号，步进电动机旋转1.8°。特点为：消耗电力小，精确度良好，但转矩小，振动较大。若欲以一相励磁法控制步进电动机正转，其励磁时序如图4-26所示，励磁顺序见表4-12。若励磁信号反向传送，则步进电动机反转。

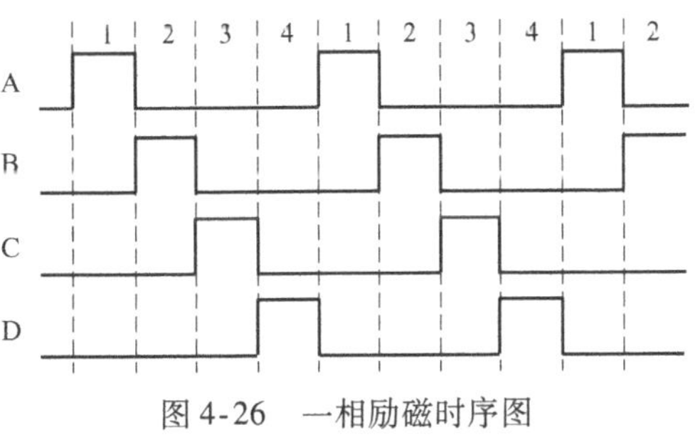

图4-26　一相励磁时序图

表4-12　一相励磁顺序表

STEP	A	B	C	D
1	1	0	0	0
2	0	1	0	0
3	0	0	1	0
4	0	0	0	1

励磁顺序：A→B→C→D→A。

（2）二相励磁法（双四拍） 在每一瞬间会有两个线圈同时导通，每送出一个励磁信号，步进电动机旋转 1.8°。特点：其转矩大，振动小，故为目前使用最多的励磁方式。若以二相励磁法控制步进电动机正转，其励磁时序如图 4-27 所示，励磁顺序见表 4-13。若励磁信号反向传送，则步进电动机反转。

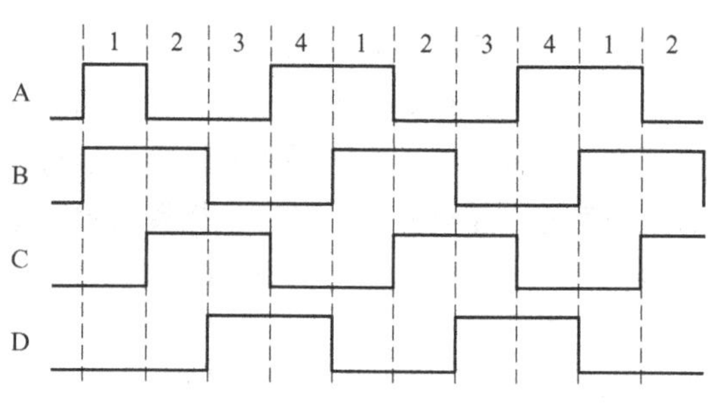

图 4-27 二相励磁时序图

表 4-13 二相励磁顺序表

STEP	A	B	C	D
1	1	1	0	0
2	0	1	1	0
3	0	0	1	1
4	1	0	0	1

励磁顺序：AB→BC→CD→DA→AB。

（3）一-二相励磁法（八拍） 此法为一相与二相轮流交替导通，每送出一个励磁信号，步进电动机旋转 0.9°。特点：分辨率提高，且运转平滑，故也广泛被采用。若以一相与二相励磁法控制步进电动机正转，其励磁时序如图 4-28 所示，励磁顺序见表 4-14。若励磁信号反向传送，则步进电动机反转。

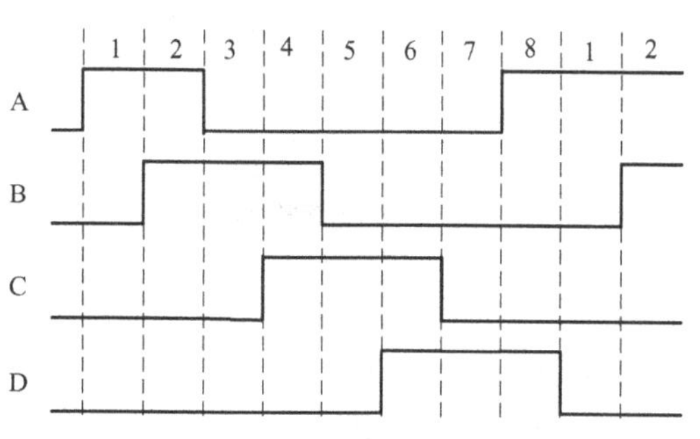

图 4-28 一-二相励磁时序图

表 4-14 一-二相励磁顺序表

STEP	A	B	C	D
1	1	0	0	0
2	1	1	0	0
3	0	1	0	0
4	0	1	1	0
5	0	0	1	0
6	0	0	1	1
7	0	0	0	1
8	1	0	0	1

励磁顺序：A→AB→B→BC→C→CD→D→DA→A。

步进电动机的负载转矩与速度成反比，速度越快负载转矩越小，当速度快至其极限时，步进电动机即不再运转，所以在每走一步后，程序必须延时一段时间。

任务实施

1. 硬件设计

设计中，通过单片机 P1 的低 4 位口作为步进电动机的驱动控制线，为了保证足够的电流，该端口扩展一个ULN2003；采用四位一体的共阳数码管动态显示当前的转向和转速档，P0口作为段码输出，P2.3～P2.0口作为数码管的位选；P2.7～P2.4口各接一只按键，控制步进电动机的启停、转向和速度。

（1）步进电动机控制模块仿真原理图　步进电动机控制模块原理图如图4-29所示。

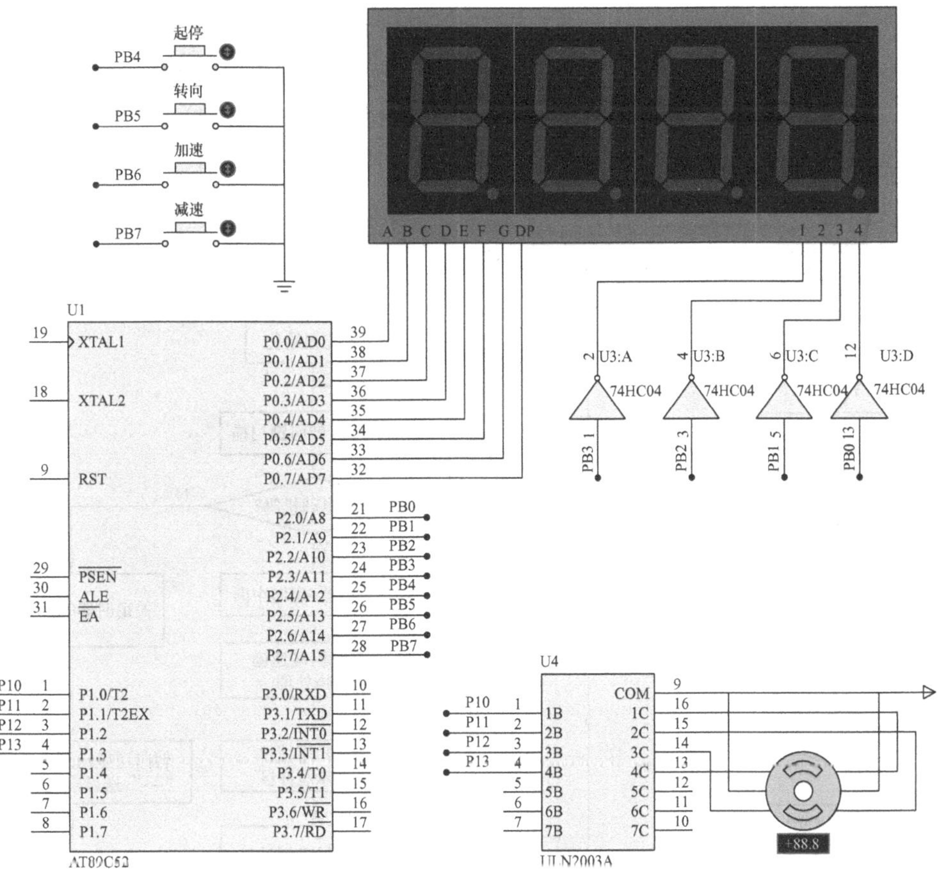

图4-29　步进电动机控制模块原理图

（2）步进电动机控制模块的主要元器件清单　步进电动机控制模块主要元器件清单见表4-15。

2. 软件编程

（1）端口分配　步进电动机的控制信号由单片机P1口的低4位输出；单片机的P0口为数码管的段选，P2口的低4位为数码管的位选，P2口的高4位为启停、转向、加速、减速按键的扫描线。

表4-15　步进电动机控制模块主要元器件清单

元器件名称	参　数	数　量	元器件名称	参　数	数　量
单片机	AT89C52	1	电阻	100Ω	4
IC	ULN2003A	1	电阻	1kΩ	1
晶振	12MHz	1	电阻	2kΩ	4

（续）

元器件名称	参　　数	数　　量	元器件名称	参　　数	数　　量
晶体管	8550	4	电阻	5.1kΩ	4
瓷片电容	30pF	3	排阻	10kΩ	2
电解电容	100μF/10V	1	按键		5
数码管	LG5641BH1	1	步进电动机	DC5V	1

（2）程序流程图　步进电动机控制模块程序主要包括定时器 0 的 1ms 精确定时中断服务子程序（见图 4-30）、主程序（见图 4-31）、功能键（启停、转向）扫描处理子程序、速度键（加速、减速）扫描处理子程序（略）、数码管显示子程序（略）。

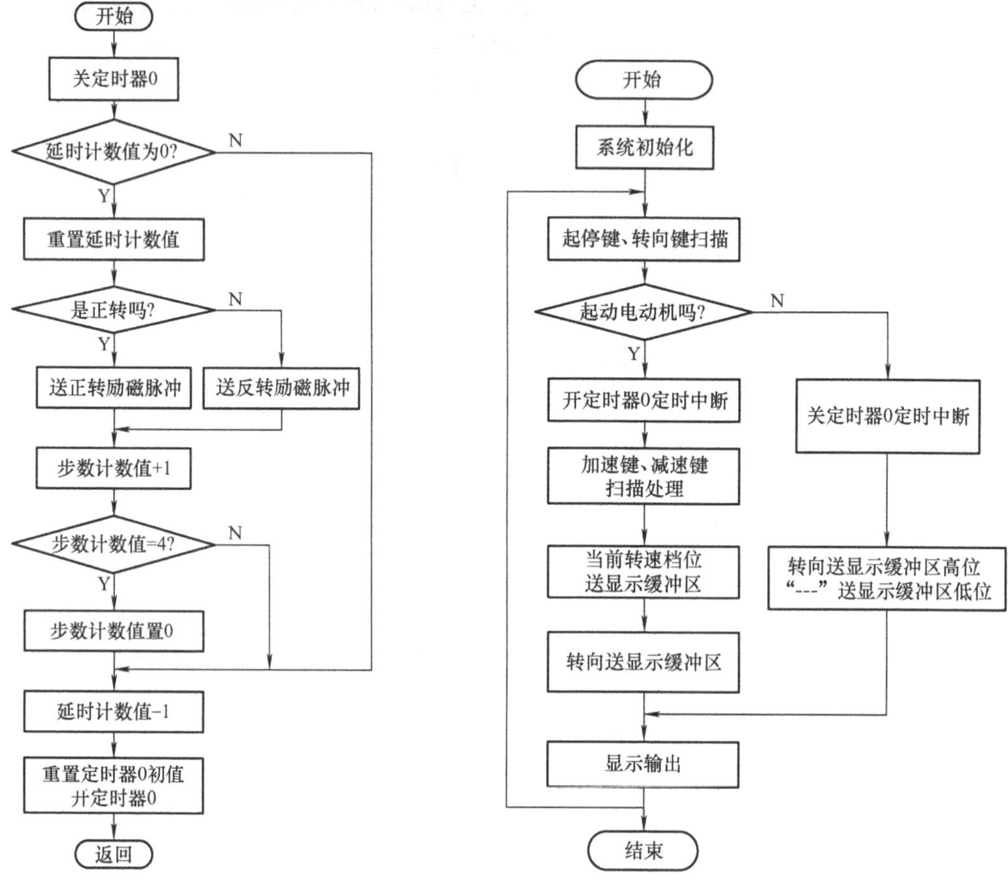

图 4-30　定时器 0 定时中断服务程序流程图　　图 4-31　主程序流程图

（3）具体程序

```
/*
*************************************************************
*描述:正反控制、速度调节,用四位数码管显示当前的转向和速度档位
*************************************************************
*/
#include <reg52.h>
```

```
#include < ABSACC. H >
#define   uchar      unsigned char
#define   uint      unsigned int
uchar Speed_NO;                                  //速度档位
uchar Phase_num;                                 //当前相序
uchar Stepdelay;                                 //速度延时暂存
uchar bn;                                        //显示缓冲计数
bit Strart;                                      //启停标志位:1—起动;0—停止
bit Direction;                                   //旋转方向标志位:1—正转;0—
                                                   反转
uchar Ledplay[4];                                //显示数据存放缓存区
//uchar Clockwise_run[4] = {0x03,0x06,0x0c,0x09}; //正转:AB-BC-CD-DA
//uchar Reversed_run[4] = {0x09,0x0c,0x06,0x03}; //反转:AD-DC-CB-BA
uchar Reversed_run[4] = {0x0C,0x09,0x03,0x06};   //正转:AB-BC-CD-DA
uchar Clockwise_run[4] = {0x06,0x03,0x09,0x0C};  //反转:AD-DC-CB-BA
uchar Stepdel[ ] = {0xfa,0xc8,0x96,0x7d,0x64,0x4b,0x32,0x28,
0x1e,0x19,0x14,0x0f,0x0a};                       //速度档对应的速度延时X(单位
                                                   为ms)
uchar code SEG[ ] = {0xc0,0xf9,0xa4,0xb0,0x99,0x92,0x82,0xf8,
0x80,0x90,0xc7,0x88,0xff,0xbf};                  //0123456789LR-:数码段码
uchar code Position[ ] = {0xfe,0xfd,0xfb,0xf7};  //显示位选码,显示1~4位
/************** 函数功能:延时若干毫秒   入口参数:x ****************/
void delayms(int x)
{
uchar i;
while(x--)
for(i=0;i<123;i++);
}
/****************** 函数功能:1ms定时中断 **********************/
void dTime0()interrupt 1 using 1
{
TR0=0;                                           //关定时器0
if(Stepdelay==0)                                 //当前的速度延时是否到? 到了则
                                                   重新赋值并进行换相
{
    Stepdelay=Stepdel[Speed_NO-1];
    if(Direction==0)                             //左转
        {
        P1 =Clockwise_run[Phase_num];
```

```
        }
    if(Direction ==1)                          //右转
        {
        P1 = Reversed_run[Phase_num];
        }
    Phase_num ++;
    if(Phase_num > =4)                         //相位切换一轮结束,从头开始
    {Phase_num =0;}
    }
Stepdelay --;                                  //当前的速度延时未到,速度延时
                                                 减 1
TH0 =0xFC;                                     //定时器重新赋值
TL0 =0x18;
TR0 =1;                                        //开定时器 0
}
/ ************** 函数功能:功能键(启停、转向)扫描处理 ***************** /
void Function_key(void)
{
if((P2&0x30)! =0x30)                           //判断是否有键按下
    {
    delayms(5);                                //延时去抖
    if((P2&0x30) ==0x20)                       //是启停键按下
    {
    Strart = ~Strart;                          //启停键状态转换
    }
    if((P2&0x30) ==0x10)                       //是方向键按下
    {
    Direction = ~Direction;                    //转动方向转换
    Strart =0;                                 //步进电动机停止
    Speed_NO =7;                               //转速延时复原
    }
}
while((P2&0x30)! =0x30);                       //等待按键释放
}
/ ************** 函数功能:速度键(加速、减速)扫描处理 **************** /
void Speed_key(void)
{
if((P2&0xc0)! =0xc0)                           //判断是否有键按下
{
    delayms(5);                                //延时去抖
```

```
    if((P2&0xc0)==0x80)                          //加速键按下
    {
    Speed_NO++;                                  //加速(延时减小)
    if(Speed_NO>=13)                             //最快?
    Speed_NO=13;
    }
    if((P2&0xc0)==0x40)                          //减速键按下
    {
    Speed_NO--;                                  //减速(延时增大)
    if(Speed_NO<=1)                              //最慢?
    Speed_NO=1;
    }
}
while((P2&0xc0)!=0xc0);                          //等待按键释放
}
/****************** 函数功能:清空 4 个显示缓冲寄存器(0xff) *****************/
void ClearRAM(void)
{
uchar a;                                         //定义变量用于指向要清空的寄存器
for(a=0;a<4;a++)
{
Ledplay[a]=0xff;                                 //将指向的寄存器清空
}
}
/************* 函数功能:字符写入函数——将字符装入显示寄存器 ***********/
void putin(int u)
{
Ledplay[bn]=SEG[u];                              //将对应段码写入显示缓冲区
bn++;                                            //换下一个显示缓冲字节
}
/******************* 函数功能:数码管显示子程序 ************************/
void Led_display(void)
{
    uchar i;
for(i=0;i<4;i++)                                 //扫描数码管 1~4 位
{
P2=Position[i];                                  //数码管位旋转
P0=Ledplay[i];                                   //送数码管段
delayms(5);                                      //延时 5ms
}
```

```
bn =0;                                   //一次显示结束,指向首个显示缓冲区
}
/ ************************ 函数功能:系统初始化程序 ****************** /
void initsystem( )
{
P1 =0x00;                                //P1 口置 0
Direction =0;                            //方向初始化为左转
Speed_NO =7;                             //速度为 7 档,中速
Phase_num =0;                            //初始相位
Strart =0;                               //停止状态
bn =0;                                   //指向显示缓冲区首位
TMOD =0x01;                              //定时器 0,方式 0,13 位,1ms 定时
TH0 =0xFC;                               //定时器 0 置初值
TL0 =0x18;
IE =0;                                   //关总中断
TR0 =0;                                  //关定时器 0
}
/ *********************** 函数功能:主程序 ****************** /
void main( )
{
initsystem( );                           //系统初始化
while(1)
{
    ClearRAM( );                         //清空 4 个显示缓冲寄存器
    Function_key( );                     //功能键扫描处理
    if(Strart ==1)                       //起动
    {
    IE =0x82;                            //开总中断和定时器 0 定时中断
    TR0 =1;                              //开定时器 0
    putin(Speed_NO%10);                  //送显示速度档位个位
    putin(Speed_NO/10);                  //送显示速度档位十位
    putin(13);                           //送显示-
    if(Direction ==0)                    //左转?
    putin(10);                           //送 L
    putin(11);                           //送 R
    Speed_key( );                        //速度键扫描处理
    }
    else                                 //停止
    {
    ClearRAM( );
```

```
    TR0 = 0;
    EA = 0x00;
    putin(13);                          //送显示
    putin(13);                          //送显示
    putin(13);                          //送显示
    if(Direction == 0)                  //设置为左转?
    putin(10);                          //送 L
    putin(11);                          //送 R
    }
    Led_display();                      //显示子程序
}
}
```

3. 仿真效果

步进电动机控制模块仿真效果如图 4-32 和图 4-33 所示。

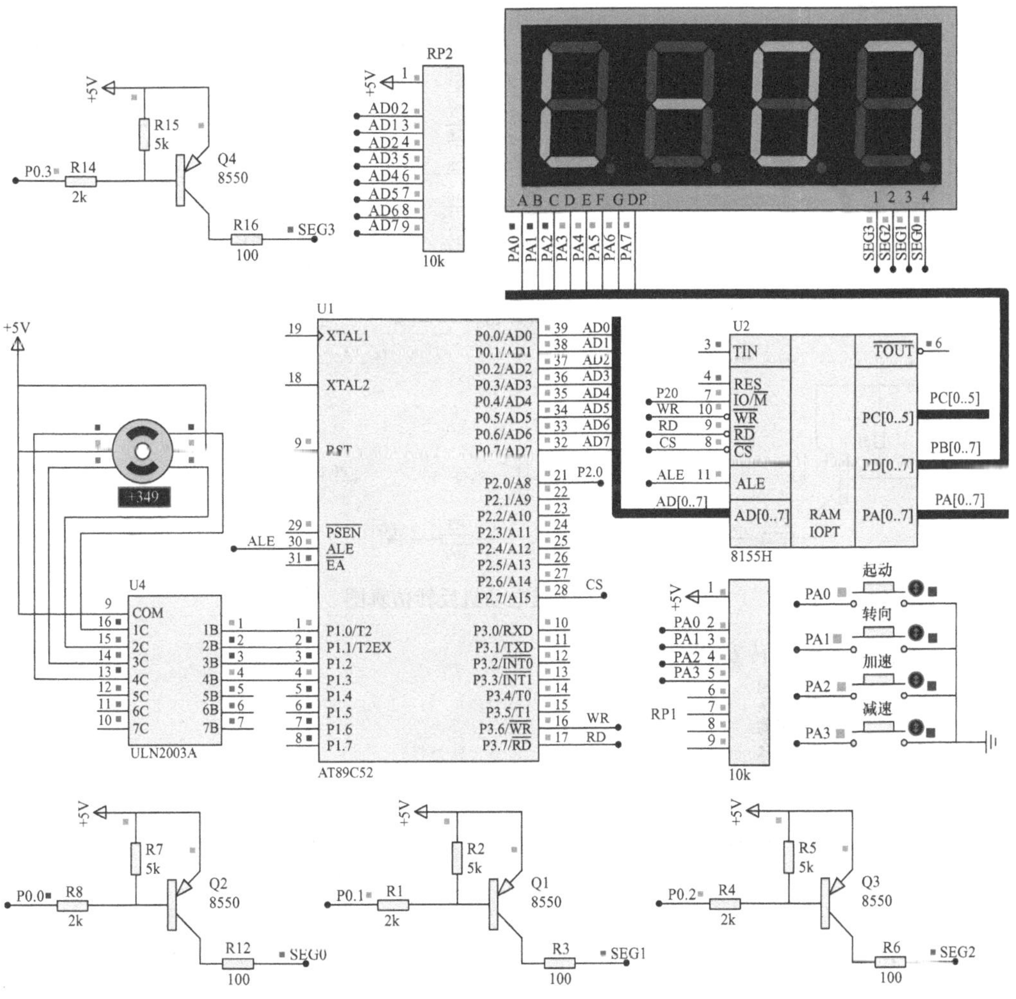

图 4-32　步进电动机正转仿真图

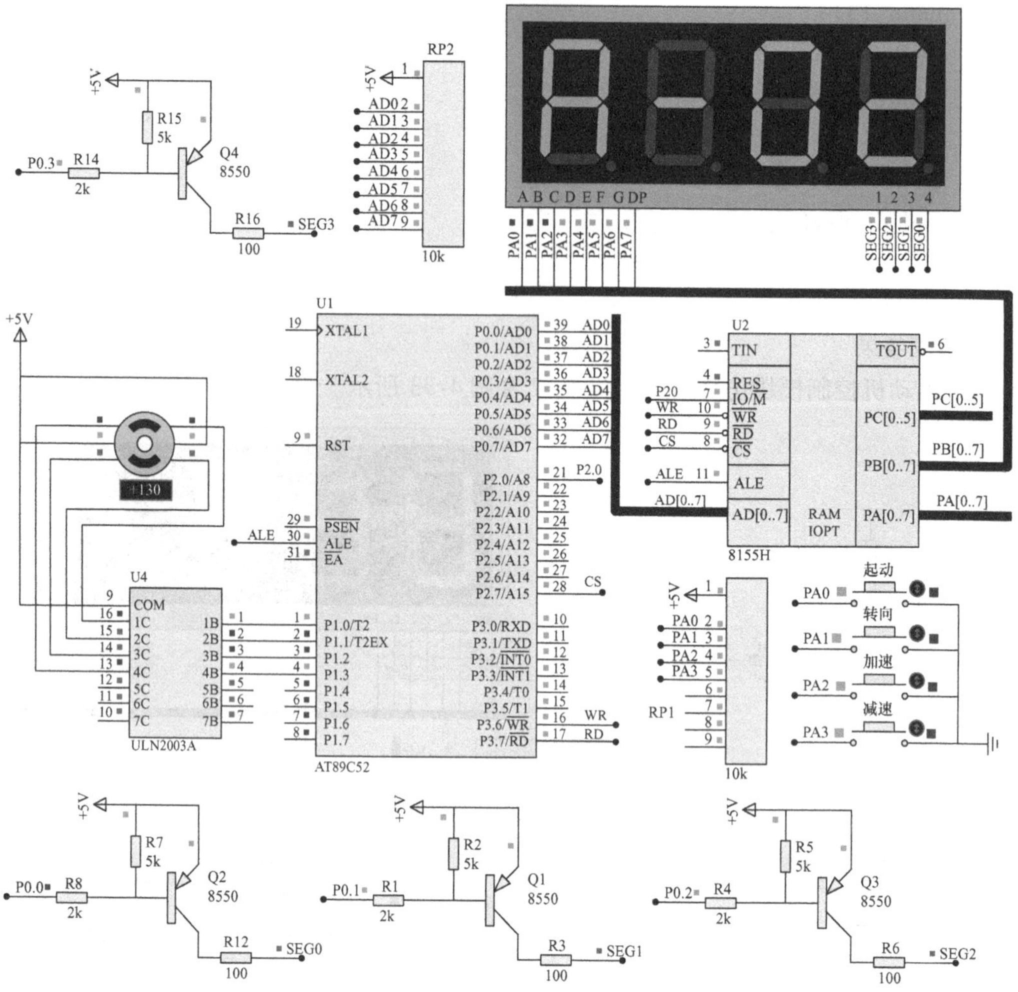

图 4-33　步进电动机反转仿真图

4. 步进电动机正反转安装与调试

内容讲解：

图 1-111　步进电动机模块实物调试结果展示视频：

任务小结

步进电动机控制的设计包括以下几个注意事项。

1. 步进电动机的正反转

步进电动机的正反转是由励磁脉冲信号产生的顺序来控制的，往往控制信号不能够直接驱动步进电动机，需要根据步进电动机功率的大小对这种脉冲方波进行放大，从而选择正确的驱动电路。对于比较大功率的步进电动机，可以将脉冲信号经过达林顿管放大驱动，同时要考虑电动机是一种感性负载，因此必须对放大电路采取保护措施，比如增加吸收浪涌电路和二极管保护电路等。

2. 步进电动机的变速控制

本任务中主要提到的是步进电动机的恒速运转方式，为了使步进电动机在运行中不出现失步现象，给步进电动机脉冲的频率一般要小于（或等于）步进电动机的“响应频率”f_s，在该频率下，步进电动机可以任意起动、停止或反转而不发生失步现象，这个频率通常比较低。当步进电动机走过的距离比较长时，需要低速起动，高速运转，然后降低速度，最后停止，这样就解决了“快速而不失步”的矛盾。实现变速控制的基本思想是改变控制频率。

设一台步进电动机的控制过程如图4-34所示。

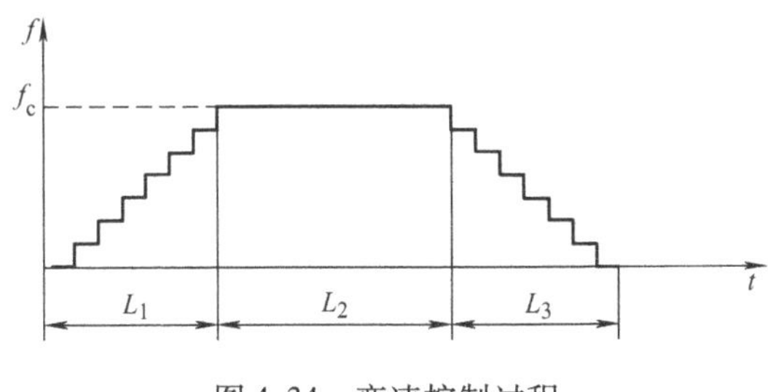

图 4-34　变速控制过程

$L_1 \sim L_3$ 分别代表各个不同运行阶段的步长，f 代表步进电动机当前运行频率，从图 4-34 中可以看出，L_2 段为恒速运行，L_1 段为升频，L_3 段为降频。

恒速运转程序本任务已给出，此时延时是一固定值。要实现变频控制，只要改变定时器的初值就可以达到变频。

3. 步进电动机驱动的选择

在步进电动机控制模块设计过程中，功率放大是整个系统中较为重要的部分。步进电动机在一定转速下的转矩取决于它的动态平均电流而非静态电流，平均电流越大，电动机转矩越大。要达到平均电流，就需要驱动系统尽量克服电动机的反电动势，不同的场合采取不同的驱动方式。

课后习题

1. 参照本单元的原理图，设计一个步进电动机的控制模块，要求采用一-二相励磁法（八拍）。

2. 制作一个基于单片机的步进电动机控制系统，要求采用单双八拍工作方式，控制步进电动机正、反方向转动。步进电动机正转 360°，反转 180°，如此循环。

3. 步进电动机既可以实现角位移的精确控制，也可以实现线位移的精确控制，若采用六线四相步进电动机构成的线位移控制系统，步进电动机主轴直径为 1mm，控制方式自行选择，当直线移动距离为 20cm 时，请计算步进电动机应走多少步，并编写相关程序。

任务3 机器人红外导航系统设计

问题提出

近年来，由于智能移动机器人在工业、农业、医学、航天和人类生活的各个方面显示了越来越广泛的应用前景，使得它成为了国际机器人学的研究热点。在智能移动机器人相关技术的研究中，导航技术是其核心，也是其实现真正的智能化和完全的自主移动的关键技术。在智能移动机器人的导航系统中，传感器起着至关重要的作用。红外传感器以信息处理简单、价格低等优点，被广泛用作智能移动机器人测距传感器，以实现实时避障、实时定位、环境建模以及导航等功能。

学习目标

【知识目标】

（1）学习舵机的工作原理；

（2）了解红外传感器的工作原理。

【能力目标】

（1）红外传感器作为输入信号反馈与单片机编程的实现；

（2）高性能红外导航的实现方法。

任务要求

使用左右侧红外光传感器来照射机器人前进的路线，然后确定何时有光线从被探测目标反射回来，通过左右侧红外接收管检测反射回来的红外光就可以确定前方是否有物体。红外导航示意图如图 4-35 所示。

行进中的机器人根据红外传感器信号，判断行进路中有无障碍物，一旦检测到障碍物将选择避让策略绕开障碍物，如果行进中无障碍物则直线行进。

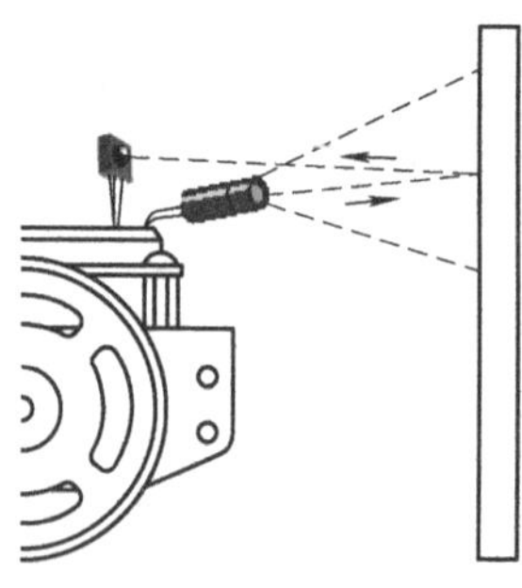

图 4-35 红外导航示意图

本任务采用欧鹏科技有限公司研制的基于 AT89S52 的最小系统板的轮式宝贝机器人，轮式宝贝机器人如图 4-36 所示。

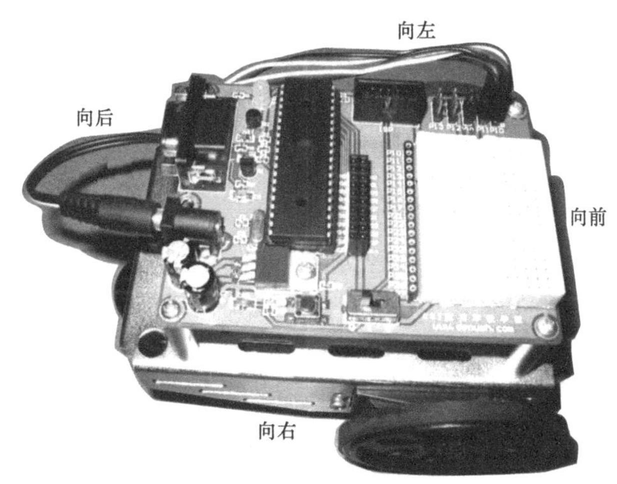

图 4-36　轮式宝贝机器人

相关知识

3.1　红外发射和接收部分的组成

3.1.1　红外发射管的基本原理及应用

由红外辐射效率高的材料（常用的为砷化镓 GaAs）制成 PN 结，外加正向偏压向 PN 结注入电流激发红外光。光谱功率分布为中心波长 830～950nm，半峰带宽 40nm 左右。光是一种电磁波，它的波长区间从几个纳米（$1\text{nm}=10^{-9}\text{m}$）到 1mm。人眼可见的只是其中一部分，称其为可见光，可见光的波长范围为 380～780nm，可见光的波长由长到短可分为红、橙、黄、绿、青、蓝、紫光，波长比紫光短的称为紫外光，波长比红光长的称为红外光。

红外发光二极管的外形与普通发光二极管、光敏二极管和光敏晶体管相似，极易造成混淆，红外发光二极管大多采用无色透明树脂封装或黑色、淡蓝色树脂封装三种形式。无色透明树脂封装的管子可以透过树脂材料观察，若管芯下有一个浅盘，即是红外发光二极管，光敏二极管和光敏晶体管无此浅盘。

红外发光二极管适于作各类光电检测器的信号光源，还适用于各类光电转换的自动控制仪器、传感器等。根据驱动方式不同，它可获得稳定光、脉冲光、缓变光，常用于遥控、报警、无线通信等方面。

红外发光二极管应保持清洁、完好状态，尤其是其前端的球面形发射部分，既不能存在脏垢之类的污染物，更不能受到摩擦损伤，否则从管芯发出的红外光将产生反射及散射现象，直接影响到红外光的传播。

（1）红外发光二极管的基本特性

（2）红外发射二极管的主要技术参数

3.1.2 红外接收管的基本原理及应用

（1）红外接收简介　红外接收二极管又叫红外光敏二极管。

（2）红外接收的用途　它广泛用于各种家用电器的遥控接收器中，如音响、彩色电视机、空调器、VCD 视盘机、DVD 视盘机以及录像机等。红外接收二极管能很好地接收红外发光二极管发射的波长为 940nm 的红外光信号，而对于其他波长的光线则不能接收，因而保证了接收的准确性和灵敏度。红外接收二极管的结构如图 4-37 所示，最常用的型号为 RPM-301B。

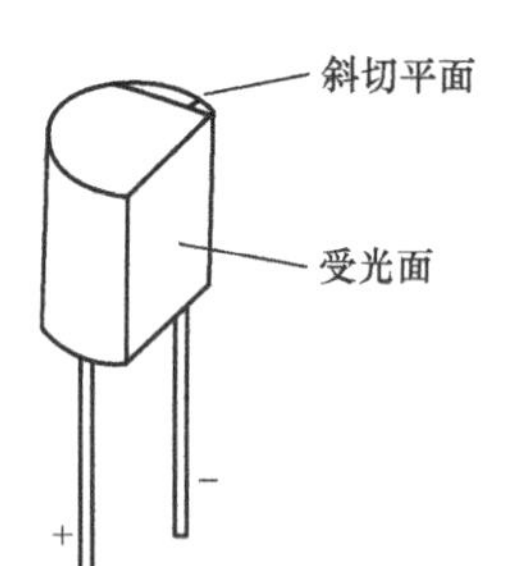

图 4-37　红外接收二极管结构图

（3）红外接收二极管的结构原理　光敏二极管与普通半导体二极管在结构上是相似的。在光敏二极管管壳上有一个能射入光线的玻璃透镜，入射光通过透镜正好照射在管芯上。红外发射二极管管芯是一个具有光敏特性的 PN 结，它被封装在管壳内。红外发射二极管管芯的光敏面是通过扩散工艺在 N 型单晶硅上形成的一层薄膜。光敏二极管的管芯以及管芯上的 PN 结面积做得较大，而管芯上的电极面积做得较小，PN 结的结深比普通半导体二极管做得浅，这些结构上的特点都是为了提高光电转换的能力。另外，与普通半导体二极管一样，光敏二极管在硅片上生长了一层 SiO_2 保护层，它把 PN 结的边缘保护起来，从而提高了管子的稳定性，减少了暗电流。

光敏二极管与普通半导体二极管一样，它的 PN 结具有单向导电性，因此，光敏二极管工作时应加上反向电压。当无光照时，电路中也有很小的反向饱和漏电流，一般为 10^{-8} ~ 10^{-9}A（称为暗电流），此时相当于光敏二极管截止；当有光照射时，PN 结附近受光子的轰击，半导体内被束缚的价电子吸收光子能量而被激发产生电子空穴对。这些载流子的数目，对于多数载流子影响不大，但对 P 区和 N 区的少数载流子来说，则会使少数载流子的浓度大大提高，在反向电压的作用下，反向饱和漏电流会大大增加，形成光电流，该光电流随入射光强度的变化而相应变化。光电流通过负载时，在电阻两端将得到随入射光变化的电压信号，光敏二极管就是这样完成电功能转换的。

3.1.3 机器人红外导航的搭建及测试

红外发射管发射红外线，如果机器人前面有障碍物，红外线将从物体反射回来，反射回来的光线将被类似于人眼的红外接收管所感知，通过内置的 AT89S52 单片机这个机器人的大脑判断和决策控制左右轮伺服电动机的运动轨迹来回避障碍物。机器人红外导航原理图如图 4-38 所示。

红外发射/接收器有内置的光滤波器，除了需要检测的 980nm 波长的红外线，它几乎不允许其他波长的光通过，红外接收器还有一个电子滤波器，它只允许大约 38.5kHz 的电信号通过，红外接收器只寻找 38500 次/s 的红外光，这就防止了普通光源和室内光对红外接收器的干扰。

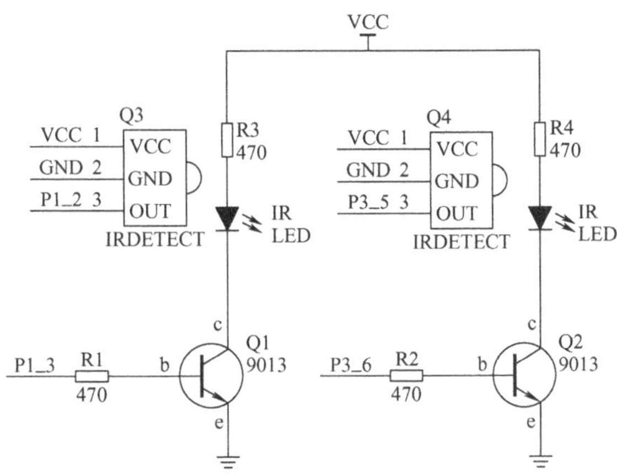

图4-38 机器人红外导航原理图

在图4-38中，P1.3和P1.2构成了左侧的红外发射与接收对管，负责检查左侧有无障碍物，P3.6和P3.5构成了右侧的红外发射与接收对管，负责检查右侧有无障碍物。

机器人红外导航材料清单见表4-16。

表4-16 机器人红外导航材料清单

元器件名称	参数	数量	元器件名称	参数	数量
轮式宝贝机器人	1套（含AT89C52）	1	电阻	470Ω	4
红外发射管	IR333C-HO-A	1	NPN型晶体管	9013	2
红外接收管	PT334-6C	1			

（1）38.5kHz红外信号发射探测器的测试　让每个红外发射管发送1ms频率为38.5kHz的红外信号，然后立刻将红外发射管的输出存储到一个变量中。下面由P1.3给出了38.5kHz信号，经红外管发射出去，经由前方物体反射，由红外接收管接收到信号送至P1.2。

```
//--------------------------------------------
//名称:38.5kHz红外信号的发生
//--------------------------------------------
//说明:连续发送1ms频率为38.5kHz的红外信号
//--------------------------------------------
#include <reg52.h>
void delay_nus(unsigned int i)          //延时:i> =10,i的最小取值为10,确保i/10能够
{                                        //从1开始
i = i/10;
while( --i);
}
void delay_nms(unsigned int n)          //延时n(单位为ms)
{
n = n +1;
while( --n)
delay_nus(900);                          //延时1ms,同时进行补偿
```

```
}
    int main(void)
    {
    int counter;
    while(1)
    {
    for(counter =0;counter <38;counter ++ )
    {
    P1_3 =1;
    delay_nus(13);
    P1_3 =0;
    delay_nus(13);
    }
}
}
```

上述程序中 P1_ 3 周期信号为 26μs，总共输出 38 个周期，即持续时间约为 1ms。

(2) 红外接收信号的测试　当没有红外信号返回时，根据图 4-38，红外接收管输出状态为高电平，当它探测到被物体反射的 38.5kHz 红外信号时，它输出为低电平。

下列程序通过对 P1.2 脚电平的检测来判断有无红外接收信号。

```
//------------------------------------------
//名称:左边红外接收信号的测试
//------------------------------------------
#include <reg52.h>
void delay_nus(unsigned int i)       //延时:i> =10,i 的最小取值为 10,确保 i/10
{                                    //能够从 1 开始
i =i/10;
while( --i);
}
void delay_nms(unsigned int n)    //延时 n(单位为 ms)
{
n =n +1;
while( --n)
delay_nus(900);                      //延时 1ms,同时进行补偿
}
int P1_2state(void)
{
Return(P1&0x04)? 1:0;
}
  int main(void)
```

```
{
int counter,irDetectLeft;
while(1)
{
for(counter =0;counter <38;counter ++ )
{
P1_3 =1;
delay_nus(13);
P1_3 =0;
delay_nus(13);
}
irDetectLeft = P1_2state( );
void delay_nms(100);
}
}
```

将轮式宝贝机器人放在有障碍物与无障碍物两种情况下，用示波器检测 P1.2 脚，观察有无接收到红外信号。

3.2　探测和障碍物的避开

3.2.1　机器人的运动控制

机器人红外导航系统中，机器人分别做向前、向后、向左、向右运动。

1. 机器人舵机的工作原理

机器人舵机如图 4-39 所示。

舵机也称伺服机，其特点是结构紧凑、易安装调试、控制简单、扭力大、成本较低等。舵机的主要性能取决于最大力矩和工作速度（一般为 60°/s）。它是一种位置伺服的驱动器，适用于那些需要不断变化并能够保持的控制系统。在机器人机电控制系统中，舵机的控制效果是性能的重要影响因素。舵机能够在微机电系统和航模中作为基本的输出执行机构，其简单的控制盒输出使得单片机系统很容易与之接口。

标准的舵机有 3 条导线，分别是电源线、地线、控制线，如图 4-40 所示。

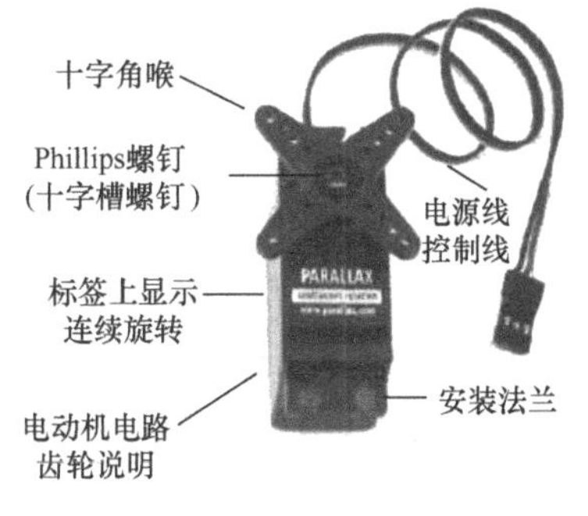

图 4-39　机器人舵机

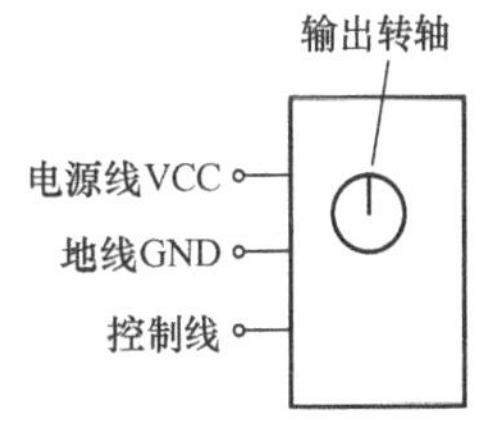

图 4-40　标准舵机

舵机内部有一个基准电路，产生低电平为 20ms、高电平为 1.5ms 的基准周期信号，并将获得的直流偏置电压和电位器的电压进行比较，获得电压差输出。最后，将电压差的正、负极输出到电动机驱动芯片决定电动机的正、反转。当电动机转速一定时，通过级联减速齿轮带动电位器旋转，使电压差为 0，电动机停止转动。关于舵机内部的具体工作原理在这里不多叙述，下面主要谈一下如何应用舵机进行正、反转的控制。舵机的控制信号采用的是 PWM 信号，利用占空比的变化改变舵机的位置，舵机输出轴转角与输入信号脉冲宽度之间的关系如图 4-41 所示，其脉冲宽度在 0.5 ~ 2.5ms 之间变化时，舵机输出轴转角在 0° ~ 180° 之间变化。

舵机转速为 0 的控制信号时序图如图 4-42 所示。图中为由单片机控制编程经 P1_2 脚发出的伺服电动机的控制信号。P1_2 脚发出持续 1.5ms 高电平、20ms 低电平，然后重复发送这样的周期信号，此时伺服电动机不会旋转。如果舵机旋转，则需要采用十字槽螺钉旋具根据图 4-40 所示调节十字槽螺钉，使舵机静止下来。

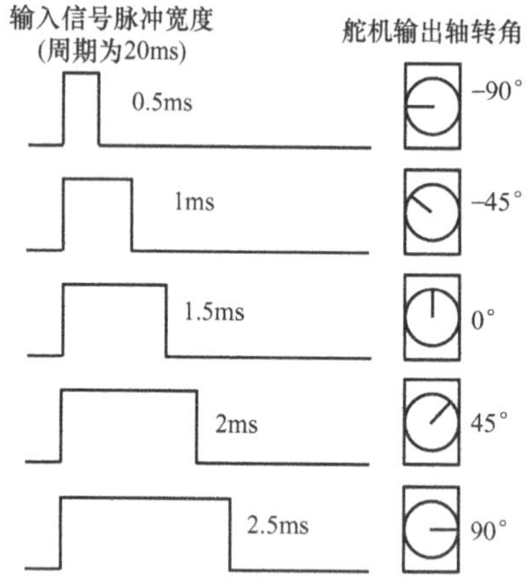

图 4-41　舵机输出轴转角与输入信号脉冲宽度的关系

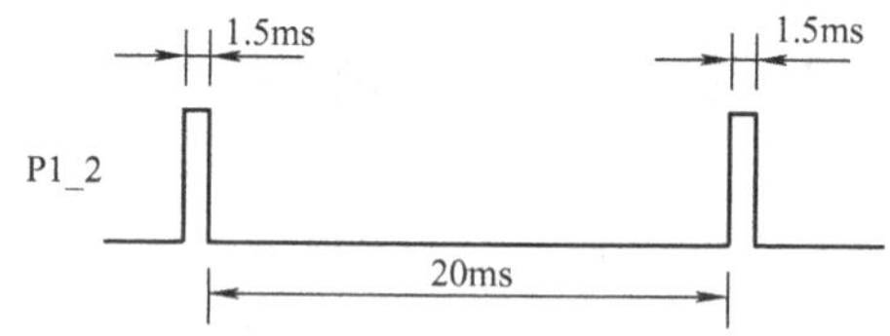

图 4-42　舵机转速为 0 的控制信号时序图

舵机顺时针全速旋转控制信号时序图如图 4-43 所示。

舵机逆时针全速旋转控制信号时序图如图 4-44 所示。

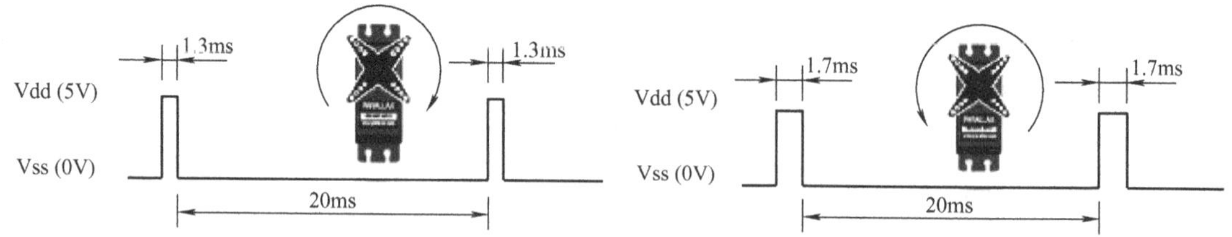

图 4-43　舵机顺时针全速旋转控制信号时序图

图 4-44　舵机逆时针全速旋转控制信号时序图

2. 机器人巡航动作

（1）基本巡航动作　由单片机控制编程经 P1_0 脚发出控制左轮伺服电动机，由单片机控制编程经 P1_1 脚发出控制右轮伺服电动机，基本巡航动作有向前、向后、向左、向右运动。

1）向前运动控制：

```
for(counter=0;counter<130;counter++)              //运行3s
{
P1_1=1;   delay_nus(1700);   P1_1=0;             //左轮逆时针
P1_0=1;   delay_nus(1300);   P1_0=0;             //右轮顺时针
     delay_nms(20);
}
```

2）向后运动控制：

```
for(counter=0;counter<130;counter++)              //运行3s
{
P1_1=1;   delay_nus(1300);   P1_1=0;             //左轮顺时针
P1_0=1;   delay_nus(1700);   P1_0=0;             //右轮逆时针
     delay_nms(20);
}
```

3）向左运动控制：

```
for(counter=0;counter<130;counter++)              //运行3s
{
P1_1=1;   delay_nus(1300);   P1_1=0;             //左轮顺时针
P1_0=1;   delay_nus(1300);   P1_0=0;             //右轮顺时针
     delay_nms(20);
}
```

4）向右运动控制：

```
for(counter=0;counter<130;counter++)              //运行3s
{
P1_1=1;   delay_nus(1700);   P1_1=0;             //左轮逆时针
P1_0=1;   delay_nus(1700);   P1_0=0;             //右轮逆时针
     delay_nms(20);
}
```

（2）其他巡航动作　以一个轮子为支点，从前面向左旋转、从前面向右旋转、从后面向左旋转、从后面向右旋转。

1）从前面向左旋转：

```
for(counter=0;counter<130;counter++)              //运行3s
{
P1_1=1;   delay_nus(1500);   P1_1=0;             //左轮静止
P1_0=1;   delay_nus(1300);   P1_0=0;             //右轮顺时针
     delay_nms(20);
}
```

2）从前面向右旋转：

```
for(counter=0;counter<130;counter++)              //运行3s
{
```

```
P1_1 =1;   delay_nus(1700);   P1_1 =0;          //左轮逆时针
P1_0 =1;   delay_nus(1500);   P1_0 =0;          //右轮静止
    delay_nms(20);
}
```

3）从后面向左旋转:

```
for(counter =0;counter <130;counter ++)          //运行 3s
{
P1_1 =1;   delay_nus(1500);   P1_1 =0;          //左轮静止
P1_0 =1;   delay_nus(1700);   P1_0 =0;          //右轮逆时针
    delay_nms(20);
}
```

4）从后面向右旋转:

```
for(counter =0;counter <130;counter ++)          //运行 3s
{
P1_1 =1;   delay_nus(1300);   P1_1 =0;          //左轮顺时针
P1_0 =1;   delay_nus(1500);   P1_0 =0;          //右轮静止
    delay_nms(20);
}
```

3.2.2 机器人红外导航程序

考虑到红外发射中采用的延时函数 delay_nus （int） 不够精确，采用 intrins. h 头文件中的空函数_nop_(void)，此函数能延时 1μs。

```
//-----------------
//名称:机器人红外导航程序
//-----------------
#include <reg52. h>
#include <intrins. h>                    //在这个头文件里声明了空函数_nop_(void),此函
                                           数能延时 1μs
#define LeftIR          P1_2             //左边红外接收连接到 P1_2
#define RightIR         P3_5             //右边红外接收连接到 P3_5
#define LeftLaunch      P1_3             //左边红外发射连接到 P1_3
#define RightLaunch     P3_6             //右边红外发射连接到 P3_6
void IRLaunch(unsigned char IR)
{
int counter;
if(IR == 'L')
            for(counter =0;counter <38;counter ++)
{
LeftLaunch =1;
```

```
_nop_();_nop_();_nop_();_nop_();_nop_();_nop_();
_nop_();_nop_();_nop_();_nop_();_nop_();_nop_();
LeftLaunch =0;
_nop_();_nop_();_nop_();_nop_();_nop_();_nop_();
_nop_();_nop_();_nop_();_nop_();_nop_();_nop_();
}
if(IR =='R')
    for(counter =0;counter <38;counter ++ )          //右边发射
{
RightLaunch =1;
_nop_();_nop_();_nop_();_nop_();_nop_();_nop_();
_nop_();_nop_();_nop_();_nop_();_nop_();_nop_();
RightLaunch =0;
_nop_();_nop_();_nop_();_nop_();_nop_();_nop_();
_nop_();_nop_();_nop_();_nop_();_nop_();_nop_();
  }
}
void Forward(void)                                  //向前行走子程序
{
int i;
for(i =1;i< =26;i ++ )
{
P1 1 =1;
delay_nus(1300);
P1_1 =0;
P1_0 =1;
delay_nus(1300);
P1_0 =0;
delay_nms(20);
}
}
void Right_Turn(void)                               //右转子程序
{
int i;
for(i =1;i< =26;i ++ )
{
P1_1 =1;
delay_nus(1700);
P1_1 =0;
```

```
P1_0 = 1;
delay_nus(1700);
P1_0 = 0;
delay_nms(20);
}
}
void Backward(void)                                  //向后行走子程序
{
int i;
for(i = 1;i < = 65;i ++ )
{
P1_1 = 1;
delay_nus(1300);
P1_1 = 0;
P1_0 = 1;
delay_nus(1700);
P1_0 = 0;
delay_nms(20);
}
}
int main(void)
{
int irDetectLeft,irDetectRight;
while(1)
{
IRLaunch('R');                                       //右边发射
irDetectRight = RightIR;                             //右边接收
IRLaunch('L');                                       //左边发射
irDetectLeft = LeftIR;                               //左边接收
if((irDetectLeft == 0)&&(irDetectRight == 0))        //两边同时接收到红外线
{
Backward();
Left_Turn();
Left_Turn();
}
else if(irDetectLeft == 0)                           //只有左边接收到红外线
{
Backward();
Right_Turn();
```

```
}
else if(irDetectRight ==0)                    //只有右边接收到红外线
{
Backward();
Left_Turn();
}
else
Forward();
}
}
```

机器人红外导航调试视频：

任务实施

1. 机器人红外导航系统存在的问题

上述机器人红外导航程序在遇到障碍物后，根据判断执行相应的动作，该动作会持续一段时间才结束，然后进行下一轮的判断，灵活性比较差，表现为反应迟钝。

2. 机器人红外导航系统性能的改善

为了使机器人红外导航能够比较灵活，可在上述机器人红外导航系统程序的基础上做一些修改，使用传感器输入为每个瞬间的导航选择最好的机动动作，这样机器人永远不会走过头，它会找到绕开障碍物的完美路线，成功地走出适合地形的复杂线路，线路比上述机器人红外导航系统灵活。

具体采取的措施：在每个红外脉冲之间进行采样以避免碰撞。

探测障碍物很重要的一点是在机器人撞到它之前给机器人留有绕开的空间，如果前方有障碍物，机器人会使用脉冲命令避开，然后探测，如果物体还在，再使用另一个脉冲来避开它，机器人能持续使用电动机驱动脉冲和探测，直到它绕开障碍物，然后它会继续发送向前行走的脉冲。具体高性能红外导航程序如下：

```
//------------------------------------------
//名称:高性能机器人红外导航程序
//------------------------------------------
#include <reg52.h>
#include <intrins.h>              //在这个头文件里声明了空函数_nop_(void),此函
                                    数能延时1μs
#define LeftIR          P1_2       //左边红外接收连接到P1_2
#define RightIR         P3_5       //右边红外接收连接到P3_5
#define LeftLaunch      P1_3       //左边红外发射连接到P1_3
#define RightLaunch     P3_6       //右边红外发射连接到P3_6
void IRLaunch(unsigned char IR)
```

```
{
int counter;
if(IR=='L')                                          //左边发射
            for(counter=0;counter<38;counter++)
{
LeftLaunch=1;
_nop_();_nop_();_nop_();_nop_();_nop_();_nop_();
_nop_();_nop_();_nop_();_nop_();_nop_();_nop_();
LeftLaunch=0;
_nop_();_nop_();_nop_();_nop_();_nop_();_nop_();
_nop_();_nop_();_nop_();_nop_();_nop_();_nop_();
}
if(IR=='R')                                          //右边发射
    for(counter=0;counter<38;counter++)              //右边发射
{
RightLaunch=1;
_nop_();_nop_();_nop_();_nop_();_nop_();_nop_();
_nop_();_nop_();_nop_();_nop_();_nop_();_nop_();
RightLaunch=0;
_nop_();_nop_();_nop_();_nop_();_nop_();_nop_();
_nop_();_nop_();_nop_();_nop_();_nop_();_nop_();
  }
}
int main(void)
{
int   pulseLeft,pulseRight;
int   irDetectLeft,irDetectRight;
do
{
  IRLaunch('R');                                     //右边发射
irDetectRight=RightIR;                               //右边接收
IRLaunch('L');                                       //左边发射
  irDetectLeft=LeftIR;                               //左边接收
if((irDetectLeft==0)&&(irDetectRight==0))            //向后退
{
pulseLeft=1300;
pulseRight=1700;
}
else if((irDetectLeft==0)&&(irDetectRight==1))       //右转
```

```
{
pulseLeft = 1700;
pulseRight = 1700;

}
else if((irDetectLeft == 1)&&(irDetectRight == 0))  //左转
{
pulseLeft = 1300;
pulseRight = 1300;
}
else//前进
{
pulseLeft = 1700;
pulseRight = 1300;
}
      P1_1 = 1;
      delay_nus(pulseLeft);
      P1_1 = 0;
P1_0 = 1;
delay_nus(pulseRight);
P1_0 = 0;
delay_nms(20);
}
while(1);
}
```

机器人红外高性能导航调试视频：

任务小结

红外传感器作为一种路况探测传感器为机器人的行驶带来了智能化的发展，在具体使用红外传感器时，要对红外线发射功率等参数进行仔细研究，确定红外传感器的检测灵敏度。在控制机器人小车行动策略上要能用最优设计使机器人能对红外检测结果做出最快的响应。

课后习题

按要求实现小车顺时针方向行走一个正方形后停止，正方形边长300cm。

参考文献

[1] 陈忠平. 51单片机C语言程序设计［M］. 北京：电子工业出版社，2012.

[2] 郭天祥. 51单片机C语言教程——入门、提高、开发、拓展全攻略［M］. 北京：电子工业出版社，2009.

[3] 马忠梅，等. 单片机的C语言应用程序设计［M］. 3版. 北京：北京航空航天大学出版社，2003.

[4] 张义和，等. 例说51单片机［M］. 北京：人民邮电出版社，2011.

[5] 彭伟. 单片机C语言程序设计实训100例［M］. 北京：电子工业出版社，2009.

[6] 刘守义. 单片机应用技术［M］. 西安：西安电子科技大学出版社，2002.

[7] 丁向荣，等. 单片机C语言编程与实践［M］. 北京：电子工业出版社，2009.

[8] 秦志强，等. C语言原来可以这样学［M］. 北京：电子工业出版社，2012.